U0363907

中国书籍学术之光文库

系统非优学与社会治理

何　平｜著

图书在版编目（CIP）数据

系统非优学与社会治理/何平著. —北京：中国书籍出版社，2021.3

ISBN 978 - 7 - 5068 - 8339 - 9

Ⅰ.①系… Ⅱ.①何… Ⅲ.①系统优化—研究②社会管理—研究 Ⅳ.①N945.15②C916

中国版本图书馆CIP数据核字（2021）第019635号

系统非优学与社会治理

何 平 著

责任编辑 姚 红 王 淼
责任印制 孙马飞 马 芝
封面设计 中联华文
出版发行 中国书籍出版社
地　　址 北京市丰台区三路居路97号（邮编：100073）
电　　话 （010）52257143（总编室）　（010）52257140（发行部）
电子邮箱 eo@chinabp.com.cn
经　　销 全国新华书店
印　　刷 三河市华东印刷有限公司
开　　本 710毫米×1000毫米 1/16
字　　数 242千字
印　　张 17
版　　次 2021年3月第1版 2021年3月第1次印刷
书　　号 ISBN 978 - 7 - 5068 - 8339 - 9
定　　价 95.00元

前言

系统非优学(System Non－optimum Theory)是正在发展中的系统科学新分支。自从1986年作者提出“系统非优理论与方法”以来，该理论与方法得到了许多领域研究者的关注，并且正在迅速发展。例如，美国拉萨尔大学的佐格拉克教授基于“系统非优分析”提出了限制因素思考的学术思想；比利时布鲁塞尔学派的研究人员从系统非优与优的转化角度研究系统有序、无序的演化规律；奥地利经济学界的研究者正在运用这一理论进行经济决策与发展研究。20世纪90年代以来中国学者(吴延瑞、冯爱红、王勇、张丽等)在系统非优的研究领域取得了创新成果，充分说明了系统非优学的发展是理想的并进一步被人们认识。系统非优学是根据人类认识、实践活动的过程与结果满足人类主观要求和符合客观合理性的尺度，确定了“优”与“非优”两个研究范畴。其中“优”范畴包括最优和优，即人们可以接受的过程和结果；“非优”范畴包括不接受的过程和结果。不可行、不合理是典型的“非优”，即使在一定程度上是可行的，也往往属于“非优”范畴。

系统非优学有两个研究领域：一是根据系统科学中的有序性、动态性原则和自组织理论，来研究系统在什么因素的影响下，以及在什么条件下会失稳，会出现风险、灾害和危机现象。如何有效地预测和控制这些现象？如何缩短系统从这些现象走向成功与发展的过程？实际上，人类已迈入飞速发展和进步的新时代，我们需要面对的核心要素不仅仅是寻求最优化问题，而是如何确保不失败、少失误和少走弯路的问题，即使某个在现实条件下被认为是属于最优化模式，但由于处在走向有序的动态过程，有些隐患尚未暴露，有些因素的横向或纵向联系及内在规律尚未被认识，那么追求所谓的最优化模式也只能是暂时的、相对的。因此，如果凭主观愿望盲目地按最优化思想策略来确定创新发展目标，并以此去制定相应的计划和措施，或盲目地推广某种最优化模式，就等于把创新发展建立在一个不可靠的基础之上。所以，在各个领域的研究与实践中，大到国家政策的制定，小到一个生产企业经营的改革，运用系统非优学，逐步建立起具体的"非优判别指导系统"，必将提高我们在改革与创新发展实践中的控制能力。系统非优学是从非优认知的经验中得到优的学问。"失败是成功之母"正是说明了这一问题。系统非优学正是将"失败是成功之母"这一格言发展成较适用的系统分析方法。

二是系统非优学从反向思维与辩证思维相结合的角度探讨系统优化问题，为决策与管理科学提供了一个新的研究领域。以往的系统分析者都承认，在时间和资源都有限的条件下是不可能实现"最优化"的，同时在最优解的后面必然存在着一系列的假设、中间决策和数据的简化，在大多数情况下，寻求最优解的那些假设实际并不存在。尽管人们将这种方法推广应用于许多领域，所得结果只能是暂时的，而且有时根本达不到最终目的。正是这种情况，使得最优化方法带有一定的局限性，随着系统研究中复杂因素的影响，使传统的最优化方法与实际问题不相适应。在现实生活中，根本不存在绝对的优和非优，只有在一定条件下有所区别的相对优。现实系统存在着大量的不确定性和非线性等，正如西蒙指出的传统古典决策原则的三个缺陷："忽略经济生活中不确定性的存在；忽略现实世界中的非线性关系；忽略了决策者主观条件的限制"。西蒙认为，在复杂的现实世界中，只有少数的情况能用微积分的方法求极大和极小值，有时则根本不存在最优解，而大多数情况下是设法找到一个令人满意的近似解(或称次优解)。令人满意的标准是确定一个上限和一个下限，只要在上下限范围内，就都是可以被接受的，这实际上是用优化区间代替了优化点，系统非优学研究的目的之一就是确定这个优化区间。同时，不属于这个优化区间的目标和结果可称为非优的，因此系统非优学在决策科学研究中具有较大的意义和发展前景。

本书是作者在系统非优学研究领域的主要研究成果。全书分为两部分：一是对系统非优学的基本概念、基本原理和方法的介绍；二是从社会系统非优的研究角度，来探讨社会治理系统的风险分析、突变行为和复杂性等热点问题。在撰写过程中，选用了一些作者在系统非优方面以及其他相关领域的研究成果，在此表示深深的谢意。

感谢北京东方毅拓展文化发展集团对本书出版提供的资助。

何 平

2020 年 6 月于大连

目 录
CONTENTS

第一篇 系统非优学

第二篇 基于非优分析的社会治理

第一篇 01

系统非优学

第一章

基本概念与思想方法

第一节　系统非优的基本思想

一、系统“非优学”的产生

以往的系统分析者都承认，在时间和资源都有限的条件下是不可能实现“最优化”的，同时在最优解的后面必然存在着一系列的假设、中间决策和数据的简化。在大多数情况下，寻求最优解的那些假设实际上并不存在，尽管人们将这种方法推广应用于许多领域，所得结果只能是暂时的，而且有时根本达不到最终目的。正是这种情况，使得最优化方法与现实问题还具有一定的不适应性。如何解决现实优化理论存在的局限性，如何开创新的研究路径解决这方面的难题，乃是系统科学与决策分析研究者的历史重任。

1985 年作者参加一个系统工程学术研讨会，在会上听到了一位代表关于“系统非优思想与方法”的发言深受启发，虽然发言的内容仅仅从非优的角度探讨经济改革的问题，没有对“非优思想”进行概念描述和详细论证，但激发了作者对系统非优问题的研究兴趣。1986 年作者完成了《模糊系统非优理论与方法——系统限制因素思考》论文，应邀出席在波兰华沙召开的系统科学国际会议，并在大会宣读论文得到与会者的关注①。该文也是首次从理论上论述系统非优思想，第一次提出系统非优学的概念。随后《中国青年报》《辽宁日报》《大连日报》报道了会议的情况和作者所提出的“系统非优理论”，同时，《自然辩证法报》刊登了吕尔的文章——《一门正在萌芽中的系统科学》。②

二、系统非优的基本思想③

“非优思想”是根据人类认识、实践活动的过程与结果满足于人类主观要求和符合客观合理性的尺度，确定了“优”与“非优”两个研究范畴。其中“优”范畴包括最优和优，即成功的过程和结果；“非优”范畴包括失败的和可以接受的不好过程和结果。不可行、不合理是典型的“非优”，即使是在一定程度上合理、可行的，也往往属于“非优”范畴。实际上，任何系统大部分都是存在于“非优”范畴之中的，从“非优”范畴的角度去分析系统形成非优的行为是一种较适用的思想方法，简称“非优思想”。

“非优思想”在我国古代思想史上有着悠久的渊源。战国末期哲学家、法家的主要代表人物韩非在其著作《亡征》中，深入考察了以往历代亡国的教训，详细地论述了47种导致国家灭亡的征兆，以极其锐利的思想为统治者提出了避免亡国的治国策略。在中国古代的军事名著《孙子兵法》的“计篇”“九变篇”“地形篇”，《孙膑兵法》的“兵失”“将义”“将失”“将败”等部分中总结了春秋战国以前作战的经验，特别是剖析了失败的教训。这些文献说明，自古以来人们不光是在优范畴内分析问题，“非优思想”在人类的认识史上占有非常重要的特殊地位。

20世纪50年代，科学技术高度综合的产物——系统工程学诞生了，它

---

① He Ping. Fuzzy Non - optimum System Theory and Methods: The Study of Limiting Factors in the Optimum System[C]. Warsaw, Poland: First Joint IFSA - EC and EURO - WG Workshop on Progress in Fuzzy Sets in Europe, 1986.

② 吕尔．一门正在萌芽中的系统科学[N]. 自然辩证法报，1987(22).

③ 何平．“系统非优理论”的现实源泉及应用展望[J]. 系统工程，1989，7(2)：1-5.

把系统作为一定的模型，在满足约束条件的情况下，以求得系统整体的最优解。但是由于人类社会实践有高度复杂性，存在众多的未知因素和不确定因素，事物之间纵向和横向联系存在交叉性，人的行为的影响以及系统处于走向有序的动态过程有些隐患尚未暴露，等等，这时所得到的最优化模式往往处于不稳定状态。这说明：人类的认识与实践不仅表现在优范畴内的探索和追求，而且在大部分领域内始终在非优范畴内徘徊，即人类在现实中所面临的紧迫问题，不仅是寻求最优化模式或实现最优化目标，更重要的是如何有效地摆脱大量严重非优事件的困扰和对系统"非优因素"的控制能力。

在系统工程问题中，往往存在着两种性质完全不同的思路：一是正常思维，即与已有的思维模式相一致；另一种是反向思维，即与已有的思维模式相冲突。科学研究的历史表明，固守常规思路容易使人思想僵化，思路堵塞，造成科学研究的失败；而反向思维的出现，则往往能开阔思想，获得科学研究的成功。在科学发现史上，这正反两方面事例是屡见不鲜的，希乐伯特攻克著名数学问题——果尔丹问题，就是生动的一例。"非优思想"则是运用了反向思维。

三、系统非优范畴

非优的意义极为广泛。从系统的存在角度，意味着不可行、不合理；从系统的行为角度，意味着不理想、不好；从系统的功能角度，意味着失效和不正常；从系统的变化角度，意味着阻碍、干扰和影响。从系统的存在到系统的变化都对应着一系列非优问题，从而形成一定的非优范畴。对于各种系统工程问题来说，既有独立的非优范畴，又有共同的非优范畴，所谓独立的非优范畴，表明了由系统的特征所决定的非优范畴，而共同的非优范畴是一种客观存在。

任何一个系统都存在于非优范畴中，由于系统的需要，形成了确定的系统行为和功能，这种行为和功能都是伴随着非优范畴而确定的。现实系统的行为给出了系统所具有的非优现象。人们对所研究的领域存在着一个基于感知与经验的非优征兆群，一般来说，现实系统所出现的“非优现象”含于非优征兆群之中，但有时却不是这样。如果系统在原先基础上有较大的发展，并且系统的现实行为远不同于过去行为，这样，现实系统“非优现象”大部分将不含于非优征兆群中，但和非优征兆群有一定的关联。

由于系统有复杂性，所以系统在任何条件下都具有一些不分明属性，所谓不分明属性就是系统具有一些未知的东西。系统未知的多少取决于系统的复杂程度。例如，社会经济系统比物理系统要复杂得多，所以，社会经济系统未知的东西远远大于物理系统。正是这种不分明的属性，使系统具有潜在的非优因素。“系统非优”研究的关键是，如何建立系统的非优征兆群，如何挖掘系统产生非优的因果关系，如何降低系统的非优性、增强系统的优化。因此寻求系统过去的非优范畴是前提。在过去的不同阶段，非优范畴的大小可能是不同的，但非优范畴并不是非优征兆群。所以，在非优范畴中，找出那种使系统行为发生变化的非优因素，并且这些“非优因素”具有稳定域。这样，这些非优因素构成了系统非优征兆群。

例如，在经济系统分析中，过去的经济指标对分析现实的经济现象起了很重要的作用。实际上对过去的所有指标进行分析，有时是非常困难的，并且在一些条件下根本不可能。如果找出经济系统行为发生较大变化的时期，在这些时期中寻求非优因素，从而分析哪些因素是促使经济波动的主要非优因素，将稳定域中的这些因素构成现实经济系统的非优征兆群。

系统在形成非优征兆群的过程中，有两个值得注意的问题，一是过程非优，二是结果非优。系统非优减小的数量实际上就是系统功能提高的数量，同时也能说明系统的不分明属性也在减少，系统不分明属性的减少反映了系统的可控性和可观察性。从系统的自身来看，“非优现象”的最小化就是功能的最大化，从系统的环境来看，不分明属性的减少决定了系统行为变化的方向性。另外，系统非优在增加，这种增加的原因有两方面，一是系统功能减少，二是系统不分明度增加，从而使系统可观察性和可控性减弱。“系统非优”变化的不确定性现象是对不稳定系统来说的，换句话说，如果系统非优的变化是确定的，那么这样的系统是稳定系统。例如，经济系统的不稳定性正是由于一些经济要素的非优变化不确定性造成的。

四、系统非优与优的意义

人类智能行为和对事物决策水平的提高，反映出传统的优化方法与实际问题不相适应。尽管人们还没有完全搞清楚什么是所需要的最优化，但人类决策还是以实现优化为目标，并且，最优化的思想与方法在现实中所发挥的作用是无可置疑的。例如，在经济研究中，资源的合理利用和最佳配置就体现了优化和最优化的现实意义，即合理利用是优化问题，最佳配置是最优化问题。也就是说，只有在优化的前提下才能实现最优化，优化所达到的最大值就是最优化，它们是同一属性的程度判别问题，因此，只要能有效地分析和评价优化问题，最优化问题就相应得到解决。因此，可以把这种传统的优化方法称作标准优化方法，实际上，优化问题具有复杂性、非线性和不确定性。虽然在标准优化方法中对优化的非线性、动态性、随机性和模糊性等进行了较深入的理论研究，但是，在实际应用方面有些问题还不能得到真正的解决。

我们知道，所谓复杂性反映了人脑对“优”的认识没有一个标准化的尺度。不同的人在对同一事物的判断，以及同一个人对不同事物的分析中，都具有不同的优化意义。优化量值表示不满足可加性，体现了优化的非线性特征，同时，优化的随机性、模糊性和未确知性，表明了不确定性特点，这些都是标准优化理论研究的问题。例如，前面所提到的资源合理利用是资源利用方面的优化问题，然而，我们目前在资源利用上还达不到最佳的效果，这是因为在资源利用方面的合理与不合理，有时还不能得出准确的判定，同时，合理是通过与不合理的比较而确定下来的。实际上，在资源利用方面存在着许多不合理利用情况，即资源利用方面的非优。在许多情况下资源利用问题处于可能合理也可能不合理，可能部分合理也可能部分不合理，即属于优与非优的共存状态。这里可以得到一个启发，任何问题的优化都伴随着非优化，分析非优问题就是为了发现与建立优化模式，因此基于“非优分析”的优化研究，可称为非标准优化问题。

非优是优的对立性问题，但是，从系统的角度，它又是对立统一的问题。我们知道，事物对立问题的研究具有深刻的意义和研究价值，例如，系统非平衡的研究丰富了系统平衡理论的内容；信息不对称性分析解决了对称性研究中无法解决的问题。虽然非优分析的研究角度并不完全类似于非平衡和非对称等特点，但这种反向思维方法能够解决优化理论所面临的困难。

实际上，人们根据对事物的认识程度能够给出优属性和非优属性的划分，但事物的有些属性具有优又具有非优，例如，在选择决策方案时，存在着可接受的一面的同时还存在着不可接受的一面，满意结果出现的同时还会产生不满意的结果。在现实生活中，人们经过大量的经验积累对实际问题在不同程度上能有效地判断和控制优和非优，根据不同的决策条件和环境知道如何去发挥优属性，更知道怎样去克服非优属性。实际上，每一个行为都可以看作是一种基于优与非优博弈的活动。在决策中，不同的人对于不同的决策问题具有不同的优与非优属性，也就是说，人们对优与非优属性的认识具有较大的差异。

第二节　非优的系统特征[①]

系统论研究的主要任务是认识系统的基本属性，即系统的整体性、结构性、功能性以及由此决定的信息及其与环境的关系，从而在整体上把握系统的优化趋势。但我们用辩证法的思想对这些方面进行分析时，便发现它们恰恰有着非优的内容。

---

① 冯爱红．系统非优的普遍性[J]．系统科学学报，2008，16(2)：55-60.

一、非优的结构

结构是系统内部诸要素间在长期关联的作用下形成的相对稳定的组织方式或秩序，即要素间相互关系的总和。这种结构在哲学上分为两大类：一是同时态的相对稳定的空间结构，是系统诸要素在空间上的联系与组合秩序，它是系统差异的根本所在；二是历时态的运动演化的时间结构，是空间结构随着时间的延伸而表现的变化轨迹，它是系统演化、发展的标志。时空统一性是事物存在的形式。但两大结构在演化中并非呈现一种完全的对应关系。由于内外环境的非线性相互作用，系统过程中的量变有快慢缓急之分，这样，其时间函数则表现为非节律性的变化，因而时间的层次结构是不均匀的。空间结构虽然表现为层次的增长与扩大，同样由于非线性相互作用，造成局部空间变化的非对称性，不是欧氏空间，往往有演化的沉淀与遗迹。例如，人脑的每一步进化都得保留原有的部分。由此而论，自然界绝不是完美、和谐和简单的统一，而是一个包含着旧迹的演化的、复杂的、新与旧、优与非优的相互缠绕着的世界。这样，我们便见到系统结构的复杂性。在这个前提下，我们来分析系统结构的非优特征。

(一)整体的非完美性

系统结构的整体性表现为横向上各子系统间的联系方式与纵向上层次间的联系方式统一成为一个有机结构整体，即时空结构整体。但是，由于时间结构有非均匀性，空间结构有非对称性，所以系统的整体结构就不是完美的，从而不能十足地为系统目的服务。特别是系统规模越大，发展速度越快，演化程度越高，其空间结构遗留的层次就越多，即包含着简单、低级的非优空间愈多。从同时性并列的时空结构看，由于各子系统的结构有其各自的相对独立性，从而相互关系则表现为多样性，如果随机地相互协调，其作用为正，则加强整体结构的作用；如果相互抑制，其作用可能为零，则整体结构缺乏活力；如果相互抵制，其作用可能为负，则整体结构的作用会发生衰变；如果出现病态，并造成物质丢失，则必然形成局部甚至整体的结构可变性。

(二)序的非逻辑性

系统的结构序一般指时空结构的逻辑序列，但不会是形式逻辑的。系统结构的序性不是一旦形成就永存不变，相反，在多种条件下都是可变的。主要是受制于运动方式，原子结构序受制于各种物理运动方式，分子结构序受制于各种化学运动方式，社会结构序受制于各种社会运动方式，思维结构序受制于各种思维运动方式。同时还受制于物能交换，这种交换愈频繁、愈迅速、愈激烈，就愈容易加速量变的速度，实现质的飞跃，在关节点上出现结构序的转变。根据时空结构统一的相对性和复杂性，其超前的和滞留的时空结构将同时并存，这样我们便可看到系统的结构序在实际上呈辩证的非逻辑性的交错存在，是一种非逻辑的相对的统一体。例如，人体就是一个各级时空样态的非逻辑复合物。既有社会性理性行为的时空样态，又有动物性本能性的时空样态；既有思维运动这样高度发展的时空样态，又有消化系统中微生物运动的低级的时空样态等的并存。因此，从序的结构上说并非每个层次都是高级的、优化的，而是优与非优的复合与统一。

(三)相对的保守性

在相对稳定的环境条件下，子系统间形成了特有的关联，层次间形成了特定的协同及伺服关系，从而在整体上形成了特定的结构模式，并在环境中展现自己的合理性。然而，环境始终是个变量。这个变量背景，无论怎样都构成了对结构的经常性干扰。如果环境变量不大，则结构仅受其侵扰；如果超出阈值，结构便面临威胁，甚至被破坏。所以常驻不变的结构是没有的，否则就是一个没有活力的系统。然而，结构的改变或微调总是被动的、有限的，其稳定性有余而灵活性不足。因此，系统的结构总是不断地面临着各种各样的挑战。除了多变的环境因素外，还有局部突变、非线性作用、涨落的随机放大等。面对各种变量，结构仅有有限的应战能力。应战不足以保证自我，便会失稳以致被改造或瓦解。从这个意义上说系统的结构是有条件的，具有非优的保守性和被动性。

二、非优的功能

(一)系统功能的特征

系统的功能是由结构决定和系统整体与环境相互作用中表现出来的特性、能力和作用。其特征如下:

1. 层次性。功能的层次性决定于结构的层次性。有什么样的结构便有什么样的功能，有什么样的层次结构就有什么样的层次功能。

2. 多样性。它决定于系统内的多样性关联。在横向上表现为多自由度的共存；在纵向上决定于层次间的多样性伺服关系，又表现为多种等级序参量的共存与协同。

3. 整体性。前两种特性决定了系统功能的整体性。各子系统间功能的相对独立性，服从乌杰的差异性原理。各层次间的序参量相互关联，服从哈肯的伺服原理。这样的纵横交错，形成整体性的目的功能，服从亚里士多德定理：整体大于部分之和，或表述为 $1+1>2$。

(二)系统功能的非优特征

系统功能还有以下“非优特征”。

1. 可变性。首先是系统的结构改变，功能必然随之改变；其次是各系统间的组合关系有变，功能也将改变；再次是环境条件改变，可干扰其改变；最后是物能交换过亢或过卑也将迫使功能变化等。所以，我们常常见到功能的不稳定性，造成系统的病态指征，可视为非优。

2. 与目的的非一致性。系统的目的是相对确定的，但由于功能的可变性，在目的评价上一般表现为对目的的偏离。有三种情况：一是基本符合，二是超目的实现，三是低于目的要求。如果功能放大则产生第二种效应；如果受限，则出现第三种效应。从差异来说，各子系统功能得到正常发挥，则 $1+1>2$；各子系统功能协同性差或序参量协调力弱，则 $1+1<2$；如果一个或部分子系统存在有碍于系统的目的，那么系统将隐伏着功能危机，非优将呈现出来。

3. 非协调性。由于各级子系统功能的相对独立的存在，往往在一定条件作用下会出现一个或部分功能的非常态改变，而上级也发生无力协调的现象，这样就出现系统功能的非平衡性。例如，缺碘和多种生理学原因，会导致甲状腺功能亢进，破坏人体整体的平衡稳态，从而出现多种临床症状。功能过亢，即使是从环境中吸纳的是负熵，由于非协调性，系统代谢发生紊乱，破坏了稳态，负熵也会在系统内变成正熵而有害。这是典型的非优。功能是系统的灵魂，但功能并不保证系统目的的良好实现，相反，在一定条件下灵魂则变成魔鬼。仍以人体系统为例，我们就可以发现很多非优的功能，大脑中脑动脉血管分支机构的非优形成功能非优，造成特定情况下发生脑出血。心肌这个子系统由于能源物质和高能磷酸化合物储备少，摄氧储备能力弱，无氧代谢的代偿能力有限，等等，造成缺血性心血管疾病。由于进化的缺环，人和豚鼠在缺乏维生素 C 时易患败血症，还有社会环境的非优导致心因性生理功能的劣变等。

三、非优的信息

信息是一切系统的内部结构与功能、与外部联系的状态和方式以及对这种状态和方式的表达和反映，因此，信息是系统物质的普遍的基本属性，我们认识事物就是通过或借助于信息而实现的。信息的基本特征有可传递性、可叠加性、可存储性、可放大性，这些特征保证了信息的运动，发挥其反映系统本质特征的作用。但除此之外还有如下一些“非优特征”。

（一）不确定性

信息的不确定性是指信息运动的状态和方式具有多种可能性因而表现出某种不确定或不肯定的情形。这种情形的存在源于信息熵的产生，出现在信息传递过程中的干扰和失真，造成信源与信宿间信息量之差。

（二）可干扰性

信息从本体论上说是物质的运动和变化状态的多样性显示。但它总是受到其他信息，无论是自然的，还是社会的信息干扰，也还有信息处理系统自身的热噪声干扰，必然引起信息失真而丧失部分语法信息。因而语法信息在实际存在中时大时小，时强时弱，时有时无，时真时假。

（三）可毁灭性

这是指语法信息量的减少乃至消失。一是信道的漫长和曲折，信息熵的产生与扩大，造成语法信息量的减少；二是自然的社会的某种灾变对原始语法信息的毁灭，造成信息的中断；三是认识主体的知识背景和科学素质决定了语用信息量的值。同一种信息对于不同观察者的效用则有很大的不同。对于毫无知识背景和科学素质者，其效用为零。在历史上一个民族、社会因为宗教或长期动乱而不顾已有的信息，这就是文明、文化中断或消失的原因。

（四）可假性

由于系统间的特殊关系，反映出来的信息不是事物的本质而是一种虚假的现象，这样的信息在认识论上往往造成迷误。一个日月星辰的东升西落的假性信息，使地心说得以成立，使天文学乃至全球性文化观念在歧途上迷误了千年之久。在社会生活中的假性信息则不可胜数，假新闻、假产品、假广告、假道学、假面具、假死等。这种对事物本质的歪曲的颠倒的现象反映，为人类的认识带来很大麻烦。

（五）模糊性

信息的模糊性表现在两个方面：一是事物的信息量大，例如现代化、高科技、人，它们都存在两个以上或很多信息内容，从不同的角度去观察都可得到不同的理解和把握，从而在总体上呈现模糊性；二是信息关系复杂，以致让人理不出头绪，找不到因果关系，看不清事物的本质及其主要矛盾。这样，我们便可对非优的信息做出如下分类：

1. 原发性非优信息。它是由系统本身的结构、功能的非优而产生的先天性非优信息。

2. 变异性非优信息。它是由信息的不定性和可干扰性而表现出来的变异来表现的。

3. 含熵性非优信息。信息熵与热力学熵在一定意义上是等价的，都是对系统无序的度量。在实验上，一切信息在信道的两端都存在着不定性数量之差，其原因是信息中包含着熵运动。

4. 递减性非优信息。这是由可湮灭性决定的，即在传输中和在观察接受者中，语法信息不断被丢失，从而使语义信息特别是语用信息效用越来越低，以致在特殊情况下全部丢失。

5. 假性非优信息。

6. 模糊性非优信息。

总之，信息自身就饱含着辩证法，也是优与非优的统一。

四、非优的系统环境

从完整的意义上说，系统是由三部分组成的，一是系统实体，它是具有功能和信息的时空结构的体系，二是这个体系内各子系统构成的复杂关系，三是体系之外的背景。这样，称内部关系为内环境，外部背景为外环境，外环境、系统、内环境三者的有机统一才是完整意义的系统。对于系统而言，内外环境都是条件，系统只有在内外环境的支持下，才能得以正常存在、运动和发展。所以说内外环境对于系统是至关重要的，然而环境条件也是相对非优的。

(一)非优的内环境

内环境是指要素或子系统间相互联系、相互作用的正常发挥，同时又受到高层次上的序参量的支配，从而在整体上形成了一个适度的非平衡稳态的良性机制。这是系统的活力之所在。但是，由于要素或子系统各自具有相对独立性，彼此间始终存在着时而平缓时而激烈的复杂斗争，从而使系统的非平衡稳态成为有条件的或暂时的存在。其中两种情况是值得注意的，一是各要素或子系统间协同、竞争，在反复多变的较量中各方力量发生消长变化，强者则会进一步发挥其影响，从而使相互间的关系发生某种改变。二是序参量也同样存在协同与竞争的复杂斗争，也会出现力量对比的变化。这两种变化，不管是优与非优，对具有保守性系统来说都会带来程度不同的不适。如果一种变化得到它子系统或序参量的响应，则会在不同的层次上出现涨落，进一步，这种涨落又得到随机放大，形成巨涨落，严重时将会使系统出现结构和功能的对称破缺，重组结构，甚至将系统摧毁。从这个意义上说，内环境始终是系统的不稳定内因。在改变和涨落处于系统可控阈值内，系统可以暂时保持固有的非平衡稳态，而当它们超过了可控阈值，无论怎么说都是一种非优的因素。

（二）非优的外环境

我们的世界，除了系统没有别的存在，因此，系统外的系统都是一个系统的外环境，或者称作背景系统。然而这个背景却是十分不安宁。首先是各大系统间那种纵横交错的复杂的结构关系，同样也是协同竞争的，它们的任何一种作用都将深刻地影响着系统的运动和发展。即使是同时态的并列的系统也存在着巨大的干扰和制约作用。它们的关系中的每一变化，哪怕是微小的变化，都会对系统产生足够的影响。第二，每个系统都是不间断地同环境作物质、能量、信息的交换，或者说都在不停地从外环境吸纳负熵而耗散正熵的，因而如拉兹洛说的那样，使外环境越来越呈不良状态。尽管熵对不同的系统具有相对的意义，但对本系统来说，总是有害而无益的。第三，人类文明的进步不断地而且愈来愈加剧地危害着外环境，造成生态结构改变，以致已经威胁着人类系统的良好发展。形形色色的文明熵在时空中日益蔓延和增长，不能不使系统科学担忧。

（三）非优的整体环境

整体环境是指内外环境的总和。一般说来，外环境、系统、内环境三者的和谐一致，构成一个良性机制，系统才朝着优化的方向发展。但是，如上所述内外环境不是一成不变的，对系统来说都是一种非优的因素。如果内环境出了问题，系统则要去协调，去控制；如果外环境来了干扰，系统也要自我调整，以适应环境。可以说在内外环境这种不安宁的特征面前，系统始终是忙忙碌碌，甚至是自顾不暇的。这就是系统的非平衡稳态性之所在。然而，即使是内环境平静，但多变的外环境则时常干扰和影响它，并在一定条件下可以得到内环境的响应。或者内环境出了问题，外环境相对平衡，一般来说系统有能力予以控制和协调，内涨落不会对系统造成太大的影响。但是，当内环境的涨落随机地得到外环境的响应与支持，并互补放大，以致形成"蝴蝶效应"，那么系统就有灭顶之灾的危险了。

五、对系统层次非优的考察

我们的世界是个层次无限、结构复杂，功能多样、环境复杂的巨系统。当我们从非优的角度对它进行审视的时候，便发现它也不是一个完美的存在，它的价值存在也绝不是"1"。

(一)荒漠的宇宙

宇宙中高等生命是罕见的。在无限的宇宙里，物质以自组织的方式相对均匀地分布着，然而在恒星、白矮星、中子星、黑洞和离恒星过近或过远的行星等天体上肯定是没有生命存在的，只有类地行星才有可能，这可以说明生命在宇宙里是一种罕见的存在。现代科学揭示生命的孕育条件是十分苛刻的，它不仅以致生元素作基础，还需要大气、水分、温度、声、光、电、磁、行星的质量、能量、适宜的轨道、运动速度、引力、斥力、常数等各种物理因素；还需要自组织理论中的远离平衡态、涨落、自催化超循环、协同、竞争、突变以及物能交换、对称破缺，等等，当然还有至今我们尚不清楚的众多条件，在非线性相干下产生的。尽管生命出现的条件复杂而深刻，但这些物理的、化学的以及其他因子和基本条件在我们同一个宇宙里还有不少生命形式，也会有进化得如同我们一样或高于、或低于我们的高等生命的存在。但是，从上述条件以及已知事实看，有生命存在的星球是极少的。物质演化论揭示的演化过程表明物质的丰度与演化阶梯呈递减发展，即演化得越高级，物质越少。这也表明宇宙中生命存在稀少的合理性。我们的太阳系里八大行星仅有地球有生命，将太阳包括在内只占 1/10；如果以质量计，仅占 1/3. 3 ×105。如果这种逻辑成立，那么宇宙中的生命绿洲或生命丰度则是很小的。可以说我们不是宇宙的孤儿，但它却是一片尘粒漂浮的荒漠。

（二）多灾的地球

地球——这个人类的母亲也是一个多灾多难的非优存在。它有着多样性的灾害，可见和可感知的有地质灾害、地貌灾害、生物灾害，在大尺度空间里有气象灾害、天文灾害，当然还有人文灾害等。这些不同层次的灾害又相互作用，构成一个复杂的灾害系统。英国《星期日独立报》载文惊呼："这个世界真的日益成为更加危险的地方！"这些灾害直接有害于地球这个系统，同时也危害着人类系统的历史成果、现实的创造和未来的发展。而人类文明中的那种片面的功利主义的无节制发展，对地球这个物质系统和人类社会系统都带来越来越大的副作用。

（三）不合理的社会存在

迄今为止，历史上的一切社会存在就其本质而言都是非优的。其要害就是少数人对多数人的劳动的占有，并且以剥夺者的私利为准则，采取种种政治的、经济的、文化的甚至军事的方式，制造种种政策、法律、理论等去规定这种占有的合理性，掩盖其行为的荒谬性、残酷性，以及造成地区间、民族间、阶级间文明发展的严重不平衡。这是掠夺而毫无协同、竞争的系统学意义，"民主、平等、自由"仅仅是一种招摇的旗帜。劳动解放也因为这种私有制观念的顽固性存在而受到阻滞。虽然从制度上予以克服，劳动解放得以实现，但并非是对非优的消除，非优将以新的形式、内容和新的特征而存在。

（四）粗笨的人

"人是万物之灵"这个自有我们以来就极强的命题，今天被赋予了新的内容：与动物的运动相比，人是一种很平淡的粗笨的物种。自组织演化理论研究指出，系统的进化以环境中某些方面的退化为代价，系统有序化程度的提高以环境无序化的过程作为补充。这一思想再向前推进一步看，人体系统在构成上也恰恰是进化与退化互补、优与非优的统一。一种器官的特化，则以其他器官的劣化为代价。人的特化器官是大脑，对整体来说，它特化到了最高序参量的程度，表现了它对一切层次的控制与协调的优异功能，自然也是其他一切物种所无可比拟的。然而，人除了大脑外，其他器官机能却劣于其他动物相应的器官功能。而且进化又造成比动物有更多疾病、更弱的抗病毒能力和免疫功能减低。正因为如此，人类才凭借大脑的优势走体外进化的道路，创造第二自然，弥补人体系统之不足。

(五)非优的基因

DNA双螺旋结构的发现使人类对生命的认识进入了分子水平。但是，科学在惊讶其结构和功能的绝妙之后不久，便发现它也是一种非优的存在。艾根的超循环论指出基因自复制错误率不会为零。木村资生则发现了中性基因，而在自发突变中约80% ~90%是轻度有害的，5% ~10%是致死的，5% ~10%才是中性选择的。免疫学研究也表明，基因的非优性与肿瘤的发生有着极大的相关性。

综上所述，绝优的系统是没有的，演化也永远实现不了系统的绝优，所谓的优是相对的，是价值比较的结果；从辩证法的意义上说，非优也是世界上一切系统的普遍存在。

第三节 系统非优的性质、特征及类型[①]

一、系统非优的性质

(一)客观性

系统中的非优是一种客观存在。因为它的生成完全在于自然的原因，或

① 张丽，吴廷瑞．论系统非优的性质、特征及类型[J]．系统辩证学学报，2004，12(3)：24-27.

者在于系统自身的内部原因，例如，熵增是一切系统不可回避的，它的不可逆规律作为热平衡吸引子始终是系统的死神；涨落是把双刃剑，当其放大到并迈过临界点后无疑是一种建设性的动力，然而当其处在系统的可控临界尺寸内，就始终是一种不稳定因素，它不停顿地或大或小地成为干扰、影响乃至破坏的消极力量。世界的本质是非线性的，系统内部复杂的非线性作用的结果是丰富多彩的，其中只有适应的类型才可以导致系统发展的对称破缺，其他类型则可能与之相反；自发突变则更加突出，不仅其非优者众，而且那种恶性突变也会使系统毁灭。除了这些内在性的非优存在外，还有外环境非优问题，这又是一大类的非优存在。多变的环境因子使非线性相干效应更加复杂、多变相关，呈现一个天文的、水文的、人文的、地质的、气象的、生态的等相互关联、相互交织的灾害系统，也是无法排除的。这一切虽然都是系统存在、发展、演化的必需，但却是有条件的，在一定条件下却是可以转而为害成为非优的。同时，系统的内外非优又常常成为互补，发生响应，使非优呈算术级数甚至几何级数增长。从这个意义上说，系统几乎是在内外非优不断的夹击中存在，适时而又灵活地寻找着出路。

(二)特异性

非优无论是系统内部的自发生成还是受动于环境变化使然，也无论是因个体间的交合还是基因漂变、种间跳跃而出现，他们都因差异而具有特异的性质。这种特异性表现为特殊的涨落、特殊的运动状态、特殊的非线性相互作用，乃至特殊的结构，由特殊的结构决定的特殊功能以及由二者决定而产生的特殊信息。这一切特殊的内容在系统稳定态中，不管其价值评价如何，对系统都将具有扰动和影响的作用。或从相对性意义上说，在一定情况下由于系统强有力的调控作用而与系统保持一定的协调、协同，成为系统不可分割的一部分，成为支持系统运动的有价成分。除此之外，都会对系统造成不适，甚至成为否定性的力量。

(三)多样性

系统非优的多样性表现为差异性。系统辩证论找出差异不仅是客观的而且是普遍的，可分为内在差异和外在差异两类。内在差异表现为结构、功能上的空间差异，具有层次性的不同，还有自组织机制差异、运动动力差异等。外在差异表现为与其他系统的整体差异、与环境关系的差异，也包括子系统间的差异等。这种分析也完全可以用于系统的非优性上来。这种多样性的非优其根源也在于复杂性和非线性相互作用，因而造成不同空间的非优，也造成全部时间过程中的非优分布。用矛盾论的话说就是系统的非优无处不在，无时不在，它存在于系统的一切方面、一切过程和过程的始终。同时，非优的多样性也表现为特异性，正像世界上没有完全相同的两片树叶一样，也没有两个完全相同的非优。这就是说，无论是系统自发的还是诱发的，也无论是内环境还是外环境促成的，抑或是内在性的与外在性的非优，其品质和作用都是各不相同的。

当然，系统非优的出现虽然也是复杂性的一种结果，但却不会像超循环组织那样具有一旦建立起来，就永存下去的特征。它仅仅是系统竞争群中的一类或一部分，这样在系统整体或各层次序参量、内部的状态参量、外部的控制参量作用下，一部分被征灭了，一部分被改造了，一部分被同化，一部分被利用了，只有一小部分才会以其特异性而顽强地保留下来。这一部分才会在系统的发展过程中得到质的提高和量的增加，并可能成为涨落而在一定条件作用下得到放大形成巨涨落，在临界点上接受价值选择，创造未来，以新代旧，或者相反。

二、系统非优的特征

（一）离散性

由于内、外环境等的随机改变，导致系统内局部或位点上的改变，这种改变对系统的现实存在是非优的。这种随机产生的非优在时空分布上呈现着一定的离散性。因为虽然它是系统过程的全程分布，但是位点却不是决定性的；虽然可以在不同层次上发生，其位点的空间选择也不是确定性的。这表明非优发生和存在在时空上的离散性。非优的离散性孤立存在还在于以下机制的作用：一是非优虽已发生，但尚未成熟，不具备发生长程关联的能力，二是内、外环境相对稳定，在正常的范围内上下跳动，不能为非优提供有效关联的进一步条件；三是高层次的序参量或系统整体功能尚有足够的能力对其进行有效的制约，迫使非优不能发生长程关联等。这样，非优彼此间不能出现某种响应，不会形成诸种非优的集合，便不会发生某种特异的联合行为，从而也不可能产生与系统对立的整体性功能和干扰、影响乃至破坏系统整体的效应。所以说在系统处于健康状态和条件相对稳定的情况下，非优在系统中的存在总是离散性的。

（二）潜隐性

由于上述原因，非优被约束或被抑制为孤立状态，但它们并未被克服，而是呈为一种蛰伏状态，在系统的某个角落潜隐着。第一，它们不显示自己的特异性。由于整体功能强大，即使有一定的表现也被掩盖着显示不出来。第二，形成不了明显的涨落。即使在某些局部环境条件下能够形成涨落，但也只是一种微小的不足以产生整体性的影响，没有超越系统现实的状态参量与环境的控制参量的能力，也没有超越序参量的控制、协调能力，伺服原理依然正常发挥。这样便被局限在可控范围之中，更得不到放大，没有实现巨涨落的可能。因而，潜隐性的非优只能使系统出现非平衡态。其影响和作用仅此而已。第三，当系统的功能处于最佳发挥的时候，非优则从另一方面与系统保持协和，成为一种相反相成的互补关系。而这一切都在等候适宜条件的到来。

（三）突发性

当在一定的适宜条件下，离散的、潜隐的非优都将被激活或被调动起来，发生长程关联，并在此基础上按照自己的特异性产生非线性相互作用，形成特定的序参量，于是便有了自己的特异的时空内容，而成为突发的显性存在，成为与系统之优竞争的有生力量。如果条件继续有利，使其得到有效的放大和发展，并到达和超过临界，此时的非优便会按照自己的特性，或者破坏旧系统，或者改造旧系统，以新的结构、新的功能和新的信息，将系统的发展推进到一个新的阶段。当然，这个新系统其品质如何，还需要接受环境的价值选择，这就意味着前途的随机性。系统论研究明确指出：优化是趋势。但是，世界(或系统)演化史或生物进化史表明价值选择并非是决定性的择其优，有时优化的目的性会表现出在优与非优间的曲折延续的发展路线。这些特征显然有两个前提，一是阶段性。非优从发生至反作用于系统是一个发育过程，早期为离散性，接着是潜隐性，最后是突发性。它们分别表现了不同阶段的特性，因而对系统的作用也是不同的。二是条件性。每个阶段的特性均与该阶段的内外条件相联系。

三、系统非优的类型

系统自组织理论是个相当大的学科群，今天，虽然还没有发展成熟，却各自从不同的角度和层面揭示了非优发生的内在原因和外在条件。而一个共同点则是在非线性作用下，复杂性导致了特性各异的多样性非优。非优也是复杂的。非优的性质是同一的，但其表现和作用却是不同的。大体可以分为以下几种类型：

(一)恶非优

作为一种因子它与系统是异己的，在极端的情况下对系统将发生严重影响、干扰乃至破坏和瓦解。它有特异的结构、特异的功能、特异的信息，这些与系统有着本质的不同。所以可以说它一旦产生便预示着对系统的严重威胁。只是在开始时由于尚未成熟面临着被系统整体功能征灭的可能。如果由于其顽强或者未被系统所识别，或者被其他更为严重的矛盾、差异间的竞争与协同所掩盖，或被系统抑制在孤立的小环境之中，则将被保留下来。这时它们并不显示其恶性作用。

但是，当其发展实现了足够的量的积累，并达到了度的超越，又得到内外环境的支持，它们将被激活，得到迅速的发展，从而显示其本来就有的恶性，向系统展开无情的进攻。当然，它们的作用到底发挥到什么程度，则是有条件的。当系统处于健旺时期，内外环境又相对稳定，恶非优能够被系统所控制、化解，而成为短暂的突发，恶非优被征服。但产生恶非优的土壤系统内部的突变、内涨落、非线性作用、熵增、混沌吸引子和多变的外部涨落等却是永存的。往往是系统只能暂时取胜于恶非优，恶非优也只是暂时地回到被抑制状态。之后将进入长期的、经常性的斗争。当系统老化，调控能力下降，或内外条件发生了剧烈变迁，恶非优便会随机地再次爆发。此时的恶非优将按照自己的特质去改造或毁灭、瓦解系统。癌基因的产生、隐匿、发展和急速地无限扩增以及对生命机体的危害是十分典型的。恶非优在自然系统、社会系统、经济系统、文化系统，以及在人类文明发展的历史上都有着无数惊人的严酷事实。

（二）隐性非优

隐性非优是与系统组成次要矛盾的非优。它没有恶非优的那种质的规定性，因而不是恶非优的前期阶段。它没有更大的危害性，对系统整体不起显著的干扰和影响。但是，也不利于系统的正常运动和发展。从矛盾论来说，它与系统仅组成为次要、第三或第四、第五位的矛盾关系。但是，它毕竟是与系统优化因素不同的一类，与系统是一种不和谐的力量。因此在一般情况下，它间接地同系统发生斗争，表现出相当的或一定的隐性特征。然而，在一定的内外环境条件比较适宜的时候，这种隐性非优将与其他非优发生直接或间接的协同，显现出它本来的面目，与系统开展明确的斗争。由于其自身的某种规定性，虽能够被涨落所激发从而被动地活跃起来，非优性被引发出来，并且也能与其他非优间产生互动效应，但没有成为核心的品质。它可以随着涨落的放大而协同地达到宏观规模，但不会成为涨落的主角。由此可见，隐性非优具有相当的惰性和被动性。

（三）中性非优

借助于日本学者木村的中性突变学说可以较好地认识中性非优。系统内经常不断地发生着各种各样的突变，其中的一类是中性突变。这种突变体的主要特征是它几乎不打乱系统的结构或功能，对系统的作用既不好也不坏。同时，又是通过随机的群体变化而实现其多样性的。正因为它是中性的，所以在系统中一般不显现出来，但是它却掌握着进化的主动权，最具有未来。因为中性突变说有一个重要的观点是，系统内执行重要功能的分子进化慢而功能不重要的分子进化快。这与哈肯协同论中快变量与慢变量的特性是一致的。这说明起重要作用的优化因素是一种保守因子，而居于次要地位的中性非优则没有那种保守性。加上它可以以随机的群体漂变而得到多样性的发展，这样它就不仅具有适应现实系统和系统边界条件的能力，也具有适应未来多变的能力，所以它有着最好的前途。因此，中性非优有着十足的隐性特征(但不是隐性非优)，即使在临界点上也能比较顺利地通过并走向未来。这就使人们找到了一个使系统发生质变，进而出现飞跃，向新阶段实现过渡的重要依据。

(四)假性非优

假性非优是指在本质上并非非优，但在形式上却有着非优特征的一种非优。这是由于多种因子在复杂的关联中产生的特殊关系。这种关系以歪曲的或颠倒了的形式反映着系统的本质，自然它不是非优的。但是，它往往给人的认识带来相当的麻烦，使人产生错误观念，造成认识混乱。这种歪曲或颠倒的形式所造成的认识上的歪曲和颠倒成为人类认识发展的一种巨大阻力，也是一切神学、唯心主义和形而上学产生的根源，是错误认识的力量所在。正是在这个意义上我们说它也是非优的。

(五)变性非优

所谓变性非优是指本来是系统中的优化因子，但在某些特定条件下发生性变而转化成的非优。混沌动力学指出演化产生复杂性，而非线性作用使复杂的系统失稳。即在一个系统内虽然只有几个因素的简单决定性作用，也会使该系统产生随机行为。而这种随机行为的一个重要特征是对初始条件的敏感性，初始条件的微小振动将会被逐级指数般放大，从而在系统的宏观尺度上造成不可预测的巨大涨落。对此洛伦兹称之为“蝴蝶效应”。这种效应表明原系统中的一切优化的因子和良性机制，全部突然地改变了性质，共同形成了灾难性的“风暴”，其后果不堪设想。

对于自然风暴的生成中国的古人有过精辟的叙述："夫风生于地，起于青蘋之末，侵淫溪谷，盛怒于土囊(山洞)之口，沿大山之阿(洼)，舞于松柏之下，飘忽澎湃(形声词)，激扬漂怒，轰轰如雷，回穴错迕(旋转)，蹶石伐木，梢杀林莽。"它描述了本来是正常的大气，只是在草叶下那一点的最初扰动，却在随机的指数般逐级放大后，在广袤的宇空和偌大的山川上形成了漂怒如雷、蹶石伐木的巨大风暴，成为一种恶性非优。一般来说它给系统带来的后果都是不堪设想的，或者大伤元气，或严重失衡，或改变性质，或遭到瓦解等。如自然界里大规模的生态破坏，社会领域里大规模的社会风暴，经济领域里令人震畏的大萧条、黑色星期一等。当然，这种效应的出现一定有一个酝酿阶段，而且形成了一触即发之势，这时一个随机的偶然的小小的因素即可引发巨大的变故。只是这类效应在发生之前我们往往感觉不到，觉察不出。

另一种情况是系统机能的病态亢进，将本来是优化的因子改变成非优的性质。在生命系统中常见这种情况。耗散结构理论的中心思想在于解释了系统与环境关系，深刻地指出系统从环境吸纳负熵以抵消不断扩大的熵增，维持系统的有效发展。这表明负熵为优。但当系统的某种(或部分)机能亢进，则会从环境中过量地吸纳负熵。物极必反，发生性变。不管负熵是否被机体吸收，都将成为正熵而有害于机体。当然，无论是蝴蝶效应还是机能亢进，对系统过程来说都是暂时的。系统在自调控、自适应的作用下，可以克服变性非优而回复平衡，或确立新的平衡。但这种回复却不是回归。系统在经过了这种变性非优袭扰之后，要么经过自我调控改变结构、调整功能，以适应新的情况；要么遗留下序的弱化，发生时间丢失，跳跃性地向热力学熵平衡加速迈进。在一些特殊情况下，简直是决定性的瓦解和重建。

第四节　系统非优的现实意义[①]

正如马克思在《关于费尔巴哈的论纲》的最后指出“哲学家们只是用不同的方式解释世界，而问题在于改变世界”。系统非优的意义很大程度上就体现为这种“改变”(或改造)的哲学含义。因此，开展系统非优研究很有意义。

一、系统的非优性

研究表明，“从系统自组织理论出发，可以认为结构序、功能序强，参量或序参量间的协同性强，与环境的物能交换力强者为优；而那些结构序差，功能序弱，非线性相干效应不良，参量或序参量间不尽协同，同环境物能交换不畅或能力弱者自然为非优”，并强调了它们的相对性意义。即强与不强、良与不良、优与非优都是比较的结果。因此没有绝对的优，也没有绝对的非优。但这只是一个方面。其实，所谓优与非优又是有条件的。例如，在发展观上此时为优，彼时可能为非优；对认识主体而言在我为优，在他可能为非优；对研究来说在某一角度为优，换一个角度可能为非优等，这一切都是以条件为转移的。还有这对范畴本身就是辩证的，即系统中既有优又有非优；不仅如此，还表现为优中有劣，劣中有优；彼此的关系则呈现相互对立又相互依存，相互制约又彼此互补；系统过程的每一个时空点都是优与非优的辩证统一；体现二者辩证关系的系统与自然或周围环境又是须臾不可离开的，对环境有着较强的依赖性，又不断受着环境的挑战等。优与非优除了以上论及的本体论、条件性、辩证性外，还受着社会需要、人类利益原则和科学发展水平的制约，它随着社会需要、人类利益和科学发展的变化而变化。

---

① 王勇，张丽．论系统非优研究的意义[J]．系统辩证学学报，2005，13(3)：56－59.

综上所述，可以看到系统的优与非优的边界条件具有相对性、辩证性和动态性。系统的本质是优与非优的辩证统一，人类的认识与实践总是在优与非优之间跳动。所以，研究系统的优化是十分重要的，但要实现系统的优化发展，对非优的研究则更加重要。

二、非优研究的认识论意义

（一）没有系统非优性研究的系统论是不完整的

只有系统优化的研究是不够的，它只把握了系统的一个方面，其实还有一个与之对立的另一面。系统中优与非优的对立统一和二者通过中间环节实现协同、转化应该是系统论研究的重要内容。从二者的关系看，在某种意义上，研究非优对系统的发展更具有积极的意义。系统的存在在于其稳定性，而稳定性的决定因素则是其优。系统之优就是结构性好，功能性强，与环境的物能交换能力强，同时对内部的调控能力及同环境的适应性强。这种长期演化而成的模块保证了系统的稳定性存在。系统没有这种稳定性是不可思议的。但是这种稳定性又恰恰成为系统的保守性所在。正是它有能力按照自己特定的模式在确保系统稳定性存在的同时，制约着非优也制约着自己。这种保守性就使我们理解了日本学者木村资生在中性突变学说中指出“执行重要功能的分子进化慢”的道理。而系统非优则无此种模块，或在非线性作用下，实现了有效关联后，按照自己的特性形成自己特异的模式，在中间环节发生作用，产生涨落。这种涨落恰是系统内动力之所在。这种随机产生的动力促使系统进入非稳态。系统没有这种动力，同样也是不可思议的。这样使我们又理解了木村资生的另一个结论“不重要的部分进化快”。所以，研究系统没有系统非优的一面则是不完整的，是不符合辩证法的。

（二）科学研究需要系统非优学

科学简单性原则是正确的但十分不完整，不是很好的模式，对此系统自组织理论的各开创者都有深刻的批评。简单性原则的要害就是“要骨头不要肉”。但骨架绝不是人，不是活物。没有各系统的统一，没有各层次的统一，没有一个最高调控系统，骨架连站立都是不可能的。省略掉摩擦力和空气的温度、湿度、风力等，L = VT 这个二值逻辑决定的运动模式，在世界上是绝对没有的。但是简单性原则至今仍长期严重地制约着科学工作者的认识，或者它正好适应了人的认识的简单性特征。于是在科学中竭力排除一切次要因素，实现研究的纯粹性，抽象出最简化的理论。这样就导致了对优化因子的偏爱和对非优因子的厌恶，因而造成了无数失误和偏差。弗莱明如果死守简单性原则这个戒条，也必将同前人一样失却发现青霉素的伟大机遇。如果只考虑即时速度的地球引力，那么任何一个射击者都不会击中靶物。

非优并非只有自然存在，科学家自身也存在。科学家无疑是智慧的精英，但是作为认识主体，任何一个科学家都具有历史时代性，必然会受到特定的前提性知识的影响，因而会表现为认识上的非优。如知识储备少，知识结构缺环，受当时科学模式的束缚等，从而在认识活动中出现思维节结，认识运动受阻，造成对课题久攻不开的局面。一个欧氏几何第五公设，竟耗费了两千年的数学精英。法拉第是比别人高明的实验科学家，他坚信大自然的和谐性原理，于是当奥斯特实现了电变磁之后，紧接着他要实现磁变电。认识上的非优使得所有的人认为这是无稽之谈，不予考虑。而法拉第在认识上的另一个非优也使他困惑了十年，诚实的法拉第在实验笔记上痛苦地写下了一个又一个“失败”。其原因在于他不知道“世界是运动的”这一原理，凭着经验、感觉进行盲目操作，而最后的成功也恰恰是意外地将装置置于运动状态下方才实现的。这种认识上的非优将随着实践的深入发展得到克服，但永远不会达到全知全能。对未来研究领域人类总是一个无知者，其认识都是一种非优状态。

从上述客观和主观两个方面看，我们一不能无视非优，二不能排除非优。作为科学研究应该克服简单性原则的局限，将研究对象的非优与优相结合一并进行辩证认识，才能达到优化，还自然以本来面目，走向复杂性，不仅符合事实，也符合当代科学发展的方向。作为科学家就要摆脱简单性原则的束缚，按照自然的本来状态去认识世界。

(三)认识非优，扬长避短

何谓长？何谓短？当系统处于稳定态时，优为长，非优为短。当一系统与它系统相比较时，亦优为长，非优为短。而系统处于垂萎时，则非优为长，优为短。在临界点上，亦非优为长，优为短。从认识上看，当属前两种情况，这就需要充分认识其优与非优而扬长避短，朝着有利于系统目的的方向发展。即在主观能动性支持下，充分发挥各组分(或要素)之优，使之协同一致，形成功能放大，同时抑制和避免非优的影响和干扰，以实现最佳效果。三个非优的臭皮匠，在一个目的的约束或调协下，使各自的优发生有机的关联，组成合理的结构序，就能形成一个高于诸葛亮的优化大系统。在这种情况下必须避免各组分(或要素)间自抑的现象发生。在系统优化研究中有人指出，只要要素为优，系统必然为优。这话太绝对了，各要素非加性和关系中符合系统目的或扩大了功能，尚需要进一步认识。但是如果产生合力抵消、偏离目标或定态制约、超强抑制等，限制或抑制了"部分"的功能，或降低了整体功能，则必然出现整体小于部分之和的结果。不然，何以会有"三个和尚没水喝"呢？因而，系统必须有力地规范各系统的行为，朝着目标产生协同。这就是扬长避短。但是，辩证法的高明还在于优劣并用，互补共进。物有所不足，智有所不明。系统各组分长短不一，优劣各异。由于具有同一性，二者关系或者统一或者对立，但谁也离不开谁，单独一方不能发挥系统功能，甚至也不能存在。因此在系统协调机制的作用下，二者形成互补，例如，左右脚在空间上呈对称关系，由于种种原因却在功能上出现差异，大脑系统协调二者形成良好的统一与协同，实现系统目的，或立或站，或奔或跳，协同一致地运动前进。

总之，在认识论上我们不可只知其优而不知其非优，也不可偏爱其优而厌恶非优，应该既承认二者存在的客观性，又把握二者的辩证关系，使我们的认识不要失于形而上学。因此，对于系统的认识论，非优论有着不可忽视的价值。

三、系统非优的研究方法论意义

(一)方法论意义

一切系统，无论是天然系统、人工系统、思维系统，或是政治系统、经济系统、文化系统等，由于其非优的存在，而与人类文明发展的需要始终是个矛盾。由于人的主观能动性的存在，人类文明的发展又总是表现为对非优的利用和克服。这样，系统非优研究便有了重要的方法论意义。

1. 发展文明的有效方法。在人类文明的发展中，成功者少而失败者众。在自然科学领域中，爱因斯坦、法拉第、华罗庚等大师级的人物，通过自己的实践总结出成功与失败相比是一比十。爱迪生为寻找和制造出性能良好的灯丝，光材料就是两千余种，其实验的失败自然就是数千次。另一种情况是虽然成功了，但仅仅是有限的进步。例如，瓦特蒸汽机虽然是工业文明时代蓬勃发展的标志，然而其热功率仅从3%提高到8%。第三种情况是获得发展的同时又带来了一些巨大的隐患。遗憾的是人们热衷于成功而睥睨失败，公布成功结果，总结成功经验，介绍成功方法，而却羞于失败，将其抛于废纸堆中，使我们不能很好地使用这些“宝贵”的财富。如果我们能在付出改造和研究前或过程之中乃至在失败之后，寻找自己或借鉴他人已知的非优，我们无疑会多一些成功的机会。因此，我们应该在课题确定之后，先寻找研究对象和自己的非优之处，使我们少走弯路。也就是说我们的一切优化努力必须尽可能建立在已知的非优前提下，才能有效地走向目的。

2. 搞好工作的有效方法。我们的一切工作都是解决问题，因此总是与困难和非优打交道，在工作中又会遇到很多意想不到的新问题，需要有好的方法及时地克服。仔细的人会认真分析，找出主客观两方面的非优，马虎的人则不做这种前期准备，自然效果会有所不同。当前一种坏风气是值得注意的，就是好大喜功，不求实务。对存在的问题和工作缺点、失误一笔带过，轻描淡写或回避实质性问题，甚至弄虚作假，欺上瞒下。此种作风说到底还是不认识研究非优的重要性。如果颠倒一下，或做反向思维，下功夫总结出工作中的非优，找出工作中的失误，分析系统内部存在的非优类型，联系与环境的关系及随机突发事件的影响，按照未来目标的要求，有针对性地制定克服非优的可行性措施，那么未来的工作面貌将会大大改观。不知过去工作中的非优、现存的非优、未来可能出现的非优，陷入盲目的优越感，就不可能达到系统的优化，便不是一个清醒的领导者。

3. 加强修养提高素质的有效方法。每一个人都在复杂的社会生活中存在，在特定的环境中成长，还有复杂的甚至是说不清的原因，形成了个性特征，也留下了妨碍发展的非优。这就需要加强修养，不断提高素质。然而不认识自己非优的所在，修养和提高便无从入手。只有清醒地认识自己生活情操、品德情操、知识水平、工作方法等方面的不足，才能在实践中开展自我努力，克服非优，避短扬长，从而实现优化提高。

（二）方法论特征

作为方法论，系统非优研究有其自己的特征，它需要以下五个方面。

1. 收集非优事件。在系统发展过程中，由于其非优的存在，总会随机地发生种种非优事件，对系统的正常运动产生影响或干扰。这就需要搜集事件并予以分类，对其状态、行为、性质、程度及其后果进行特征性描述。

2. 提取非优信息。非优信息是非优事件的决定性表现。如声、光、色、味、电、磁等。对这些特殊信息与系统正常信息进行比较、分析，并分辨其非优的性质，评价它们在非优事件中的作用，最后对其进行定性、定量的规定。

3. 进行非线性研究。一个非优事件的发生，总是由系统内外多种因素促成的，或者确定地说是复杂的内部非优与环境非优一起非线性作用的结果。因此，对非优事件透露出来的非优信息做非线性研究是十分重要的。

4. 建立非优事件的发生模型。在非线性研究基础上，导出一般规律。即确定系统失稳的内外条件和作用程度，涨落发展到巨涨落的非线性动力机制，临界点的位置、状态等关键性参数。当然这一切也都是相对的，需给予一定的阈值。

5. 建立相应的约束或催变体系。根据非优模型和系统的现实状态，或建立约束体系，或建立催变体系。如果此时系统依然健康，为维护其正常运动则利用系统工程、控制论等手段与方法，有针对性地建立对非优的约束体系，克服或弱化非优，确保系统向优化的方向健康发展。如果此时系统已经衰变或非优已显露出新生事物的个性特征，有希望走向新的优化，则为系统及时实现质的飞跃，有针对地运用系统自组织理论建立对系统的催变体系，支持非优巨涨落等的进一步发展，实现占有未来的过渡。当然，何时建立体系，建立怎样的体系却是一个重要问题，弄不好可能造成压制新事物和拔苗助长的错误。

第五节 系统非优学的首篇论文

Fuzzy Non – optimum System Theory and Methods: The Study of Limiting Factors in the Optimum System①

Abstract: This paper presents a novel approach to non – optimum analysis based on experience recognition. Our goal is to provide support for optimization of uncertainty system. Our approach allows the practice courses and results of mankind are classified by their natures into two categories: optimum, and non – optimum. It is considered that the non – optimum system does not exclude the targets and the results of optimum in practice. The formation of non – optimum system serves as the basis for existence of optimum system in uncertainty. Besides, the various characteristics and functions of the optimum system can be measured from the non – optimum system. At the same time, it also puts forward the non – optimum measurement of the system along with non – optimum tracing and self – learning of the experience systems.

Keywords: Non – optimum category; man's recognition, new methodology; actual significances

1. Introduction

The theory of the non – balanced self organized system has been put forward and is developing in the past more than ten years. This shows that any system is in the non – balanced open system. Prigogine founded the Theory of Dissipation Struc-

① He Ping. Fuzzy Non – optimum System Theory and Methods: The Study of Limiting Factors in the Optimum System[C]. Warsaw, Poland: International First Joint IFSA – EC and EURO – WG Workshop on Progress in Fuzzy Sets in Europe, 1986.

ture, Harken formed the science of synergetics. They all succeeded in putting forward the theory of non - balanced self - organized system. The common special feature is the study of, in the non - balanced - open system, when the system and circumscribed circle have matter and energy to exchange, how the macro time. Space or time - space ordered structure and functional - ordered further study of the laws of the evolution from order to confusion. So, the theory of non - balanced self - organized system, starting from the study of the balanced - open system which the objective world proper possesses, reflects truly the whole internal mechanism and the common principle of the ordered and functional ordered structure in various time - spaces. According to the self - organized system principle, an ordered system may go into confusion, and naturally, it is very important to study the reasons, ways and confusion is necessary for us, we have to control its speed, so that it may be more fit for our needs; if it is harmful for us, we have to take some measures to prevent it from going into confusion, and manage to make it more ordered. The higher degree of development is the systematic optimization.

That is the purpose of studying this system. So the lower degree is the non - optimization. According to the theory of "dissipation structure", as long as the system is open, the non - balanced state may become the source of ordered system. So the non - optimum category, can it come into the stage, where we are to seek the optimization. The thinking of the optimum emerges and develops in the course of man's knowing and reforming of objective world. Examining the process of optimum concept, we may find that at the beginning of its emergence and formation, people knew little about its connotation, and with the development of human society, the knowledge will get deeper.

The first concept of the optimization was only judged by comparison with one another; and now the concept of the objective function under a certain control. But actually, the optimization project or system which best represents the objective function bears only relative significance, that is, they are realized under a certain and strict condition. Because of the complication of mans, social practice(many undetermined and uncertain factors, alternation and the influence by his behaviors) and the feasibility of the pursued goal in present circumstances. This makes the optimum methods only be applied in limited scope.

That is to say, in a certain scope, it is easier to realize the optimum system. But for come more complicated systems, as for social economic system, not so easy. Because in these systems, there are often many contradictory aims and needs, together with many limiting factors which are hard to be determined. So you can by no means find the best plan suitable for all the aims and needs. And on the other hand, because of people's subjective views and behaviors, systematic aims are influenced by both internal and external environment. Sometimes it is hard to achieve the quantitative optimization. So, in the recent years, some have posed the viewpoint of "satisfaction". That is, we don't have to pursue the optimum state. Only when the system is satisfactory, enough has been done. The satisfactory optimum method actually is a special phenomenon of non – optimum system.

We've had some tries in this way and come to conclusion: the theory of extended optimum systems and non – optimum system.

We have gone farther in the study of optimum system to make the theory of optimization more useful in practice.

2. The practical relevance of the NOS theory

Man's knowledge of the objective world and of himself is always in the midst of ever deepening course. In human history, there has been many a social practice that was carried out partly or even wholly with blindness, thus making it impossible to avoid failures completely. Yet, each of the failures adds to the improvement of human understanding of the objective and subjective world. So those social efforts that have failed occupy important positions in the chronicle of human knowledge. The motto "failure is the mother of success" tells that human race learns from setbacks. But it fails in theorization and quantitative analysis. From the system science point of view, all systems exist in a risk state. In the past, people mainly studied how systems operate under the conditions of may accept and how they can become stable. Yet these stabilization is only relative and on many occasions the conditions for it is uncertain and unattainable. So the efforts of seeking this kind of stabilization are rather blindfolded, and facts have proved that merely controlling some of the conditions can not keep the system free of unstable factors, because some or even all of the variables to satisfy a stable system may become unstable, and on the other hand conditions made for the unstable systems may help to stabilize. For example, cutting cost and raising output value may make the firm more efficient, but they may make it unstable too (funds turnover getting difficult and initiative lower, etc.).

So if we on one hand try to control the system in a stable state, and watch for the unstable factors on the other, we may not only supplement and substitute the conditions for the stable system, but also help to build a new stable system, which are what systematology is all out for. In the past few decades, with the development and application of computers, the so - called optimizing technique has been widely used in technological fields with obvious results. However, those optimum models or systems that have achieved their target functions are optimum only under very specific and strict conditions. Although people have extended this method to many areas, the optimum results can only be temporary and even impossible sometimes, the main reason being illustrated in the stability analysis above. So the traditional optimum methods have their problems which must be analyzed and solved with all dimensions considered. Our purpose is to develop a concept of relative optimum(RO) and threes optimum hold (OT), with the RO including the "non - optimum"

(NO), "sub - optimum"(SO) and the "optimum"(O), following the theory of unity of the opposites. Thus the human practice processes and results are divided, according to their nature, into O, SO and NO sections. From these three directions we can best study the features and rules of system optimization.

3. Measurement and types of non - optimum of the system

3.1 Measurement method

There are two sides to everything, and the final direction of the system can be only achieved through practice and the transition of the two sides. The state of the system decides its goal by choosing between optimum and non - optimum. Hence the non - optimum problem is illustrated through the following method:

Suppose S_o represents an optimal system, S_{no} a non - optimal system. No matter it is an optimal system or a non - optimal system, they are all composed of system objective O, system function G and system environment E. As to the optimal system, if the structure $Л(O, G, E)$ of the sub - optimum (cannot make sure of the condition of optimum and non - optimum) of the system S composed of objective O, function G and environment E meets the following conditions:

(1) The objective of the system can be attained;

(2) The function of the system can be achieved;

(3) The environment of the system can be controlled.

Then S is called an optimal system. The attainability of the objective of the system shows that the distance between the recognized goal of the system and the actual goal of the system is acceptable. The achievability of the function of the system refers that the actual functional resources is near to the objective - required resources. The controllability of the environment of the system refers to the self - organizingcapacity or the order parameters achieving the permitted value.

Suppose O_r is recognition goal of the system, O_s acts as the actual goal of system, α represents the difference of the value between O_r and O_s, which shows the degree of acceptance of the goal of the system. G_s acts as the system's actual functional resources, G_r acts as the resources demanded by the system's objective, and β expresses the functional measurement value between G_r and G_s; The entropy of the actual system $e \leqslant \gamma$, and γ expresses the system's standard entropy. Thereby for the system's sub – optimum structure $\Pi(O, G, E)$, if there are ε, ζ, η, (random minimal discrepancy can be accepted) causing $|\alpha - \alpha_0| \leqq \varepsilon$, $|\beta - \beta_0| \leqq \zeta$, $|\lambda - \lambda_0| \leqq \eta$ to hold at the same time, the system S is an optimal system. α_0, β_0, λ_0 is the border value of the system's optimum and non – optimum, and thereby the gathered assemble $\Pi(\alpha_0 \beta_0 \lambda_0)$ is the criteria of the system's non – optimum analysis. In the actual system analysis, under certain selected standards (ε, ζ, η is known), for α, β, λ, when man can't obtain α_0, β_0, λ_0, the system S is called non – optimum system.

The above is the overall description of the non – optimum problem of the system, which tells how to decide the overall frame – saw in the non – optimum system. However, different measurement and means have to be applied in different systems to solve actual problems. Proper quality and quantity determining methods are applied in the actual system analysis. Furthermore, artificial intelligence and expert system reasoning tools can play important roles in non – optimum system analysis.

One of the emphases on the non – optimum analysis theory is to describe the borders of the optimum and non – optimum category quantitatively. Because the borders change with objective conditions and subjective desire of mankind, and human being has different behavior parameters, they always appear as uncertain under dynamic. Meanwhile, because of the continuous progress of mankind's practice and recognition, under cooperating of the widely exchanged scientific information, the borders might become certain and describable during the dynamic changes. As to the judgment of the reasonability and accountability of the described borders, it is no a theoretical problem, but a problem of selecting the methods and checking the practice. In addition, when analyzing the problems of the system through quantitative methods, a lot of relationship parameters need to be statistically analyzed and attributably appraised. In many aspects, the influences of the system's non – optimum are depended largely on the experience accumulated in the recognition of the system. That is to say, experiential analysis plays an important role in the non – optimum system analysis, which reflects the meaning and function of the combination of the nature and quantity evaluation.

3.2 Models analysis

In the references [1 – 6], we discussed the relationship between the system no – optimum and the optimum. However, since all systems are sub – optimum in their nature, our aim is set on the problem of system's optimization and non – optimum. As we have said, a system that is optimum in one time and space environment may be non – optimum in another. The behavior of a system is almost circling around the cycle from the unbalanced state to the balanced, from the disordered to the ordered overcoming "ups and downs" and "disruptions" to reach its "destination point" or "destination ring" in its reciprocal space. Soothe non – optimum (NO) types.

(1) Systems formed from the changed states of the systems' old self in the process of system movement. The former constraint conditions are no longer in keeping with the operating conditions of the new systems, because the systems now operate in the NO.

(2) Systems formed because of changes in constraint factors and new constraints can no longer satisfy the operation of the systems.

(3) Systems formed from changes in both the system's own states and their constraints, operating in new conditions and thus making it impossible to determine

their laws. Then the systems move in the NO category.

Judging these NO system phenomena, we can see that(1)some have obvious NO conditions and can be identified from observation and analysis of the past operations of the system; (2)others are fuzzy NO; people can identify them according to the intrinsic fuzziness of human experiences and reasoning in a system with fuzzy information. They are sets or "gray NO(non – optimum)" and valuable for system operation decision – making and management; (3)potential NO: hidden in the forming stage in a system, has defects in its design but not effecting to functions within certain conditions and its information has not been sensitized.

One rule of scientific research is to develop from the qualitative analysis to the quantitative. To the NOS(non – optimum system), if we discuss at certain level of the understanding of its intension. We can analyze quantitatively. Below we' ll mainly discuss the operating mechanism of NOS in light of the constraint problems.

Suppose the degree of the NÕ of the system to be μ(NO parameter) which is the degree of satisfaction that the system' s constraints are given by each factor of the system. For example, suppose for a product there exist in number of producing sources $A_i(i=1, 2, \cdots, m)$, each with an output of a_i and n number of marketing spots $B_j(i=1, 2, \cdots, n)$ each with a sales of b_j. If $\sum_{i=1}^{m} a_i = \sum_{j=1}^{n} b_j$, and unit freight cost from a_i to b_j is c_{ij} then what distribution plan will ensure the minimum freight cost? This is a typical systematic optimization problem. According to the conventional methods for optimization, it is a process of minimizing the target function while satisfying $\sum_{i=1}^{m} a_i = \sum_{j=1}^{n} b_j$Yet in practice, the result of the above process is not the optimum and can not necessarily solve practical problems, mainly because m producers and n market areas may not make $\sum_{i=1}^{m} a_i = \sum_{j=1}^{n} b_j$ true. Each of the m prodicers and n markets has its own satisfaction parameter μ_i which can determine the extent that the system optimization accords with the real problem and which are the experiences and quantitative statistics obtained at the starting stage of the system.

So the degree of satisfaction of the constraint conditions determines the reciprocal conversions of the NO and O(optimum) of the system and differentiate the various level system optimization.

Suppose system U, $u_i \in U(i=1, 2, \cdots m)$ has K number of constraints $k(k=1, 2, \cdots n)$. If the satisfaction degree of u_i and K_i is $\mu_i(u_i)$, then the system's degree of NO is

$$\mu = \bigvee_{i=1}^{n} (\bigwedge_{i=1}^{m} \mu_i)$$

where $\vee$ − max; $\wedge$ − min

To a NOS can set a value of optimum level λ which is the optimum threshold determined by the system and statistical zed and processed. If $\lambda=1$, then the SON (system optimization) accords with the reality. If $\lambda=0$ the SO doesn't accord with reality, that is, the system is not optimized. If $\lambda \in (0, 1)0$ then the SON is called satisfactory optimum. For example, $\lambda=0.5$ means the system is in a sub − optimum (SO) state; if $\lambda=0.7$, then the system is at the 0.7 optimum level.

Because the process of SON is cyclic, the system will, after a cycle, get a group of NO degree values which make up the O threshold, and NO threshold that is A and A no. The value sets of the NO degree μ can be represented by

$$\sum_{i=1}^{n} \mu_i = \mu_O(U) + \mu_{NO}(U)$$

If we can evaluate all the NO parameters of the system, that is, get the O threshold and NO threshold, then we can control the operation of the system and keep it off the NO threshold, thus gaining satisfactory O target.

Models in Nom − optimum Systems (NOS), General NO models of complex systems. If the system is clearly NO with clear in formation, then it can definitely be called as "generally NO".

(1) Common probability model. It is a basic NO system model structured from the values of NO parameters with a certain logic relationships The system calculated and discussed by them all belong to the narrow – sensed NO. The methods used for predicting the NOS parameters include those of mathematic calculation, Monte Carlo methods, limit line methods and Boolean logic methods.

(2) Regressive model of NOS

Suppose there are P numbers of constraints whose variables are x_1, x_2, ⋯, x_p that shape a NOS from which each constraint and linear interrelating divisors of state variables and constant divisors can be analyzed. Then based on the appearing probability of as few as possible typical constraints x_1, x_2, ⋯, x_n we can predict the level and probability of the NO phenomenon. If we let the P_1, P_2, P_3 represent the probability of NO phenomenon's appearing under n number of constraints combinations, then the interrelatedness between them can be realized by the following regressive model.

$$\begin{cases} P_1 = \beta_0 + \beta_1 x_{11} + \beta_2 x_{12} + \cdots + \beta_n x_{1n} + \varepsilon \\ P_2 = \beta_0 + \beta_1 x_{21} + \beta_2 x_{22} + \cdots + \beta_n x_{2n} + \varepsilon \\ P_3 = \beta_0 + \beta_1 x_{31} + \beta_2 x_{32} + \cdots + \beta_n x_{3n} + \varepsilon \end{cases}$$

Where ε is the error? Now we evaluate the minimum estimate of second multiplication realized by NO $\hat{\beta}_0$, $\hat{\beta}_1$, ⋯ , $\hat{\beta}_n$ based on observations and statistics of NOS. Thus we can predict the probability of Pi level NO realized relative to $x_{i1} + x_{i2} + \cdots + x_{in}$ $(i = 1, 2, 3)$

$$\hat{P}_i = \hat{\beta}_0 + \hat{\beta}_1 x_{i1} + \hat{\beta}_2 x_{i2} + \cdots + \hat{\beta}_n x_{in}$$

and make it "practical and reliable" following the selection criterion of max R *. Lastly, to judge the NO level according to the "principle probability maximum subordination":

$\hat{P}_i = \max\{\hat{P}_i\}$, $1 \leqslant i \leqslant 3$

If $i = 1$, then the system is slightly NO.

If $i = 2$, then the system is in the category of NO.

If $i = 3$, then the system is turned into NO state.

(3) Information production model

If the NO state is mainly displayed by some typical monoplane value (for instance, NO parameter, systerraxcauy shoos the tires and kinds of no phenomena), then the prediction of the probability that NO maybe can be performed using the hypothesis of max entropy on the whole. On the other hand, if we know the probability of the appearances of various NO phenomena. We can produce the relationship of the corresponding characteristics.

If the probabilities that the three types of NO show up are P_1, P_2, P_3 and $\sum_{i=1}^{3} P_i = 1$. We may predict the NOS and evaluate the optimum ness utilizing the ratio between the NO parameters μ_1 μ_2 μ_3 of the three observable characteristic values. According to the methods of information science, we can decide that:

$$\mu_1 : \mu_2 : \mu_3 = \log \frac{1}{P_1} : \log \frac{1}{P_2} : \log \frac{1}{P_3}$$

These ratios actually reflect the optimum quality of the system. If we want to calculate the satisfactory operation under limited condones, we can, based upon the above formula relation, produce a group of ratio threshold values, namely, $\mu_1 : \mu_2 = \alpha'$, $\mu_1 : \mu_3 = \beta'$, $\mu_2 : \mu_3 = \gamma'$ Thus the vectors $\{\alpha', \beta', \gamma\}$ in the Descartes, coordinates will form a space which is called "optimum space". Now four typical situations can be identified: when $\alpha < \alpha'$, $\beta < \beta'$, $\gamma < \gamma'$, the operation of the system is satisfactory and belongs to the optimum category. When $\alpha < \alpha'$, $\beta < \beta'$, $\gamma < \gamma'$, the α system operates slightly, tipped toward the optimum category; when $\alpha < \alpha'$, $\beta < \beta'$, $\gamma < \gamma'$, the system heavily operates in NO; when $\alpha < \alpha'$, $\beta < \beta'$, $\gamma < \gamma'$, the system is entirely in the state of NO.

4. Actual Applications

The development of human society is forever in the dynamic and uncertainty process of moving from the less ordered toward the more ordered larger system, which is toward its destination point cycle. However we must be aware of the hidden danger under the vigorous stream which may bring about slipped up in decision making and failures. Meanwhile we have already suffered a few slip up in decision making and failures in some areas to some extent. What ' s more failures are that some failures suffered have been repeated and what could have been avoided has not.

From the reliability of the economic reform point of view, we think the most important thing in the Chinese economic reform as a new effort is not a problem of optimizing. Rather, it is one of lessen slipped up in decision making and keeping away failures and detours as possible. Even if some model is considered optimum under the present circumstances, it is hard to be a stable one because it is in the midst of a dynamic process with quite a few hidden threats lurching and many horizontal or vertical sub – optimum states. So, if we try to set goals for the economic reform, make plans and take measures and advocate some optimum models simply following the optimum thinking methods out of blind subjective wish, well be actually putting the economic reform on an unreliable and unrealistic basis.

So we say that the non – optimum thinking and the methods of non – optimum analysis on systems with failure – avoiding as its basic aim are based on the non – optimum facts withits special ways of thinking, information gathering, analyzing and processing, and with the setting up of non – optimum system, these methods seek to lessen slipped up in decision making and failures, thus providing a new way of scientifically summarizing past lesson and making them lamppost for the future. There is profound potential for putting the non – optimum thinking into use in

Chinas economic reform, and in other country's practice. Take the non – optimum guiding system for example; it can be employed in the economic reform of the country's macro policies, financial system as well as decision analysis. To be sure, the establishment of this non – optimum guiding system with computer as its means with information processing techniques as its foundation is no easy task.

The most obvious regulations lie in the economic system. The development degree of a country is shown not only by the change of its economic index. But also by the transit capacity from non – optimum to optimum

Because the natures of the systems are different, theirborders are accordingly different. Of course, the border can change. From the viewpoint of the system's transit regulation, the border is decided by the structure of the system. For example, the border of the optimum and non – optimum of the population system is decided by the synthetically system of the society and the economy. When the population increases to a certain extent, the national economy might keep a certain sustained development, or fluctuate to a certain level. When the population is under control, the national economy might leave the border situation for entering an optimal category. The economic system in the optimal category is called being in an interim. This border is different from the border mentioned before, which reflects that the non – optimum attribute is different from the optimal level. Therefore, the border of the economic system and the transit time of the optimum are called the development time of the economic system. However, the aggregate non – optimum of the system will be in chaos, and then new attributes come into being, and part of the non – optimum of the system will accelerate its self – organization. Therefore, the non – optimum behavior and situation of the system contain versatile original dynamic energies, which are excavated, transferred, store and processed systematically in order to build up the non – optimum information system. Actually analysis shows that the advanced format of non – optimum information system can be actualized by the hardwares and softwares of the computer; the primary format can be composed of data, documents and diagrams. The primitive energy of the non – optimum information stored in the systematic database has broken through the limitation of the transit from physical sources to dynamic forces. As long as the states and behaviors of the non – optimum information exist, this energy always contains valid combustion value, and can form the dynamic forces accordingly at any time.

From the non – optimum analysis theory of systems, it can be concluded that people need the controllable order of the system, and non – optimum can also be more orderly. From the non – optimum reference system, the transit of the system from non – order into order as well as the requisites of the transit can be estimated. The non – optimum theory of systems will be widely used in the decision sciences. It can often transform people's experiences into scientific means and might set up reference models with behavior attributes in the control system. This kind of model can marry the experiences and the theories, and can make actual judges to the running path of the system.

5. Conclusions

The above is the overall description of the non – optimum problem of the system, which tells how to decide the overall frame – saw in the non – optimum system. However, different measurement and means have to be applied in different systems to solve actual problems. Proper quality and quantity determining methods are applied in the actual system analysis. Furthermore, artificial intelligence and expert system reasoning tools can play important roles in non – optimum system analysis.

One of the emphases on the non – optimum analysis theory is to describe the borders of the optimum and non – optimum category quantitatively. Because the borders change with objective conditions and subjective desire of mankind and human being has different behavior parameters, they always appear as uncertain under dynamic. Meanwhile, because of the continuous progress of mankind's practice and recognition, under cooperating of the widely exchanged scientific information, the borders might becomecertain and describable during the dynamic changes. As to the judgment of the reasonability and accountability of the described borders, it is no a theoretical problem, but a problem of selecting the methods and checking the practice. In addition, when analyzing the problems of the system through quantitative methods, a lot of relationship parameters need to be statistically analyzed and attributably appraised. In many aspects, the influences of the system's non – optimum are depended largely on the experience accumulated in the recognition of the system. That is to say, experiential analysis plays an important role in the non – optimum system analysis, which reflects the meaning and function of the combination of the nature and quantity evaluation.

We expect that the non – optimum thinking and the methods of non – optimum analysis on systems will grow into a new theoretical branch of decision theory that is system non – optimum analysis. Meanwhile, applying the theory and methods of information science and system engineering, the non – optimum thinking and the methods of non – optimum analysis on systems are still in their primitive stage of development and research as a new branch of learning, thinking and theory, But we believe that it will perfect and sophisticate the course of practice and debate, and will bring about results and gain its own position in the world of science.

References

[1] Simon H. Models of Discovery[M]. Boston: D. Reidel Pub. Co., 1977.

[2] Checkland P B. Systems Thinking, Systems Practice[M]. Chichester, UK: John Wiley & Sons Ltd., 1981: 262 – 278.

[3] Checkland P B. Systems Thinking, Systems Practice[M]. Chichester ,

UK：John Wiley & Sons Ltd.，1981：1216，18.

[4] Simon H. A Behavioral Model of Rational Choice. In H. Simon (Ed.), Models of Bounded Rationality, Behavioral Economics and Business Organization, Cambridge, MA：MIT Press, 1982, 2：239－258.

[5] Simon H. The Science of the Artificial [M]. 2nd edition. The MI Press. 1982, 68：100－168.

[6] He Ping. System Non－optimum Analysis and Extension Optimum Theory [M]//Chen Guangya. Proc. of the Int'l conf on Systems Science and Systems Engineering, 2003：131－137.

[7] Linstone H. Multiple Perspectives for Decision Making [M]. New York：North Holland Publishing, 1984：10－17.

第二章

系统非优的理论背景：探索复杂性[①]

当代科学正在经历一个划时代的变革，包括科学研究重心的转移和科学思想规范的转变。因为我们正处于变革的过程之中而非变革的过程之末，有些新的学术思想可能会产生一定的争议，必须承认，只有在争议和纠错中，经验才能得到认可、科学才能发展、社会才能进步。任何一个科学学派总有其特色和局限；学习者可以把本书所介绍的学术思想和你所接触的其他问题相比较，从而寻找自己的研究创新之路。当代科学的发展正从分析科学走向综合科学，世界的演化从趋同走向多样化(Prigogine，1980)。理解世界的科学理论框架也从以平衡或均衡观念为核心的古典静态(几何学)理论，走向以非平衡观念为核心的现代演化(动力学)理论。因此非优问题的提出并非偶然，也是科学研究发展的必然。

第一节　科学重心的转移和科学规范的变革

一、当代科学的三个前沿

科学研究有三个前沿，所谓的三个“极”：极小、极大和极为复杂。第一

① 陈平．从控制论到复杂系统科学[M]//陈平．文明分岔、经济混沌和演化经济学．北京：经济科学出版社，2000.

个“极”是“极小”——分子、原子、基本粒子等。统治极小世界规律的是量子力学和量子场论。第二个“极”是“极大”——研究天体和宇宙空间。爱因斯坦的狭义相对论和广义相对论奠定了研究极大的基础。在介于极大与极小之间的时空尺度上，牛顿力学主导经典运动的规律。两次世界大战和随后的冷战促使各国政府把主要的研究经费压在了极小和极大的研究上，制造原子弹、导弹、加速器和空间飞船。20 世纪下半叶理论物理上一个最重要的突破，就是杨振宁的规范场理论给极小和极大的统一场论开辟了道路。极小和极大的研究，从基础到应用的周期很长，所以其基础研究经费主要靠国家的军费支持。尽管对科学家来说，极小和极大的研究具有永恒的魅力，冷战之后军费的大幅削减，使这两方面的研究规模大为缩小。科学研究的重心正向生物学和经济学转移。这就引向科学的第三个前沿。这第三个是最古老、最困难，也是 21 世纪令科学家非常关注的领域。它处在极大和极小之间，和我们人类特定的空间和时间尺度处在同一个量级上，这个领域可称为“极为复杂”。实际上，极大与极小转换的另一种形式就是优与非优，从而可以说明，系统的优与非优也体现了系统的复杂性。

生命和社会系统的研究比物理化学系统困难得多。经济学家与社会学家面临的挑战远比物理学家严峻，因为社会经济系统正是最难处理的一类复杂系统。在研究极大、极小这两个领域上发展起来的古典物理学，在解释生命和社会现象时就碰到了非常基本的障碍。可以说：科学史上下一个最大的挑战或最大的希望，就是如何探讨社会经济系统这个“极为复杂”的领域。

二、科学从分析到综合的发展

西方科学的主流是从希腊原子论到现代基本粒子论为代表的分析科学。我们所涉及的新兴的复杂系统科学(science of complexity)，或称复杂系统(complex systems)，以及 20 世纪 70 年代产生的自组织理论(self - organization theory)。它是与西方传统从希腊原子论到现代基本粒子论为代表的分析科学相对立又互补的研究路线。主导极小和极大的物理理论都源于希腊的原子论和几何学。原子论的基本思想是复杂事物可以分解为简单组元之和。假如简单组元的运动规律相对简单，而组元之间的相互作用可以忽略，使它们的整体运动可以简单相加，则复杂事物的运动规律可以还原为较低层次组元的运动规律。

正如第一章讨论的非优系统特征，所谓一加一等于二，是线性求和的简单例子。这在数学上可以方便地用几何图像来描写。牛顿动力学和爱因斯坦相对论的宇宙观都基于本质是静态的几何学。但是，你假如对活的生物进行分解，就可能改变生物活动的正常状态以致死亡。原因是生物体组元之间的相互作用和相互耦合比机械运动强得多。所谓一加一大于二，是复杂系统的典型特征。

古希腊原子论的分析方法和中国老庄哲学的整体论思想是不同的。近代分析科学成长的一个重要原因是，数学定量描写首先用于机械运动这样的简单系统。生物学中达尔文的进化论和经济学中马克思的社会演化理论都没有适宜的数学理论作支持。描写复杂系统的数学工具在20世纪70年代才获得突破。“极为复杂”的研究，尤其是对生命和社会现象的研究，基本问题究竟是什么？它有两个令人深思的问题，或者说是一个问题的两个方面(Prigogine 1980)：其一是为什么生物和社会这样的复杂系统能够存在(being)？其二是这些复杂系统为什么能够演化(becoming)？从科学思想史的角度看，演化问题是最古老的科学问题。中国的老庄哲学很早就有演化论的思想。老子说，天下万物生于有，有生于无；又说，一生二、二生三、三生万物。假如你知道混沌现象产生的条件是自由度大于三，而目前经济学均衡理论的局限在于优化理论只能处理二体问题，你就会惊叹中国古代哲人的大智慧，从中也能对“非优思想”有所认知。

正如我们所提到的，非优是一个经验感知问题。在讨论复杂系统科学之前，我们有必要澄清和复杂科学研究有关的一些误解和提法。所谓科学，严格来讲是指“经验科学”。我们不提倡使用哲学上有争议的“实证科学”的说法。但是，经验科学从方法论而言意味着可以对研究对象进行观察，并进而做定量的描述；根据观察建立的模型或假说可以被实验定量地观察和检验。科学研究的方法是从简单到复杂、从非优到优，逐步发展起来的。当代经济学从定性的政治经济学到定量的数理经济学的发展史，也是数学、物理学、工程学和生物学对经济学思想方法的交叉渗透史。所以要想在数理经济学上有所创新，一定要关注相邻科学的发展。在这里强调的是严格意义上的复杂科学研究，强调的是科学研究方法上的突破而非哲学意义上的结论。

实际上，20 世纪 90 年代兴起的所谓“老三论”(控制论、信息论、系统论)和“新三论”(突变论、协同学、耗散结构论)的说法，把几个层次完全不同的理论联系在一起。这种提法就科学普及而言也许有助于记忆，但在理论发展的思路上可能有所误导。从科学方法看，老三论大体上属于线性理论的范畴，基本框架是古典物理的经典力学和平衡态热力学。新三论属于非线性理论的范畴，共同的数学工具是分叉论(bifurcation theory)。在老三论中，系统论在哲学上发展了和分析科学对立的整体论思想；但在数学方法上，系统论实质上是应用控制论，没有新的突破。在新三论中，突变论是一个有争议的数学理论而非物理模型；协同学只有简化复杂系统研究方法上的设想，在生物和社会经济研究上至今未有实质性的突破。系统科学中真正有开拓性贡献的当属控制论、信息论和耗散结构论。21 世纪以来，科学界对这些以非线性数学为基础，以现实问题从物理、化学、生物到经济、生活系统进行研究的新兴交叉领域有个总的称呼，叫作复杂系统科学或自组织科学，以区别于 20 世纪四五十年代发展起来的以线性数学理论为基础的系统论。对此，系统非优学就是在新三论研究基础上的新的探索路径，是从简单分析模式到复杂的综合模式。

三、科学研究方法和科学革命

在科学研究中不要轻易接受已有的理论。马克思最喜欢的两句格言是“关于人类的事物我都要知道”和“对于万物都要问个为什么”。因为怀疑本身未必有建设性的成果。世俗的怀疑常常是疑而不决、疑而不为，以致存疑终身。科学的怀疑是问为什么，是分析比较现有的互相竞争的理论，从观察中和论战中，寻找进一步研究的出发点。这就要去猜测现象背后的机制，用可以观察到的经验事实来检验早先的猜测是对是错。即疑而观察，疑而待决。对前人的科学成就，怎样去继承和发展？我们常常听到西方主流理论的捍卫者答辩说，旧理论的缺点虽多，但并无更好的新理论取而代之。这正是对批评者最大的挑战。真正有潜力的科学理论应当像爱因斯坦的相对论那样，把牛顿力学作为近似包括在新体系之内，而不是简单地否定已有实验基础的旧理论。优化理论已经被人们普遍接受，但如何解决该理论中的缺欠，如何通过否定原有的优化方法，建立一种新的思维框架，乃是一种科学研究方法的创新和科学革命。从20世纪40年代开始对生物和社会现象感兴趣的科学家，主要关心的是第一个问题，就是：复杂系统为什么会存在？答案是：因为有系统非优的存在。

(一)均衡论、优化论和势函数

均衡论、优化论和势函数是产生研究系统非优的基础。经济学家在经济系统的描述中引进了稳态或均衡的概念(同时会产生不稳态、非均衡)。“稳定”和“均衡”这两个概念是从古典力学和古典热力学中借鉴过来的(Mirowski，1989)。古典力学一个重要的发展是保守系统中哈密顿力学的优化形式。它对量子力学与经济学的形式体系有重大影响。对一个无摩擦力的保守系统，牛顿力学的动力学方程可以从变分原理导出。其中最重要的一个优化目标函数就是能量。系统处于稳态时的自由能最小。匈牙利数学物理学家冯·诺依曼(Von Neumann)在建立博弈论时，把预期效用函数(expected utility function)引进了经济学(Von Neumann and Morgenstern，1944)。经济学中效用函数和生产函数的概念和古典保守系统中的势函数大致相当。哈密顿力学假设在一个没有摩擦力的保守系统中，势函数存在，力学中动力学的轨道问题可以转化为数学上的优化问题。均衡经济学假设在一个没有摩擦力，也就是没有交易成本和税收等经济摩擦的均衡经济中，效用函数和生产函数的概念可以引入经济系统，把经济稳定性与理性预期下的优化行为结合起来。

所谓最优解意味着在很多可能性里面选出一个特殊的解。如果这个选择是唯一的，就有理由猜测均衡态应当是稳定的。微观经济学的生产和消费理论、金融理论中的有效市场假说和股价变动模型都是均衡理论的典型代表。但是，在均衡论、优化论和势函数方面表现最明显的缺欠是忽视了对非优要素的研究，从而影响了在均衡与非均衡、优与非优方面的系统化研究。

（二）控制论和负反馈机制

对一般的控制系统而言，什么样的动力学机制能导致稳定性呢？经典控制论的回答是负反馈机制，实际上，这种负反馈机制是一种非优诊断机制。控制论的创始人是美国数学家维纳。他对控制问题的研究，从防空武器对飞机的追踪过程开始，进而受到神经生理学家对运动不协调病人观察的启发（Wiener，1948）。维纳从信息处理的角度给了稳定性起源一个非常简单的答案：稳定性的机制在于负反馈。举例来说，我们设定一个空调系统的室温为25℃。高于25℃给一个信号让其下降，低于25℃给出一个信号让其升温。负反馈的控制信号与原信号增量的符号相反。控制论的负反馈机制是均衡经济学的基本思想。经济控制论是工程师们把工程控制论移植到经济学中产生出来的。不少著名的经济控制论专家是学电机工程出身的。和控制论平行发展的是美国工程师申农建立的信息论（Shannon，1948；Shannon and Weaver，1963）。信息熵是对信息定量的测量，它借用了平衡态热力学中熵的概念。熵是一个无序的量度。信息熵实质上是一个无知的量度。信息量的多少取决于可能的状态数目。比如猜一个答案，如只有一种可能，你的猜测事实上没有增加任何信息，信息熵为零。如果有两个可能的状态，你知道各自的概率不一样，信息就多一点。可以用这个方法来求对各种可能性加权的平均猜测。但是信息熵所测量的并不是我们的知识，而是我们的无知。比如说，投资者在不知道结果是赔是赚的前提下，我们就假设输赢可能发生的概率相等，这恰是最无知的情形，而此时信息熵最大。目前我们还缺乏如何描写有层级结构的知识，这对下一代的信息论将是一个挑战。应当指出，古典力学和古典统计力学的方法在控制论和信息论的发展过程中起了重要作用。对任何动力学系统，我们可以用决定论的数学方法，也可以用概率论的数学方法去描写。原则上说，假如我们知道所有的独立变量，以及它们所有的高阶导数、或系统偏离其平均值的高阶矩，这个系统在数学上可以唯一确定。这在实际上不可行。科学研究方法的核心问题是如何简化系统的数学描写，数学上说就是如何降低刻画对象的维数而不失去经验规律的主要特征。

牛顿力学发现，对满足经典力学要求的机械系统，二阶导数就够了。相应地，对能量守恒的保守系统，二阶矩的统计描写也足够了，亦即服从高斯分布的正态系统。物理学的这些近似得到了不少实验验证。但是经济学的近似几乎没有实验的基础，基本原因是经济系统不是保守系统。计量经济学中一个基本假设是说所有经济学的变量都服从高斯分布，又称正则分布。系统的统计性质可以由一阶矩的平均值和二阶矩的方差唯一确定。穆特的理性预期假说就明确地提出，理性优化行为指导下的线性动力学行为由高斯分布刻画(Muth，1961)。在平衡态的条件下，一个用概率分布函数描写的动力学系统，其平均值可以由一个决定论的方程描写。经济学中一个常用的概念叫确定性等价(certainty equivalent)，把涨落不定的统计量，例如回报率和利润率，用确定的平均数来做简化的描述。马克思讲价格围绕价值波动，金融理论讲股票价格的内在价值，前提也是平均值存在和有意义。我们将会看到，平均值的概念在非平衡态下可能失去意义。价值在技术变革或社会变迁时期是难以测量和估计的，也许会在价值的非优分析中找到答案。

(三)均衡经济学和扩散过程

平衡或均衡理论对经济现象的成功解释可以归结于扩散和趋同这一类现象。比如在充分竞争下价格变动应该是收敛的，差别应该越来越小，这本质上是一个扩散现象。新的技术发明、新的思想总是向外扩散。在孤立系统中，温度应该趋同，差别最终消失，这就是古典热力学第二定律的结论。如果这个理论是普遍真理，那么宇宙将要热寂，温差总要消失。一切结构最终都会瓦解，人都要死的。它意味着宇宙演化的终极是一个均匀化的无差别系统。均衡经济学的核心问题是证明均衡解的存在性、唯一性和稳定性。这是一个线性、无摩擦的理想经济系统。阿罗在数理经济学上一个漂亮的工作，是用拓扑学的不动点定理，来证明市场经济有内在的稳定性。宏观经济学中最有代表性的经济波动模型，出自第一个得诺贝尔经济学奖的挪威数学家，计量经济学的创始人弗里希。他用古典力学中的阻尼谐振子模型(Damped oscillator)来描写稳定的市场经济(Frisch，1933)。他假设任何外来的经济冲击都会导致衰减振荡，因为有摩擦力存在，经济波动的振幅会是越来越小。若如此，又怎样理解持续的经济波动呢？均衡经济学的解释是求之于外因：经济波动必须由外来的噪声驱动和维持。在计量经济学中占统治地位的霍维尔莫模型，把整个经济描写为噪声驱动的线性系统(Havelmoo，1944)，这实际上是非优分析问题。

计量经济学的噪声驱动理论对生物学家来说，是很奇怪的事情。大家知道，人的正常心脏跳动频率在每分钟 60 跳到 80 跳左右。如果说心脏跳动是环境里的噪声在那里驱动，生物还能维持心脏跳动的频率稳定吗？显然不可思议。古典经济学的创始人马歇尔在他的名作《经济学原理》的序言中说过，经济学应当接近生物学而不是力学(Marshall，1920)。只因生物学难于用数学描写，才借用力学的比方，但经济学家头脑里应当有生物学的观念。相信均衡理论的经济学家干脆不接受经济波动的事实。均衡经济学家以为，经济系统的理想状态应该是均衡的、没有波动的、没有结构的。看来，新古典经济学家的数学知识增加了，但经济学的直觉反而退步了。均衡经济学 20 世纪 70 年代达到顶峰，80 年代受到了挑战。下面我们会看到，新的社会实验，即 30 年代西方经济的大萧条和 1987 年发生的股市崩溃等事件，动摇了人们对均衡经济理论的信心。但是，如果均衡问题还是停留在优化思维中，许多问题还是得不到解决。

第二节　从观察到猜想

物理学家首先从生命现象的观察出发，对古典热力学的平衡态理论提出质疑。量子生物学对生命现象的物理机制提出卓有远见的猜想。突变论、协同论对复杂系统的行为描述进行了初步的探索。不同学科的发展为复杂系统研究的突破开辟了道路。

一、多样性问题的提出

对注意观察实际生活的理论家来说，有一系列的新问题可以促使他们超越均衡观的局限，注意到世界多样性的起源。第一个问题是生命的起源。如果世界是稳定和均衡的话，生命就不可能产生和演化。请注意生命演化的前提还不是达尔文的物种演化，而是生命发生前化学结构从无到有的演化。达尔文理论的前提必须先有遗传性能的大分子，才能有后面的物种演化。最开始宇宙是一个均匀的气体或称为“原始汤”的液态，它怎么会演化产生出非均匀的分子结构，并从低分子演变到高分子结构呢？

第二个问题是关于宇宙的起源。现在最时髦的宇宙学是宇宙大爆炸理论，那么爆炸以前呢？除了真空什么也没有。这也是一个非常有争议的理论。科学史上一些理论的荒谬是从某个成功的理论中无限外推而产生的。任何理论的有效都有一个极限，找到这个极限就可以做一重大的改良。爱因斯坦的广义相对论在解释行星、恒星运动时非常成功。爱因斯坦的基本想法就是把一个生命的、动态的、多样化的世界简化成一个静态、几何化的世界。经济学中的均衡观也是一个类似的几何观念，例如，微观经济学中的描写帕累托最优（Pareto Optimum）的艾奇沃思盒（Edgeworth Box），就是均衡经济的静态几何观的典型表现。但是，几何化的办法在解释生命社会现象并不成功。

第三个不能回答的是李约瑟问题，涉及经济学的范围，即近代科学和工业的起源、资本主义的起源，为什么会在西欧而不是中国，不是阿拉伯或印度？

第四个问题是市场经济持续波动的原因。这一问题在经济理论上的严重性是在 20 世纪 70 年代以后才被人们认识的。20 世纪 30 年代大萧条促使凯恩斯挑战古典经济学的信念，所谓看不见的手会自动达到市场稳定与充分就业，这个信念已经动摇。但凯恩斯的信徒们发展了经济控制论，把工程控制搬到经济学中。在20世纪60年代美国经济鼎盛期，他们一度认为美国的经济波动已经消灭，经济周期(business cycles)这个概念已过时。他们信心十足地认为政府可以对宏观经济进行“微调”，好像政府有经济控制的旋钮一样。但很快石油冲击和越南战争发生，通胀来了，黄金与美元被迫脱钩，这些都使经济学家重新认识到经济波动的持续存在。

人们要问为什么经济发展会有波动和不稳定。不稳定性的来源一定和控制论研究的主题——负反馈机制相反的问题有关(非优问题)。历史上有远见的学者可能会把问题提出得非常早，但能否受到社会的普遍关注还有待历史的进程。正如库恩在《科学革命的结构》中所言，科学规范的演变不光是科学家内部逻辑演变的结果，而且和社会思潮变迁的推动有很大关系(Kuhn，1962)。假如你相信新事物的产生满足大数定律，资本主义产生的必然性是普遍有效的话，那么科学革命应该发生过很多次，而生命的产生也有很多次了。尽管不少技术的发明有重复性现象，然而很多事实表明，生命与科学的产生是一种非常偶然的现象。以上几个问题都涉及怎么解释从无序到有序、从非优到优、从比较简单地到比较复杂的东西。古典科学的理论，包括优化理论、线性稳定性理论不能回答这些问题，是否能够探索具有非线性特点的非优性，能够从一定角度来解释这些现象。

二、薛定锷和量子生物学

在复杂系统研究中，一个重要的先驱者是奥地利物理学家薛定锷，他是量子力学的创始人之一。在其《生命是什么》的著名讲演中，他认为古典力学和平衡态热力学的理论是难以理解生命起源的。他尝试用量子现象来研究生命(Schrodinger，1944)。他提出了三个非常重要的猜想，这三个猜想都对后来的科学发展起到了非常重要的贡献，虽然当时这些猜想只是定性的，没有给出任何定量的方程。他的第一个猜想是，演化的基础必须是亚稳态。假如在平面上放一个球，那是不稳定的，就好比游牧民族；如果把球放进一个无穷高的位垒，它一定是非常稳定的，状态很难变化。中国的封建社会这么长，就是位势太高了。如果你既要解释这个系统的稳定性又要解释这个系统的可变性，描写的办法是在这二者之间找一个中间态，它的“位垒”是有限高的。这样，对一个多稳态的系统，外面有一个干扰，如宇宙线的打击，或者其他文明的冲击，就会使粒子状态发生跃迁，从能量较低的亚稳态跃迁到能量较高的亚稳态。他的第二个猜想是，生命秩序的结构形态应当是非周期性的晶体。如果是晶体点阵就太规则了，静态的结构很难变化；像气体那样完全没有规则也不行。如果要有生命，只能是在晶体和气体之间的中间结构，他称作非均匀非周期性的晶体。薛定锷的学生们在生物实验中研究了蛋白质大分子的结构，终于发现遗传密码，其研究思想来自薛定锷。薛定锷的第三个猜想是，结构演化的度量应当是负熵。如果信息熵测量的不是秩序，而是无序的程度，那么秩序的测量就应该倒过来，是负熵。如果生命的演化是从无序到有序、从低级到高级，那么就标志着负熵的增加，所以负熵是秩序，熵是无序。因此可以说明这种无序性是产生系统非优的原因，并且“系统熵”与“系统非优”必然有直接的联系。

三、突变论的提出和争议

前面所说的是一些理想实验或定性猜测，没有发展成系统的数学方法。1963 年，法国数学家汤姆(Thom)提出了突变论(catastrophe theory)，开始时轰动了很多领域。突变论研究的是保守系统，理论上可以有一个势函数。不同模型的变量数不同，可能发生突变的类型也就不同。可以从拓扑学上对突变类型加以分类。最熟知的突变例子就是物理学中的相变。突变论迅速被用于许多先前被认为无法用数学描述的现象，例如一只狗为什么会突然咬人或逃走，囚犯为什么会突然暴动或退缩，股票为什么会突然暴涨或暴跌，等等，都有人设想出某种势函数来加以描写(Zeeman，1977)。但这股风潮受到苏联著名数学家阿诺尔德(Arnold)的严厉批评。阿诺尔德指责汤姆没有发现任何新的问题，只是将已知的例子(例如相变)贴上了数学名词的新标签，而诸如心理学、股市运动之类新的势函数的存在，理论上根本无从说明。从经验科学的标准而言，突变论是一个失败而非成功的例子。但是，如果从系统非优的角度来探讨突变论，也许能够得到更好的结果，同时还能够发现，系统的“非优现象”是突变，因此建立“非优系统”的突变模型也是突变理论研究的新路径。

四、集合行为和协同学

在探索系统复杂性方面较有影响的还有德国物理学家哈肯(Haken，1977)提出的协同学(Synergetics)。复杂系统从数学而言是多体问题，从物理学角度来说研究的是集合行为。这么多变量数学上怎么处理？经济学界有一个著名的奥地利学派，他们根本就不相信一个社会经济系统可以用数学来描写。他们认为经济系统太复杂了。描写一个人应该有多少变量？人的自由意志也许该有无穷多个变量。这样一来，社会研究便只能讲历史故事，没什么科学模型可做了。

复杂系统研究的主要问题是怎样把一个无穷多变量的系统简化成一个相对简单的低维数系统，从而有助于定量研究复杂系统的规律。协同学的核心是所谓奴役原理(slave principle)。哈肯提议把变量分类：一部分是慢变量，一部分是快变量，在相对短的时间尺度内假设慢变量不起变化，可以视为常数，这就大大简化了系统的描述。这一方法在物理学中有广泛的应用，通常称作“绝热近似法”。但对经济学来说奴役原理很难应用，因为经济学中很多变量的变化率是同一个量级的。物理学可以通过可控制实验来减少变量数，但社会问题很难做可控制的实验。哈肯本人想到的经济中的慢变量是语言和文化，这在经济学模型中很少给以考虑(Haken，1998)。所以协同学在经济学中影响很小。但是，如果将系统非优思想引入多变量的社会经济研究领域，也许能得到意想不到的结果。

第三节 复杂系统科学的发展

现在我们来讨论复杂科学在近二十年间的巨大突破。决定论混沌(deterministic chaos 或简称为 chaos)理论和非平衡统计物理的发展，为自组织系统的理论奠定了坚实的基础。非线性、非平衡和非稳态过程的研究为复杂系统行为的定性与定量研究打开了广阔的天地。混沌理论的数学基础是非线性动力学。开始阶段只是一些计算数学的模拟试验，并不和实验观察相联系。复杂系统真正有意义的突破不但从大量经验观察中发现混沌现象的普遍存在，而且发现非线性机制的若干普遍特点，使人们大大加深对现实世界的了解。

一、庞加勒(Poincare)和不可积问题

如果你单单讨论稳定性的话，事实上是在将复杂现象简单化为古典力学和平衡态热力学中已经了解的简单现象。你研究的对象虽是复杂系统，你思维的方法仍停止在简单系统。所以深入研究复杂性，是从稳定性问题的反面——探讨系统不稳定性的机制(或者说从系统优化的反面——探讨系统非优)开始。概括地说，建造经典力学的大厦只有两种漂亮的砖块。一种是伽利略开始研究的钟摆，数学上称作简谐振荡(harmonic oscillator)；另一种是爱因斯坦研究过的布朗运动(Brownian motion)，数学上又称随机游走模型(random walk model)，工程上叫作白噪声(white noise)。古典物理学家认为这两种砖块已经足够漂亮了，只要把砖块像积木一般搭起来，就可以构成漂亮的大厦。任何一个复杂系统，可以用简单的线性系统作足够好的近似。这个信条很快被打破了。混沌(deterministic chaos)现象的发现，促使人们寻找这两个极端之间的中间模型。

庞加勒(Poincare)在研究天体力学时发现，三体问题不可积(郝柏林，1990)，没办法用线性扰动理论处理。我们用线性理论能够解释的只是二体

问题，经济学中有解析解的也是二体问题，因为二体问题可以用一个数学变换化为一体问题。比如，地球围绕太阳转的行星运动，只要以质心坐标系做一个坐标变换，就变成了一个一体问题。行星运动的椭圆轨道在沿轨道平面上的纵轴上投影，就化成钟摆的一维运动。微观经济学中的艾奇沃思盒(Edgeword box)、国际贸易中的比较优势理论，都是依据二体模型所做的推论，对三体问题未必有效。三体加进来之后，这个系统有没有解析解，是否稳定呢？这个问题很深刻，关系到多体问题的可积性问题。如果这个系统是可积的，可分离变量，那一定有解析解。多数人猜测三体问题肯定有解析解，也可以用简单系统的叠加来近似，结果他们猜错了。计量经济学家所喜欢的回归分析，其理论基础也在于系统的可积性。不可积性的普遍存在将动摇古典计量经济学的理论基础。

二、非线性机制和混沌现象的研究

和突变论几乎同时起步，但迟迟才被科学界承认的研究是混沌现象的发现。也在1963年，麻省理工学院的洛伦茨在研究气象预报方程的数值解时发现了混沌现象(Edward Lorenz，1963)。流体力学的浅水波方程可简化为非线性的常微分方程组。大家知道，牛顿力学方程是线性决定论的常微分方程组，只要给定初始条件，系统的轨道完全能够被精确预言。但洛伦茨用计算机处理，发现如果是非线性系统的话，初始条件只要变动十亿分之一，这种以往可以忽略的扰动，会被不断放大，使得在一定时间尺度之外的系统轨道完全不可预测，这说明系统非常的不稳定。这种对初始条件高度敏感的决定论的不稳定现象，后来在生物学、化学中也相继发现，被数学物理学家命名为决定性的混沌(deterministic chaos)，简称为混沌。

应当指出，混沌这一说法很易引起误解。最先取名的数学物理学家过分强调混沌现象中无规则的一面而忽略其中有新规则的一面。应当强调的是，混沌不是无序而是更高的秩序。人们一说混沌就以为是灾难临头，就是动乱爆发，其实更确切的说法应当是非线性振荡(nonlinear oscillator)，我们在经济波动的研究中主张采用复杂周期(complex cycles)或不完美周期(imperfect cycles)的提法。比如说心跳便不是钟摆，心跳可视为一个非周期的振荡，频率有一个很窄的摆动，这种运动和钟摆相比是一种更高级的秩序。这里有一个很有趣的事情，似乎是复杂系统的一个关节点。

数学上我们知道，就常微分方程系统而言，混沌现象产生的必要条件是系统的维数必须大于或等于三。研究天体力学的人发现，任意放三个小行星在系统里任它们旋转，最后的稳定形态一定是只剩下两个行星的组合，第三者最终被抛出去。社会心理学家注意到，组织形态和组织大小有关，二元组和三元组的行为有质的不同。比如，让学生们在教室里自由讨论，两个人会讨论得很亲密，三个人就会产生权力斗争，增加到五个以上就可能分成二个子系统，再加人会产生更复杂的系统结构。研究通讯和组织理论的社会学家观察到，一个复杂系统大到一定程度以后，便会分解成几个相对简单的子系统。由此可见，企业的组织形态和劳动分工是一个在实验观察和系统数学上都很有趣的问题，而对这个问题的探讨有很多不同的途径。不同学科不约而同地观察使人们意识到复杂性问题的普遍性。比如说，二和三的差别可能是简单系统和复杂系统之间的第一个关节点。

三、非平衡演化的研究

非平衡演化理论是“系统非优”研究的基础。最有趣的事情是意识到非均衡的存在，非线性本身带来一个多稳态。如果只有一个稳态，则可以做优化；若有多种可能的状态，势函数有好几个凹坑或凸包，在几个点跳来跳去，这就是一个多稳态了。但结构为什么会演化这个问题单单引进多稳态是不足以解答的。这个问题的启示从负熵开始，物理学家开始意识到热力学第二定律不是普遍合理的。普里高津对非平衡态热力学有非常重要的贡献，他在《演化的热力学》一文中将所有系统分成三类：孤立系统、封闭系统和开放系统(Prigogine et al.，1973)。三者的演化方式完全不同。如果是一个孤立系统，热力学第二定律成立。时间箭头只有一个：人总要死，差别总会消失，演化的规律一定是从有序到无序。放一杯水，温差最后一定消失到和周围环境温度一样，但这个规律只对孤立系统成立。

一个封闭系统可以交换能量，在经济学上就是可以买卖，但要素与人口不能流动，信息也不能流动，那是一种什么结构呢？那是一个静态结构。最简单的静态结构是晶体。放一杯盐水让其降温，开始时看不见结构，后来小盐块结晶出来了。这种静态结构能否解释经济和生命系统呢？严格说来不能，近似还可以。在城市研究、开放经济中就会用到晶体模型。但真正研究生命演化这类问题必须在开放系统中处理。开放系统的定义就是同时存在能量流、信息流、物质流，三者缺一不可。对人体来说就是需要消耗与补充能量流、物质流和信息流，光有存量不行。这种结构就叫耗散结构，因为这种结构的维持要不断消耗物质、能量和信息。中国人最早的演化观是退化论。孔子"今不如昔"的观念颇与古典热力学的孤立系统理论相近，其原因可能和中国农耕民族对黄河流域的生态破坏有关。佛教的传入把循环论的演化观带进中国。进化论向上的时间箭头的概念是犹太人的贡献。犹太人相信未来比现在好，演化是进步，先进要战胜落后。这是一种单向或线性的时间箭头。复杂系统的演化观没有这么绝对，因为非线性、非平衡将多向性与多样性引入演化。演化的结果，可能变好，也可能变坏。如果你认为演化只有一种可能性，在计划经济中领导会考虑一切，民间的主动性就没有了；如果在市场经济中看不见的手会自动达到最优，那么游戏规则的制定、产业政策的协调也不用做了。这都不符合当代各国的历史经验。现在我们发现历史演化路径的选择面临的不是均衡理论预期的平原，而是山峦起伏的风景(landscape)。不可能有唯一优化的捷径，山与山、谷与谷之间未必有路可通。你今天认为这条道路是优越的，到明天别人就可能发现另有新径了。

值得注意的是，斯大林的历史观是单线的，马克思的历史观却是多线的。马克思把历史演化看成是一个台阶式过程，从原始社会、奴隶社会、封建社会到资本主义社会。马克思对亚细亚生产方式的讨论明确表达了亚洲和西欧历史演化的不同。我们来考察新古典经济理论属于什么样的热力学系统？历史上，一般均衡理论正出自古典热力学的影响(Mirowski，1989)。新古典经济学的代表模型属于孤立系统的一体模型，包括弗里德曼(Friedman)的货币中性的岛屿经济模型和卢卡斯(Lucas)的理性预期理论。科斯(Coase)的交易成本说是个二体模型。古典和新古典经济学的主要特点是强调竞争过程的趋同性和市场经济自身的稳定性，却忽视结构的多样性、市场波动的不稳定性和演化的多向性。

四、非稳态过程的描写

如果你承认有非线性，还有非均衡，那么一定会有时间相关的非稳态。稳态通常是描述随机过程的，我们现在学的时间序列的数学分析、数理统计教的相关分析，其背后的假设都是一种稳态系统，如果是非稳态系统就不能操作了。爱因斯坦相对论的一个非常重要的贡献，就是发现时空不可分割，测量的同时性是有条件的。我们研究经济波动时发现，测量时间和测量频率不能同时测准，必须构造一个更高维的空间：时间－频率空间来研究时间相关的频率演变现象，就像医生研究病史一样研究频率的演化。物理学家伽宝建议了一个时间－频率的二维表象，对我们做经济学诊断有很大用处(Gabor 1946)。传统的经济波动理论用机械钟(谐振子模型)或白噪声(稳态随机过程)来描写经济波动，把持续的经济波动归之于外来噪声冲击的结果，否定经济内在的波动机制。因而他们不能处理结构演化引起的经济运动。如果采用时间相关的非稳态(由“非优特征”引起的)时间序列分析方法，就会发现经济系统像生命有机体一样，有自己的生命节律。经济波动和经济系统的新陈代谢机制是不可分割的(Chen，1996)，也就是说，社会经济系统是在优与非优的选择中发展的。

五、稳定与复杂、安全与机会的消长关系

前面我们讨论了稳定性和多样性。现在要问，这二者的关系如何？这一问题最早是由生物学家而不是经济学家提出来的。但这问题对经济学家十分

重要。中国新时代面临的一个首要问题，就是稳定与发展的关系。东欧和苏联推行的休克疗法把稳定放在第一位，以为只要实现市场稳定，经济就会增长，并自动实现资源分配的最优，结果经历了战后最严重的经济萧条。东欧经济下降过程中，货币物价很难稳定，最后虽然稳定下来，但代价高昂。中国四十多年的改革把发展放在第一位，和休克疗法的指导思想相反，结果中国人取得成功。我们发现，在经济增长过程中的价格改革和结构调整较易进行。相比之下，出现经济失序的问题在于金融改革的滞后，金融改革滞后的一个原因是在指导思想上害怕金融秩序失稳。其实越是害怕失稳问题就越多。从本质上来说，就是缺少对非优的分析。

由此可见，稳定和发展是一个非常重要的问题。到底二者是什么关系呢？理论生物学的猜测是一个系统越复杂就应该越稳定。这想法是从达尔文理论的逻辑来的。达尔文理论有一个著名论断叫作适者生存，而且是最适者生存。虽然达尔文没有明确说最适者便是优者，但他最适者生存这个说法，可以自然推广为生存者即为适者，最适者定为优者。优者是什么？从控制论的观点看，优者就是稳定。假如你综合达尔文的进化论和控制论，你一定会猜测系统在从简单到复杂的演化过程中，应该是越复杂的系统越稳定。但是控制论学者做的大量计算机模拟，得到的结果和原先的猜测相反，他们发现系统越大越不稳定(Gardner and Ashby，1970)。这一结果使生物学界大为哗然。理论物理出身的理论生物学家梅依做了一个很重要的改进(May，1974)，设计了一个非线性系统，结果还是越复杂的系统越不稳定，让理论生物学家大伤脑筋。我们从系统复杂性问题的反思出发，承认数学模拟结果的天然合理性，因为生物和社会的大量观察表明：增加复杂性会降低稳定性(Chen，1987)。科学匠和科学家在方法上最大的一个差别在有无创造性的思维。科学匠不问问题便在那里忙着算，你算小数点后面二位，我算到八位，就自以为有成就了。但是创造性思维的科学大家偏要问基本的问题。而科学的基本问题往往是从简单的观察中产生，而不是从前人的思维中去获得的。微观经济学的阿罗 - 德布罗模型数学上那么简单漂亮，但股票市场一崩溃，人们对它的信念就动摇了。单有稳定性不能解释经济波动和股市崩溃。所以生物学家和经济学家都要问一个共同的问题：系统到底越复杂越稳定，还是越复杂越不稳定？实际上，从系统的非优分析中能够给出合理的解释。

科学史上有一个教训，如果人们前赴后继的探索总是得到一个否定的答案，是不是应当承认现实，把结论倒过来：原先认为不对的是正常的，原先认为应该对的反是不正常的。这种例子很多，永动机不可能，于是产生了热力学第二定律。光速传播无限的不可能，产生了狭义相对论。我们接手这个问题时，一个自然的思路是倒过来，越复杂的系统只能是越不稳定。我们联想许多生活中的常识更发现这一结论必然是对的。

第三章

“系统非优”的理论与方法

第一节　系统“非优理论”研究基础

一、系统非优与系统自组织

系统“非优理论”的基础是系统自组织学说，对任意一个系统来说，衡量它是否进入优范畴，或者是否跳出非优范畴是通过自组织过程来实现的。由于系统具有产生、发展和消亡三个阶段，所以，系统同时还具有非优、优、非优交替出现的特点。要想在一定程度和阶段上控制系统在优范畴内，必须通过自组织功能对系统的“非优因素”进行识别和控制。我们知道，自组织系统不但是运动的，而且还是演化的、进化的。为了衡量自组织系统的进化程度，必须设立一些进化判据(自组织判据)。对此，不同学派有不同选择，不同系统也有不同的具体看法。

一般说来，从系统内部结构的组织状态看，可以用熵以及熵有关的参量做判据，如熵产生、超熵产生、负熵等。根据熵的统计解释，熵值的大小表征了系统内部的混乱程度，而当系统达到热力学平衡时熵取最大值。因此，可以把熵减少的方向称为系统进化方向，即熵减少的多少或熵与最大熵的差值作为组织化的量度。从系统与外界的关系来看，存在着性能或功能的判据。例如，序参量既可以表征系统内部的组织状况，又可以体现系统整体对外界的关系，因此，序参量常可以作为自组织系统进化的一种特征参量。除了上述两个基本自组织判据外，针对不同性质的系统还可以选择不同的自组织判据。例如，一般自然系统的发展往往是从简单到复杂，那么复杂性的程度便可作为一个判据。

要判断一个系统是否为一个最优化系统，是对任何系统进行分析的关键。人类对各自不同领域的系统进行分析和研究的目的，是寻求系统中的最好的目标和结果，但实际上并非简单。近半个世纪以来，最优化理论在各学科领域的贡献是无可置疑的，正是由于它的广泛应用，才能发现它与现实要求还有一定的距离。理想化的模型分析是否就能解决现实中的问题，使人们产生怀疑，另外，现实中的许多复杂问题很难建立表达它的数学模型，特别是对不确定性的系统，要建立它的数学模型不仅很勉强，而且很难求其解，尽管出现了许多近似求解的理论和方法，但还是与现实要求有一定的差距。

在现实生活中，根本不存在绝对的优和非优，只有在一定条件下所区别的相对优。“相对优”可以看成令人满意解，由于现实系统存在着大量的不确定性和非线性等，西蒙认为：“传统古典决策原则的三个缺陷，即忽略经济生活中不确定性的存在；忽略现实世界中的非线性关系；忽略了决策者主观条件的限制”。同时西蒙指出：“在复杂的现实世界中，只有少数的情况能用微积分的方法求极大和极小值，有时则根本不存在最优解，而大多数情况下是设法找到一个令人满意的近似解(或称相对优化解)。”令人满意的标准是确定一个上限和一个下限，只要在上下线范围内，就都是可以被接受的，这实际上是用优化区间代替了优化点，系统“非优理论”研究的内容之一就是如何确定这个优化区间。同时，不属于这优化区间的目标和结果可称为非优的，所以，对系统“非优程度”的判据是由系统要素组合结果落在优化区间的数量大小而决定的。

研究发现，在寻求系统最优化的同时应建立系统非优化系统。而这里的非优化正是与系统的优化相对立的，“非优系统”是由系统内外所有的不相容问题和限制决定的，它直接和间接影响着系统的执行过程和目标。一个系统是否在优范畴也是由系统的不相容程度和限制程度两个问题所决定的，而不相容程度与限制程度决定了系统的非优程度(非优度)。

当系统对自身的不相容问题和限制条件具有完全控制调节的功能，系统才真正进入最优化的追求阶段，这也是自组织理论要研究的新问题。从系统超循环理论也可以得出系统“非优理论”的依据。该理论可以把许多随机效应反馈到起点(次起点表示系统循环的开端)，使它们本身成为一种起放大作用的原因。通过建立起一个自我复制、自我选择而进化到高度有序水平的宏观功能性组织。这种自我复制、自然选择正是在非优和优的超循环中实现的。非优的出现产生了在一定需求条件下的优范畴，而衡量优范畴与非优范畴的尺度是系统优化的核心。

二、系统非优的度量

任何事物都具有两个方面，只有在实践中通过两方面的中间过渡才能确定一个系统的最后方向，系统的状态是在优与非优的选择中确定自己的目标。因此可由如下表示方法来描述系统非优问题：

设 S_o表示一个优化系统，S_{no}表示一个非优系统，无论是优化系统还是非优化系统，它们都是由系统目标 O、系统功能 G 和系统环境 E 构成。对于优化系统来说，由目标 O、功能 G 和环境 E 所形成系统 S 的次优(处于优与非优的共存状态)结构 $\Pi(O, G, E)$如满足以下条件：

①系统目标是可达的；

②系统功能是可实现的；

③系统环境是可控的。

则称 S 是优化系统。

这里所说的系统目标可达性是指系统的认识目标与系统实际目标的距离是可接受的，系统功能可实现性是指系统的实际功能资源接近目标要求资源，而系统环境的可控性则是反映了系统的自组织能力，即序参量的大小达到允许值。

如果设 O_r 为系统认识目标，O_s 为系统实际目标，则 α 表示了 O_r 与 O_s 距离度量的值，体现了系统目标可接受程度；G_s 为系统的实际功能资源，G_r 为系统目标要求资源，则 β 表示了 G_r 与 G_s 功能度量值；实际系统 S 的熵值 $e \leqslant \gamma$，则 γ 表示了系统标准熵。

从而有：对于系统的次优结构 $\Pi(O, G, E)$，如存在有 ε，ζ，η（可以接受任意小的差别），使 $|\alpha - \alpha_0| \leqq \varepsilon$，$|\beta - \beta_0| \leqq \zeta$，$|\lambda - \lambda_0| \leqq \eta$ 同时成立，则系统 S 是优化系统，其中 α_0，β_0，λ_0 为系统优与非优的边界因子，从而选取集 $\Pi(\alpha_0, \beta_0, \lambda_0)$ 为系统非优的判据。在实际系统分析中，在一定的选取标准前提下（ε，ζ，η 已知），对 α，β，λ 来说，无法得到 α_0，β_0，λ_0，则称系统 S 为非优系统。

以上是对系统非优问题的总描述，它给出如何在非优系统中确定优的总框架，但是，不同性质的系统、具体的实际问题，具有各自的度量方法和手段，可在实际的系统分析中，采用适当的定性与定量分析手段，并且，人工智能与专家系统的推理工具也能在系统非优的研究中发挥作用。

系统非优理论的重点内容之一是对优和非优范畴的边界进行定量的描述。这两者的边界由于客观条件和人类主观意愿的变化以及人们所具有的不同的行为参数，通常呈现不确定性和动态性，同时又由于人类实践和认识的不断进步以及在科学信息广泛交流的有效协同下，边界将在动态变化过程中呈现确定的和可描述的趋势。对已被描述出来的边界的合理性和可靠性判决，不是一个理论问题，而是一个方法的选择和实践检验问题。另外，用定量手段分析系统非优问题时，有许多关系参数需要统计分析和属性评价，并且系统的非优影响在许多方面要依靠对系统的经验认识，也就是说，经验分析在系统非优分析中具有重要的地位，它反映了定性评价与定量分析有机结合的意义和作用。

三、从系统“非优经验”到系统优化认识

对系统非优的认识有三种属性：经验属性、直觉属性和知识属性。经验

属性反映了系统行为特征的过程认识，直觉属性反映了系统行为特征的模糊认识，知识属性则是反映了系统行为属性的确定性认识。这里仅从系统的经验属性角度来讨论系统非优因素的选择问题。

（一）系统经验与非优征兆群

任何事物的出现是有一定征兆的，系统的认识经验提供了系统的非优征兆。认识不同，系统的非优征兆也就不同，对系统过去状态的追踪可得出一个非优征兆群。在人为系统中，不同的人的行为特点和经历不同，经验显然就具有一定的差别。可以将经验作为一种认识，但认识水平的不同，系统的经验也会不同。系统的非优征兆群是由系统经验选择而决定，经验选择的合理性是一个很有意义的课题。例如，系统功能提高使以往非优范畴缩小，同时系统行为的变化会形成新的非优因素，这些因素是随着系统行为而变化的。这样，现实系统的非优范畴是由非优征兆群、非优因素以及非优变化特征构成的。

在经验形成的前提下，系统的非优属性需要有一个认识过程，这个过程是一个自组织、自适应过程。自然非优属性是一个客观存在，它不随人们意志为转移，但是，当人们掌握了此非优的基本特征后，会建立一定的功能去克服这种非优的出现，这类非优属性不是系统非优理论研究的主要内容。实际上，从系统的创立以及到系统的灭亡，中间有一个完全的运行过程，一个完全的、标准的运行状态是没有的，它也不符合事物的发展规律。从认识到存在这一辩证法思想来考虑，也符合于非优的存在和认识。例如，一个企业的决策者，首先，围绕着企业经营和发展战略目标要做一系列的工作。那就是，采用什么样的方法，解决什么样的问题，克服什么样的困难。要想完成这一系列工作的关键，是能否准确地找出与目标同时存在的非优问题。当然，这些非优问题是由直接经验、间接经验和部分假设形成的。提到假设，有人可能会问，假设只能是假设，它能代替肯定吗？这种怀疑是不必要的。实际研究表明，没有假设也就没有肯定，假设的接受就是肯定，可接受的效用与肯定是成正比的。化学系统大部分建立在假设基础上，其重要性是极为显然的，数学就是根据某些假设，用逻辑的推理得到结论。经济系统也同样具有种种假设，但经济学的这种假设不太具备重复性的条件。因为系统不同，假设会不同。再者，在 t_i 时的假设可能在 t_j 时就无意义了。例如，一个投资者，在 t_i 时的市场条件下，他确定了目标和假设，但是当 t_i 变到 t_j 时，原先的目标和假设未必会生效，这样，目标与假设的可变性特征使他在任何情况下都不能对投资这一问题作肯定的回答。其主要的原因还是非优问题带来的。

（二）系统的经验属性与非优分析

了解假设条件的存在性和可靠性是一个对系统非优问题的追踪。如何追踪，经验是不可缺少的。经验体系同其经验环境相互作用，经验环境是经验体系产生和发展的基础，而经验体系又反过来作用于影响其经验环境。系统中的非优现象的追踪有其特有的本质及规律，它与系统的经验本质及规律有密切的联系。经验是人们认识系统、改进系统、控制系统所得到认识的总结、提高和积累。经验伴随着人类生存与发展，而经验优选则是人类社会发展最重要的因素之一。当经验具有了一定的科学价值，形成了确定的体系时，它便转化成知识，所以，经验成为知识要有一个转化和认识的过程。

从系统发展的角度来看，系统非优的经验有一个永无休止的增值、发展变化的过程。通过永无穷尽的反馈，可使经验发生量、质和度的变化，从低级到高级、从简单到复杂、从具体到抽象、从特殊到一般、从不太可靠到基本可靠的不断发展。“失败是成功之母”这一格言对系统分析来说，包含了两个内容：其一，非优给系统优化建立了基础；其二，非优的经验是系统决策的关键原则。当然，非优的过去时、现在时还是将来时都是有时间概念的，而经验的数量和质量，可反映出系统非优追踪对系统再认识所做的贡献。

另外，经验是时间的函数，是人们在认识活动中作用于非优经验源信息而得到的最原始的非优经验。它起源于直接的感性认识。人们的智力活动不断相互作用，使之随时间的推移和认识的深入，而产生一个经验序列（对非优问题），从而使非优识别上升为一般的经验，由一般的经验上升为普遍经验，又不断地趋近效用经验。但又永远达不到理想经验。

经验系统中，组织决策者应具备一个非优信息库。这种非优信息库可为决策者提供两方面的内容——非优征兆群和非优判别系统。在以上的分析中，非优征兆群主要依赖于经验，这种经验有一个可行域。所谓经验可行域是指各阶段的经验效用最大者所构成的区间(有时经验效用可采用经验利用率)。

四、系统非优的概率特征

在分析系统的“非优经验”中，有这样两个情况，一是系统在稳定条件下所固有的非优征兆，它完全由系统的功能特性决定；二是系统不稳定时的非优征兆，它是通过统计分析而得到的。也就是说，在系统发生涨落过程中，非优因素对系统产生影响，这些影响会形成一种系统在稳定时所没有的关系，可称非优生成关系。任何一个系统必须要有一个非优生成关系，否则，系统一出现不稳定就会走向紊乱。

比如，在对一个大型化工公司企业战略决策中发现，如何建立非优生成关系是企业生存与发展的关键。其方法是，通过本企业多年来的经验，可形成一个稳定经验域(计算按每年一定的经验决策的效用)，通过它可反映出系统出现不稳定现象的原因，找出非优因素。当然，系统的非优因素是处处存在的，而所需要的非优因素是主因素，也就是使系统在不同程度上出现波动的主要因素。在实际系统分析中，有些系统要素与非优因素有直接的关系，有些是间接的关系。相关程度较大的要素，受非优因素的影响也较大，所以，可以分为“主非优影响”和“辅助非优影响”，所谓“辅助非优影响”是因其他要素的影响而被影响的。“非优影响”的追踪核心，是从建立非优征兆和非优成因开始的。

征兆并不能够成为真正的影响，实际的非优才能对系统有影响。但是它们基本上都来自非优范畴。从征兆到成因需有一个诊断的过程，它是对系统行为完成时的诊断过程。具体模型包含两方面：一是从主征兆到非优成因类；二是从辅助征兆到非优成因类，这就是非优追踪的总框架。可探讨建立两类映射 F_{I} 和 F_{II}：

$$F: S \to D,\ F: A \to K,$$

其中，$S = \{s_1, s_2, \cdots, s_m\}$ 为主征兆的全集合，$s_g(g = 1,2,\cdots,m)$ 为各具体"主非优征兆"全集合，$D = \{d_1, d_2, \cdots, d_n\}$，$d_j(j = 1,2,\cdots,\mathrm{n})$ 为各具体"主非优征兆"，$A = (a_1, a_2, \cdots, a_r)$为"辅助非优征兆"全集合，$a_u$（$u=1, 2, \cdots, r$）为各具体"辅助非优征兆"，$K = \{k_1, k_2, \cdots, k_v\}$ 为系统非优全集合，k_l（$l = 1, 2, \cdots, v$）为各具体系统非优。

若系统非优的全集合用 $W = \{S, A\} = \{W_1, W_2, \cdots, W_{g+r}\}$ 表示，当给出一组非优 $W_i \subseteq W$ 输入，在上述两类映射的作用下，可得相应的系统非优类别 $d_j \in D$ 与"非优因素" $k_j \in K$ 的输出。

在确定两类映射特征前，需将由经验资料统计得到的非优征兆群划分为主征兆与辅助征兆，划分的原则是依据非优征兆为识别系统非优类所提供的信息量多少而定。令

$$P(d_j \mid w_i) = \frac{N_{d_j}}{N_{w_j}}$$

为征兆 w_i 出现的条件下系统"非优类" d 造成系统非优的条件概率，其中 N_{w_i} 为征兆 w_i 出现的次数，N_{d_j} 为在征兆 w_i 出现的条件下"非优类" d_j 产生非"优现象"的次数。又

$$P(w_i) = \{P(w_1), P(w_2), \cdots, P(w_{m+r})\}$$

为征兆 w_i 的概率分布，即

$$P(w_i) = \frac{N_{w_i}}{N_w}$$

其中 N_w 为所有征兆出现的总次数，N_{w_i} 为征兆 i 出现的次数。上述 N_{d_j}, N_{w_i}, N_w 皆可由经验统计资料获得。这样，对应 $P(Dw_i)$ 的熵函数为

$$H(D\ \ w_i) = -\sum_{j=1}^{n} P(d_j \mid w_i) \ln P(d_j \mid w_i)$$

对应的平均熵为

$$H(D\ W) = \sum_{i=1}^{m+r} P(w_i)H(D|w_i)$$

选择可靠性水平 β，使

$$\frac{H(D|w_i)}{H(D|W)} \leq \beta$$

的征兆 w_i 为所需的主征兆，即为判别系统“非优类” d_j 所需的多息征兆，其余少息征兆皆为辅助征兆。对相关征兆 w_i, w_g，$H(D|w_i) = H(D|w_g)(i \neq g)$，则 w_i, w_g 同归于辅助征兆。这里的选择水平，由经验利用率决定。经验利用率较高，则选择水平较大。

对系统的非优征兆分析后，就可建立起非优征兆群，它为现时系统的分析提供了有用的信息。实际上，在人们的脑子里存在着不同的非优征兆，一个优秀的决策者，具备良好的非优征兆的识别能力，如果他不具备这种能力就根本做不到对系统的控制。

在分析系统的非优征兆时还要从两方面来考虑，一是系统内的非优征兆，二是系统外(环境)的非优征兆。对于一个封闭系统来说，只有系统内的非优征兆，所以，这种非优征兆基本上都会形成对系统的影响，这对系统行为是一个交替出现而相互作用的过程。按照事物发展的必然规律，非优的次数提供了对系统行为评价的机会。例如，市场交易者，在成交过程就有这种情形。A、B、C 和 D 四方面如何能成交，除了一些基本成交条件外，还要看他们是否有交易的经历，成交者 A 经历了不可行、不满意、不顺利等非优的影响过程，所以他的成交结果就会有一定的可靠性。显然，如果 B 没有这样的经历，B 的交易结果就不如 A。实际上，在经验中达到完全均衡的情况是不存在的，所以提出完全均衡是没有考虑交易各方的非优经历。

实际分析表明，在成交者中不存在相同的非优认识，这是因为每个成交者的目标、行为属性和环境是不同的。如果他们具有相同的非优认识，并且具有相似的存在条件，那么，在一定的条件下是可能达到均衡的。除了对系统过去完成时的非优分析外，关键的问题是要对系统现在进行时和将来时的非优分析，这就要考虑系统的动态特征及开放性质。

五、从非优诊断到系统的自组织

自组织理论是探求系统非优的理论基础。在探索系统复杂性的研究中，耗散结构理论、超循环理论、协同学和混沌理论等都对自组织理论做了不同的贡献。实际上，在他们各自的理论中，都含有系统“非优理论”的成分。因为系统自组织的主要特征是完善系统运行，发展系统目标，它们必然经历由非优到优、由优到非优的过程。如果系统不存在这一特性，也就无须自组织了。分析表明，系统的状态总是处于非优与优的边界上，其自组织的目的是使系统的状态从边界上进入优范畴，系统处于优范畴是有一定的时间约束的，在一定时期内，由于系统稳定，使状态保持在优范畴中。但是，如果系统不稳定，那么，它很快就要从优范畴中移到新的边界上，形成系统维持的状态。系统的维持状态不是发展的状态，不是系统的理想状态。

当然，系统实际的角度不存在最优的标准，也没有必要去确定什么是最优的，只要系统能加快非优范畴到边界、边界到优范畴的速度，那么这样的系统是令人满意的。如果系统具备这种转换的能力，也就说明了系统有良好的自组织能力。从自组织理论已经知道，微涨落不会对系统有多大影响，只有在众多的微涨落形成巨涨落时，才会使系统发生演变，这一结论可以使系统的非优控制生效，系统自然处于优范畴，处于优与非优的边界上。在此边界上系统完成自组织功能，比如说，将系统开放，使系统与外界进行能量等交换，改变了系统的功能和行为，形成了新的“非优控制”能力，所以，又使系统回到优范畴。这种自组织过程有时可通过协同的办法，或者通过超循环现象，让系统在边界上自我复制、自我完善达到优范畴状态(还要强调的是，优范畴表明了系统对非优化能够控制的范畴)。

此处提到的边界是一个很容易理解的概念，比如，一个人的日常生活处于边界状态，是反映这个人生活有时会好，有时会坏，所以，不能说此人的生活最优和非优。当此人在确定的环境中适应下来时，对现有的非优能够控制时，也就是说生活能力增大了，他显然是进入了优范畴。如果他的生活改变了环境或者生活的行为发生了变化，如需要改变心理变异，这时会产生新的非优问题，使已有的控制能力失效，又回到边界状态。这时，他还要通过自适应、自调节来扩大自己的"非优控制"能力，使生活趋向优范畴。这一过程是一个逐步完善发展的过程，人类社会就是这样发展起来的。

这种规律最明显的是经济系统。一个国家的经济发展水平不仅看它的各项经济指标的变化，最重要的是看宏观经济系统的边界和非优与优的转化能力。由于系统的性质不同，它的边界也会不同，当然，优和非优的边界也是可变的。从系统的转化规律来看，其边界是由系统的结构所决定的。例如，人口系统的优和非优边界是由社会经济综合系统所决定的，当人口数量发展到一定比例时，国民经济的发展水平处于一个维持的状态，或者在一个水平上下波动。如果控制人口的数量变化，那么，国民经济系统可能离开边界维护状态，进入一个优范畴。在优范畴中的经济系统称过渡状态。

当国民经济系统的行为发生改变时，不利于经济发展的非优因素对经济系统的影响超过了限度，经济系统失去控制，从而又转入到边界上。此边界不同于以往的边界，它反映的非优属性和优属性是不一样的。所以，以经济系统的边界与优属性的转化时期称经济系统的发展时期。但是，系统的整体非优属性会产生系统紊乱，然后可能出现系统的新属性，系统的部分非优属性会加速系统自组织的过程。所以，系统的非优行为、状态蕴藏着极为丰富的系统动力原始能源，对它进行系统的采掘、传输、存贮和加工，达到建立一个非优信息系统。实际分析表明，非优信息系统的高级形式可以用计算机的硬件和软件加以实施，它的初级形式可以用资料、文件、图表等加以构成。系统信息所存储的非优信息动力的原始能源，突破了物质能源向动力的一次转换的限制。只要非优信息所表述的状态、行为继续存在，这种能源就始终蕴含着有效的燃烧值，并可随时形成相应的系统动力。并且还可以建立系统动力模型：

$$\frac{dx_i}{dt} = \frac{A_iQ_i - D_i}{N}x_i + \sum W_{ik}X_k + \varphi_i$$

其中 x_i 是系统第 i 个经"非优控制"后的状态值，A_i 表示系统原有的状态数，Q_i 为 A_i 的贡献率，D_i 为由非优影响而减少的贡献额，N 是系统状态数，X_k 为系统新增状态量，W_{ik} 为 X_k 对 X_i 的影响度，φ_i 是系统不分明元突变率。任何系统都具有一定的动力学模型，通过此模型可建立系统的非优诊断与分析模式，并且，通过系统的自组织功能可进一步完善系统的非优分析功能，同时，系统非优分析也增强系统自组织水平。

系统非优理论可得出人的需求控制系统有序，非优可促进有序。从非优指导系统中可判决系统无序转化到有序，从有序转化到无序的条件。系统非优理论将会在决策科学中有较大的应用，可经常将人们的经验转化为科学手段，并且可能在控制系统中建立有一定行为特征的指导模型。这种模型可将经验与理论融为一体，对系统的运行轨道做出真实的评价。

第二节　系统非优的熵特征①

从系统辩证学的基本思想出发，优与非优的辩证统一应是系统的一个突出特征，一个重要的研究范畴。但是，在整整半个世纪里，人们对系统的优化进行了卓有成效的研究，而对非优则较少涉及。其实，从认识论上说，优与非优对系统而言同等重要，在理论上具有等价的意义；从应用上说，只有认识到系统的非优，才能有效地对自然系统、社会系统、人工系统等进行科学的改造，才能正确地实现从非优向优的转化，才能避免人类行为的盲目性。因此，提出和研究系统的非优问题是必要的，也是有意义的。系统非优的内容同系统优化一样丰富，如系统非优的存在，非优的基本特征，非优的产生、存在、变化的非线性机制，系统非优性存在的数学证明，非优性的数学模型，非优的计算机模拟，非优向优化转化的内外因素、机制及条件，非

① 吴廷瑞．论系统的非优与优的辩证关系[J]．系统排证学学报，1996，4(1)：61－65.

优在系统演化中的动力学意义，特别是优与非优在系统运动过程中是怎样辩证统一的，以及非优向优化转化的实现等。本节旨在提出问题，并以系统自组织理论说明系统非优存在的依据。

一、系统过程及其一般特征

如何定义系统的优与非优，这是需要首先研究的问题。J. 阿西莫夫的一段话可资借鉴，他说："作为有机体，人类可以说是很平淡的物种，从力气上，人比不上和他同样大小的大多数动物。比起猫来，人的走路是很笨拙的；人也跑不过狗，跑不过鹿；在视、听、嗅这些感觉能力方面，人比好些动物都低劣。人的骨骼很不适合于直立行走，人可能是处在正常姿势和正常活动的情况下都可能出现'腰酸背痛'的唯一动物。当我们想及其他有机体在进化方面的完美情况，例如，鱼儿能游得那么美，鸟儿能飞得那么棒，昆虫的繁殖能力那么旺盛、适应力那么强大，病毒结构如此简单却有完善的功能，看来人类真可以说是一种粗笨的动物。单纯作为有机体来看，人类比不上地球上的任何，特别是小生境生存的生物。人类之所以成为地球上的统治者，仅仅因为受惠于一种更重要的特殊器官——人的大脑。"可以说这是一个重大的发现，是他深刻地看到了人的非优之点。

作为系统优劣评价的标准，他也给我们以有益的提示：一是标准的相对性意义，它是一种比较的结果；二是放在同一时空条件下进行比较；三是功能的比较等。系统论认为最佳结构、最佳功能的统一为优，这无疑是正确的。然而"佳"字却有着很强的人为性质，表现着它们的历史特征或动态性。由于内外复杂因子的非线性作用，其结构和功能绝不会常驻不变，因而决定性地表现了它"否定之否定"的特征，一切优者都瞬即成了过去，"理想"的存在又必然为新生者所取代，终极的永恒的完美是不存在的。评价系统的优劣，从不同的角度、不同的需要出发，会有不同的标准。乌杰指出，把握系统的优化应遵从客观性、相对性和条件性三原则，即最接近或最适合所确定的标准者为优；符合规律要求多者为优；内部根据与外部条件相统一者为优。相反者则为不优或非优。我们需要的是从系统中寻找非优因素然后再把握其整体的优劣。从系统自组织理论出发，可以认为，结构序、功能序强，参量或序参量间协同性强，与环境的物能交换能力强者为优；而那些结构序差、功能序弱，非线性相干效应不良、参量或序参量间不尽协调，同环境物能交换不畅或能力弱者自然为非优。而这一切还应注意兼顾人类利益原则，利大为优，利小为不优，而有弊者则为非优。但还应将这一切做相对性理解，不可绝对化了。一般说来，它既可以对系统整体进行评价，亦可对要素或部分进行评价。

系统自组织理论认为，系统是所属要素在特定的时空条件下，在特定的内外环境的作用下产生相互关联而形成的有序结构；或要素在非线性、非平衡条件下，通过内外随机涨落而自组织的结果。由于要素不同、条件不同等复杂因素的非线性相互作用，自组织起来的系统不仅是多样的，而且其品质也是各不相同的。即使是一个系统中其部分和各要素的优劣也不一样。这就是说，系统并非唯其优，非优也是系统中的客观存在。系统是个过程。这个命题摆脱了形而上学的狭隘眼界，在现代科学中已成共识。过程论深刻地揭示了系统从产生、发展到衰亡的发展阶段性。以与环境作物能等交换的有效性为系统发展各阶段的质量评价标准，我们便可看到过程中的每一时空存在的不同内容：一是每一存在点都有其特定的时空内容，任一相邻的两点都存在着时空差异；二是每一时空存在与其同环境的物能交换能力也是不等的；三是任一系统过程都表现了时空的有限性。据此，我们从宏观上可描绘出一条近抛物线，其峰值为最佳，而上升期和下降期无疑都是非优的。从我们需要的角度看，系统过程的每一时空点的意义都是优与非优的统一，二者呈逻辑互补或辩证统一的关系。从系统自组织理论上看，系统除了具有普利高津强调的开放性、远离平衡、涨落三大特征外，还有如下一些特征。

(一)持续性

自复制、自反馈等内部调控机制的存在，确保了系统从形态到结构和功能的持续不变性特征。即使系统过程中出现了新信息，故而发生了重大的相态改变，但也只是在发展阶段上出现的飞跃而绝不意味着它变。而这种改变将系统中原有的优也好，非优也好，都通通带了上去，并持续存在。

(二)阶段性

系统过程的相态转变依次表现为发展、成熟、衰退三个阶段。在每个阶段中，都是优与非优的辩证统一，但表现了双方力量的消长变化，表现为矛盾主要方面的转化，而并不发生对优或非优的排除。

(三)时空差异性

时空差异性是以其新信息的出现为标志的，它是系统从形态、功能到结构发生某种程度改变的结果。但是，这种改变并不表现出系统品质向绝对优化的方向发展，在新的时空结构中又有新的非优出现，或表现为弱化或退化。

(四)随机性

由于涨落出现的时机和规模、自复制中的变异和性质、信息在传输过程中的失真程度以及环境条件变化等的不确定性，决定了系统发展、演化方向的随机性选择价值可以决定方向，但不保证方向的优化，也不管系统自身的优化。因此，此时的系统的优劣难以确定。在自然进化中以次优代替优是常见的，局部退化也是不断出现的。

(五)不可逆性

系统过程中的任何时空改变都是对称破缺的结果，因而是不可逆的，特别是在关节点上产生的一切信息，无论是积极有益的、无益无害的，还是消极有害的都将被推向新阶段，置入新的相态中。有如黄河大流，在随机阻折中决定性地穿过黄土高原，于是鱼龙混杂，泥沙俱下，既孕育了文明又包藏着祸害。

(六)有限性

系统过程总是被界定在一定的时空内。即使得到了有利的条件，其功能得到特殊发挥，也只能是空间的有限扩大、时间的有限延长而绝对不会永恒存在。这样，系统在则优与非优在，系统灭则优与非优灭。那么，系统过程中非优的位置在哪里呢？这就是我们要讨论的问题。

二、系统过程中非优的分布

普利高津将热力学第二定律的态函数——熵置于开放系统中，从而揭示了耗散结构系统的“生命力”，即 $ds = des + dis$。这个模型表明熵增量(ds)的值，为负则强为正则弱，或者说为负则优为正则非优。而熵增量又决定于熵流(des)与熵产生(dis)的关系，热力学第二定律表明 dis 永远为正，耗散结构理论指出 des 可正、可负，亦可为零。由此，我们可以得到如下几种状态：

设 des 为负值，则

$$ds = |des| + |dis| < 0 \tag{1}$$

$$ds = |des| + |dis| = 0 \tag{2}$$

$$ds = |des| + |dis| > 0 \tag{3}$$

设 des 为正值，则

$$ds = |des| + |dis| \gg 0 \tag{4}$$

设 des 为零，则

$$ds = |des| + |dis| > 0 \tag{5}$$

(4)(5)两态显然是特例，是特殊时空条件下造成的异变或“病态”，不予讨论。系统与环境的正常关系或“健康”状态，当属第一假设的(1)、(2)、(3)态。(1)、(2)、(3)态与系统过程的三个主要发展阶段恰好对应，即负熵态(1)为系统的自组织发展期；零态(2)为系统发展的品质峰值；熵增态(3)为系统的衰退期。ds 变化的三种态可视为系统发展过程中具有阶段性差异的三个相态。那么，在这个三态相继发展的过程中，有着怎样的优与非优的呢？

(一)负熵态(1)

负熵态(1)：$ds = |des| + |dis| < 0$，此态的界定为自系统始至发展的峰值，其熵值为负。但此态的数学关系说明 dis 绝不是无，恰与孤立系统

一样，熵不仅一直存在，而且在不断扩大，不断增长。由于熵流的绝对值大于或远大于熵产生之故，这样，两相对偶负熵有余，ds 呈负态。它表明：(1)态是负熵占优，是矛盾的主要方面，决定着系统在该阶段的性质和发展态势。其特征明显地表现出结构和功能充满着新生的活力。因此，从环境吸取负熵的能力不断增强。但是，正因为是新生者，所以又明显地表现出它脆弱的一面。这种特征在生命系统中更加突出。正因为如此，(1)态必须超大量地吸纳负熵，才能加速自身建设，向着结构、功能成熟和完善的方向发展。而新系统所具有的活力恰恰适应并能够完成这一建设任务，亦是对脆弱、功能不全或抗冲击力不强等非优的克服，也是建设性的负熵对干扰、影响乃至破坏性的熵产生的克服。因此在(1)态发展中，优从小到大，非优从大到小地变化着。

(二)零态(2)

零态(2)：$ds=|des|+|dis|=0$，这是一个特殊的相态。由于时空的对称破缺和时间箭头等有不可逆性作用，严格说来，此态在系统过程中只是一个转瞬即逝的数学意义上的点存在。从系统自组织理论来说，此态则是一个相态转折的关节点，从此，系统开始进入一个一蹶不振的新阶段。零态(2)处于系统过程中的峰值，在这里熵产生与负熵流等值，即$|des|=|dis|$，体现了二者的平衡对立。此态具有生动丰富的内容，它表明系统的自身建设已经完成，结构和功能等的成熟与完善使系统与环境的物能等交换呈大吞大吐之势。或者说此态的熵增量在实际上很大，但对负熵的吸纳能力也是很强的；对内外环境出现的随机涨落的适应和抑制能力也最强，非平衡稳态的幅度和能力也最大。因此，它是系统过程中质量的最佳峰值，是系统发展演化的有效期，也是系统存在的黄金时期。但十分遗憾，从本质上说它只是一个典型，一种理论存在；它只是一个点而不是一阶段，时空在这里没享有停留的余地，在这里优虽处于绝对优势，而非优却未消失。

(三)熵增态(3)

熵增态：$ds=|des|+|dis|>0$，这是系统走向衰弱的相态。此态的

界定为自零态始至消亡止。此态由于结构日益老化，功能日益衰减，信息亦日益模糊不清，从而吸纳负熵的能力日益减少。同时，熵不断增加，所吸取的负熵日益不敌熵增，使系统中熵与负熵的消长形势发生根本性变化，相互易位，熵增加成为矛盾的主要方面，并决定着此态的性质与特征。在(3)态中，系统一天天表现出对环境的不适应，内外环境中随机多变的较大涨落，都会成为对系统的较大威胁。特别是当系统进入晚期，由于对此负熵吸取的严重不足，哪怕是内外环境的微小变化，都可能成为致命的影响。最后，当熵产生达到极限，负熵为零，热平衡实现时，系统便告终结。此态中优从大到小，非优从小到大地变化着。对以上三态的基本分析，可以认为：(1)态为自组织态，(2)态为平衡态，(3)态为耗散态。三态中，除了(2)态这个抽象的平衡点外，前后两态均为非优，换言之非优在系统过程中呈全程分布。

三、系统非优的理论根据

半个世纪以来，系统论的经典大师们为我们提供了极其丰富而深刻的科学思想，而这些思想恰好也是我们认识系统非优的依据。

(一)熵

热力学本义上的熵是一种不能被转化做功的那部分热的总和，其表达式为：$dS \geq \frac{dQ}{T}$，此式表明孤立系统在可逆性热过程中 $dS = \frac{dQ}{T}$，在不可逆性热过程中 $dS > \frac{dQ}{T}$；同时还表明在绝热系统中熵不减，在可逆系统中熵不变，在不可逆系统中熵增加，而系统与环境的总熵不变；在系统内部其熵趋向极大值($dS>0$)，或者说趋向于热平衡这个吸引子。这一熵增原理有着很大的积极意义，它不仅可以区分系统的性质和发展规律，也预示着现存的世界不是一成不变的。就单个系统而言。热平衡不仅是个必然的趋势，而且决定了系统的存在只能在有限的时空之中。进一步说，熵的不断扩增对系统的发展无疑是一种桎梏，或相反地说是系统发展过程的内动力。极而言之，它是系统的“死神”。薛定锷引入了“负熵”概念，为熵理论的发展树起了第二块里程碑，指出系统从环境吸取负熵以克服熵增，维持有序。这一思想表明系统的存在和发展是其内部熵与负熵不断进行斗争的过程，表明系统始终存在着熵与负熵收支不平衡的矛盾，从而不仅找到了事物自己运动的原因，也从一定意义上说明熵产生是系统自身存在着非优的内部因素。或者说存在着 $dS > \frac{dQ}{T}$，ds =0 的发展趋势，它始终是系统自身无可回避的内在的非优因素。

（二）涨落

涨落是系统整体性质的宏观量在任一瞬间的值对其长时间内的平均值的偏离。自组织理论指出，“系统越复杂，威胁系统稳定性的涨落的类型越多。”大体可分两类：一是属于外涨落的“瓦解性侵犯”，二是属于内涨落的“化学反应”。但无论哪种涨落，对于系统的存在和演化都具有两重性作用。耗散结构理论指出，在平衡态或近平衡态，即在热力学分支点前，涨落是一种破坏稳定有序的干扰，起消极作用；而在远离平衡态的热力学分支点中，对于耗散结构来说它则是形成新的稳定有序的杠杆，起着革命的建设性的作用。问题是当一个涨落既突破不了临界点又在一定的时空中未被平息，将可能发生三种影响：一是有益的；二是无益无害属于中性的；三是有害的。其中有害的作用便会对系统发生负面影响。它可能在局部上改变或影响结构和功能。如得不到有效调控，使其侵入或占据更大的时空，进而影响整体，系统就有被瓦解的危险。这种情况在生命科学特别是在人体系统中得到生动表现。这种威胁系统稳定性的有害涨落，往往造成系统中局部不适或病变，从而影响全身机能的有效发挥。弄得好（如有利变化或有效调控），涨落可以被抑制、被逆转，系统恢复到健康状态。弄不好，涨落又得到随机放大，于是整个系统将发生间隔性跳跃，进一步陷入全面的迅速的瓦解。从这个意义上说，涨落也是一种有条件的非优因素。

（三）突变

突变是系统的局部或整体，在复杂的内外因素的作用下出现结构、功能或信息的突然改变。可分为三种：一是有益的突变；二是有害的突变；三是无益无害的中性突变。因此可以说，系统之优源于突变，非优亦源于突变。系统自组织理论各学派都从理论的源头追寻突变的成因，并揭示其在系统中的性质和作用，而艾根提出的复制错误(Q_i)这一概念($0 \le Q_i \le 1$)最为典型。德国化学家曼弗雷德·艾根(Manfred Eigen)指出，超循环系统是可以抵制自催化群体中不断产生的"错误"的最优的结构稳定的聚合物系统，是一种由蛋白质和核酸组成的能够自我复制的并可以稳定进化的系统。

但是艾根又强调指出，由于GV的摆动相互作用，复制错误绝不会为零。而复制错误对系统的存在和发展的利弊，关键又在于该系统的最大信息容量如何。如何评价复制呢？我们说如果系统准确无误地复制自己，那么它必定是一个保守的、无进化可言的、不变的活性系统。这种系统将不适应GV摆动相互作用，也没有更强的能力去适应多变的内外环境。特别是出现像蝴蝶效应那样的情况，将自身难保。为此，系统自组织理论指出：系统的出路恰在于自身的突变或复制错误。多种突变中的一部分将以新的品质适应新条件，它们具有最高选择价值，将是未来的"主人"。它们可能体现着系统之优的一切意义。应该强调指出，突变和复制错误并非唯其优。尽管艾根强调进化是非决定的，在原则上是不可避免的，却没有说明具体进化的性质。而美籍俄罗斯生物学家杜赞布斯基(Th. Dobzhansky，1900—1975)却明确指出突变与进化在语义上并非等价，"一个突变的出现并不管机体是否有用，也不管时间和地点"。

因此，对机体来说大多数的突变是有害的，"有利的突变只是少数"。在微观与宏观的关系上，杜赞布斯基在《进化过程的遗传学》一书中指出，"环境的变化是非线性的，甚而是混沌的。这种环境因素决定了突变和进化的非线性发展。况且，或许因为突变体缺少适应环境变化的遗传原料，或许因为新系统对环境挑战的反应过于缓慢，不能及时适应新环境，这可能就是历史上一些物种灭绝最通常的原因。另一种则可能是由于具体条件的作用，曾发生过某种有利突变，但由于环境条件的相对长期稳定，从而没有被利用和选择。"艾根在《超循环理论》著作中也说，"自然的序列无论如何都不是完美的”，“生命从绝对完美中倒退”。因此，我们可以说突变并非是对非优的改良，亦不是对优化的再提高，在相当多的情况下，它使系统倒退，甚至具有副作用，成为系统中的非优因素。

（四）序参量

序参量是系统中的多个自由度在相互作用、相互竞争的过程中，由于外参量（负熵或涨落等）的改变，使其中的一个或少数几个变得强大起来，发生关联，从而影响并统驭其他自由度而发生协同效应，形成一种新质的高层次的自由度。这一协同学理论从层次论上描述了一个复杂而和谐的世界以及特定层次上系统的结构和功能形成的原因。这一理论表明序参量不拒非优。哈肯指出，自然界无论是即时状态还是发展过程，都是一个极其复杂的无数要素啮合在一起的协同系统。在阐述这一思想时，他对进化论提出了种种问题，其中有两个特别重要。第一是共生问题，他指出，不管序参量达到何种层次，或者说不管进化的质量达到何种高度，不同层次的系统均有自己的生存能力，而且在大自然这个摇篮里，每个层次的系统均与上下的系统共生共处。并协同一致，从而组成一个复杂而有机的总系统。在这个大协同的世界里序参量高不压低，强不凌弱，大不欺小，互依互补，共生共荣。而系统间那种周期性的盛衰变化也正是大协同中的协调所致。因此，我们可以认为每一级序参量均有其局限性、不完美性或者非优性。世界正是由复杂多样的不同的非优层次的序参量组成的，这就是我们这个世界的现实。

第二个问题是不适者也能生存。在这里哈肯显然对达尔文的“适者生存”的命题做了重大而合理的修正，纠正了命题的绝对性而赋予了非优的内涵。明显的事实是每一系统（或物种）在特定的时空条件下，总有一个部分得到特殊的强化发展，即特化（结构、功能、信息等）。在生物学上特化器官不仅标志着生存的特殊能力，甚至具有序参量的意义。例如，啄木鸟的坚喙、苍鹰的利爪、老鼠的牙齿乃至黔驴之技等，都是系统中的最优部分，人之所以为万物之灵，正在于有一个惊人的特化了的大脑。从这个意义上我们可以说，无特化便无生存。然而，当我们对特化感到惊异的同时，也看到了系统其他部分表现了同样令人惊异的退化或弱化现象。这样，从系统整体上评价，虽然不失其存在的意义，却是非优的，是对生存条件的不完全适应。那么特化就是优吗？是的，在同一时空条件下，叫作“八仙过海，各显神通”，彼此间互依、互制、互补、互克，大系统正是各层次序参量(特化)协同的结果。但是，正如哈肯在《协同学》(上海科学普及出版社，1988)一书中指出的那样，序参量、特化“在临界点上，甚至环境条件的微变也会在宏观水平上带来巨变……这意味着一个现有秩序在环境稍有变化时，就完全会遭到破坏”。这时，特化了的“神通”便无用武之地，“八仙”也就各显其劣而过海有难度了。针对达尔文的“优胜劣汰”“适者生存”的命题，哈肯在《协同学》一书中质疑道：“为什么世界上竟有多得不寻常的物种？难道它们都是优者吗?”回答自然是否定的。他说“大自然搞了不少诡计作弄适者生存这一命题”，进化“并不意味着新发展的种类在客观上一定比挤掉的种类更好，也可能出现倒退”。他以“不适者也能生存”的反命题向达尔文主义发起了挑战。

综上所述，我们可以得到这样的认识，即完美的系统是没有的，否则世界将停滞不前；一切系统及其过程乃至过程的每个阶段、每个时空存在点都是优与非优的辩证统一。

第三节　系统非优与优的转化机理①

转化过程是一个伟大的基本过程，对自然的全部认识都综合于这个过程的认识之中。近代科学以来，对于自然运动、社会运动以及思维运动的转化有着大量的发现，但属现象描述，缺乏机理认识。因此在哲学上只是说矛盾的双方相互作用，在一定条件下各自向着对立面转变。这里的“相互作用”“一定条件”等限制性用语都是含糊的，其论述也是简单的、抽象的。系统自

① 张丽，王勇．系统之优与非优转化动力机制[J]．自然辩证法研究，2006，22(12)：100-103.

组织理论学科群为转化提供了不少定性的甚至是定量的内容。本节力图用这一理论来论述系统中优与非优转化的基本过程。

一、系统非优存在的客观性

优化研究指出，把握系统的优化应遵从客观性、相对性和条件性原则。从系统自组织理论来说，可以认为结构序、功能序强，参量或序参量间协同性强，与环境的物能交换力强者为优；与之相较结构序差、功能序弱，非线性相干效应不佳、参量或序参量间协同性差，同环境的物能交换能力弱者为非优；或从人类利益原则出发，可以认为利大为优，利小为不优，有弊则为非优。然而，对系统优劣的价值判断用非此即彼的方法是远远不够的。我们的世界充满着辩证法，它的一切系统都是优与非优的辩证统一。没有绝对的优也没有绝对的非优，优与非优是在比较中区分的。系统过程中的每一个时空点都是优与非优的辩证统一。而彼此的关系则是相互对立又相互依存，相互制约又彼此互补，在条件作用下又可以相互转化。因此，从客观上说完美的系统是不存在的。

第一，结构的非优。要素间非线性作用，使系统的结构在空间分布上不对称，这就造成了横向差异；在时间节律上的不对称，造成层次间差异。系统在无限发展的序列上往往存在着演化的旧迹或历史沉淀。所以，一切系统都是复杂中有简单，高级中有低级的复合物。在结构序上，表现为非逻辑序的交错存在，是优与非优的融合。

第二，功能的非优。结构决定功能，结构的非优必然在功能上得到非优的反映。特别是在物能交换上过亢或过卑，将表现出对目的的偏离，所吸纳的负熵转化为正熵，整体将呈现病态。功能是系统的灵魂，但在特定条件下灵魂则成为魔鬼。

第三，非优的信息。信息可叠加，可存储，可放大，可传输，但熵运动具有不定性；多信息间的相互干扰可造成语法信息量的减少或失真。关系的复杂、特殊而产生可假性、不可靠性，以及模糊性等。这些信息就会产生原发性非优信息、含熵性非优信息、异变性非优信息、模糊性非优信息等。

第四，非优的系统环境。由于各子系统、各序参量间不间断的竞争都会造成整体的不适，所以内环境的变化始终是系统的不稳定内因。作为系统存在背景的外环境，任何一种非良性改变都将深刻地影响系统的运动；由于代谢的作用，环境熵也越来越大；系统由于内外环境的常变而始终处于被动应付的状态，在特殊条件下可能被环境条件所毁灭。

第五，非优的世界。我们的世界正是一个非优的系统：生命存在的稀少表明我们宇宙的荒漠性；地球是多灾多难的；社会对劳动的占有是不公平的；人是一个粗笨的物种；基因中潜藏着病死因子。在现实生活中，根本不存在绝对的优和非优，只有在一定条件下所区别的相对优。所以，绝优的系统是没有的，非优是系统中的客观存在。

总之，系统非优有着严格意义的理论依据，质的飞跃是双方力量的消长而不是对非优的排除。普利高津认为，系统的负熵态是优从小到大、非优从大到小地变化着：零态是正熵与负熵等值，表现为系统过程的峰值，但却是一个转瞬即逝的数学意义上的点存在；熵增态是弱化相态，优从大到小，非优从小到大地变化着。

二、系统非优与优的转化机理

系统的二分性即两极对立或矛盾双方的斗争是古今中外哲学的一个核心命题，“对立统一”则被视为宇宙间一切事物的根本法则。贝塔朗菲建立系统论时，关于系统的整体与部分的关系时就指出，矛盾关系是系统的实质，它表现为对立物的统一。自组织理论各学科的创建者们研究的具体内容也恰是这一思想的明证。生物大分子进化即超循环理论中，艾根指出其复制的不忠实性导致部分种性质不同的异变，其中有害于系统整体的畸变的集合就是非优的，它与忠实自复制形成对立统一；哈肯的协同学主要是讲系统内部各要素间的协同和统一，但其前提则是竞争和对立，依然是对立统一。

系统的三分性就是对立的两极夹着中间环节。即 A 与 - A 的对立统一关系中又有一个复杂的多样性中间环节的展开过程。这就是说，系统不只是两极对立就完了，它还有多姿多态、多样多彩的复杂的存在以及它们的运动、变化、竞争、协同等，这一切都在中间过渡中发生。只承认产生与消亡两面是不够的，更重要的是承认它发展、转化的那一面，在研究产生与消亡的同时，更注重研究生存的合理、稳定与优化。乌杰所强调的正是要重视中间环节。二分性决定着系统的优化程度，而转化在三分性的中间环节展开。但是，中间环节是复杂的，其复杂性表现在自组织理论的各范畴及其非线性相互作用中。作为促使转化的动力相互关联、相互影响、相互作用，形成动力机制，共同完成系统的优与非优的转化任务。

例如，结构是质变的中心，即转化的最后或落脚点是质的飞跃，而质的飞跃的标志则是系统的结构的改变，因此结构改变是转化的焦点，结构的质变才是转化的最终实现。各种动力之间有着相互作用，同时又共同作用于结构。每种动力都有其产生的内在机制，这种机制表现为一对具有范畴意义的对立统一。一切动力及其机制都置于非线性相互作用这个大背景动力之中。结构自身也是转化的一种动力，自组织理论的一些重要概念和范畴在这里赋予了层次的意义等。阐述如下：

动力一：熵增及其正熵与负熵的对立统一。熵在系统的质变或系统之优与非优的转化中是一个根本性的内在动力。但是这种动力的机制却是正熵与负熵的对立统一。这种机制主要在于负熵的介入。负熵是系统边界外在的能量，是被系统吸纳后经过系统内部机制转换后可以做功的能。其性质与作用恰与正熵相反，对正熵起着抑制作用，从而迫使正熵改变其线性发展而呈现出发展路线。这表明二者的对立关系。但是对立又不是绝对的，而是在对立的同时又相反相成而成为统一。就是说二者在相反相成中又相辅相成，又竞争又协同，又斗争又合作，形成一种非加和性合力。作为动力，从产生的初因可以说正熵是系统之优与非优转化的第一内动力，负熵是外来动力。二者非加的合力才是系统质变，才是系统之优与非优转化的动力。

动力二：涨落及其竞争与协同的对立统一。一切系统内部各要素间的绝对平衡是不存在的，因此，内涨落的出现不仅是必然的而且是经常的。涨落在一定条件下对系统结构的作用将是决定性意义的，因此涨落也是系统质变或优与非优转化的根本性动力之一。非线性远离平衡态的开放系统何以出现内部的不平衡呢？在于系统同外界的物能交换。由于复杂的原因一些子系统涨起，在瞬间具有了更大的不稳定性，另一些系统落伏，在瞬间具有了更大的稳定性，这样就使得有些子系统在获得资源上具有优势，有些子系统在获得资源上处于劣势，于是系统之中出现了差异和不平衡。

因此系统便出现了涨落。湛垦华教授的研究指出，涨落具有多样性，如有内涨落、外涨落、巨涨落、微涨落、正向涨落、负向涨落等。当一种或一部分涨落在物能资源获得较多，具有更大的能动作用时，它将不会轻易被系统整体功能衰减掉，在得到其他子系统响应的条件下，关联逐步扩大，这时内部的微涨落便会被放大成为巨涨落。如果再受到外涨落的激发、配合，必将会把新生成的信息推向临界区。这是一个强大的动力，可以在临界区、临界点上改造旧结构，使系统发生质变，使优与非优转化。然而，涨落动力产生的机制则是竞争与协同的对立统一。系统的非平衡性产生多种涨落，加上系统周边环境条件这个外在涨落的作用，从而使系统内部的涨落之间形成激烈而又复杂的关系，主要表现为彼此的竞争与协同。竞争是为保存和发展自己，因此竞相努力，争强、争胜；同时又协同相互关联，在竞争中寻找自己的位置，因此又彼此联结，互补、互利。正是处于中间环节上的各要素所具有的双重性和灵活性，使它们不仅可以在差异的基础上产生对立，又可以在同一性上产生协同，成为统一，成为系统质变或是优与非优转化的内动力之一。

但是，由于在吸纳和占有来自环境的物质上的不均衡，系统往往会产生马太效应，强者率先成为一种吸引子，突破系统的稳定性界限。而其他要素、涨落或者响应或者被同化，从而达到巨涨落，占据系统的整个时空。这时系统的质变就到来了，系统之优与非优的转化就出现了。系统的质变走向优化还是走向劣化呢？值得注意的是在临界区、临界点上的涨落的性质如何。正如湛垦华教授指出的那样，正向涨落为主导，系统将以新质在原结构基础上向有序发展；如果是负向涨落为主导，系统的结构将向劣化方向演变。所以系统的演化绝不只是在朝优化的单行道上向前，而是复杂的、曲折的。

动力三：信息及其正反馈与负反馈的对立统一。信息，无论是来自系统自身还是外部(实际上是内外部信息的应答效应)都会对系统的结构产生作用，因此信息也是系统质变或系统之优与非优转化的动力。关于信息的概念在一些论著中往往限于客观性，如表示系统物质存在形式的一切属性，是关于事物运动的状态和方式的表达或反映，是系统有序程度的标记等。这些表述都缺乏能动性内容。其实，信息可分为两类，一是体现系统结构功能的系统结构信息，二是体现环境功能的外部环境整体结构的信息。而二者竞争与合作、渗透与制约则形成信息相互作用过程。这种信息相互作用过程则能动地使系统的结构发生质的变化，实现优与非优的转化。例如，动物的视觉器官就是光信息长期作用的结果。首先，作为负熵的光信息与系统内部结构信息交合，在易接受光信息流的部位产生光敏区。接着，不断接纳的光信息流使光敏区的感光功能不断得到强化。这样在漫长的发展道路上一步步形成一种层次分明、结构复杂而又精微的球状结构。否则视觉器官的出现将是不可思议的。这就是说，信息相互作用过程可以影响着系统的熵，也影响着系统的涨落，在一定条件下，发生了适应外部光信息流的光接收器，成为一种特化结构。我们听觉器官的生成也可以做出如此解释。因此，可以说信息是有能动性内容的，它的作用过程可以改变旧结构、产生新结构，表现为系统质变和系统之优与非优转化的动力。然而，信息作为动力，其机制则是信息的反馈与负反馈的对立统一。反馈与负反馈是控制论中的一对重要范畴。而控制论的主要思想之一就是运用这对范畴实现对信息的调控。也就是说，用这对范畴去不断排除信息传输过程中产生的各种噪声，以提高信息的保真度，实现目标控制。因此，信息作为动力对结构改变作用的良好实现正是反馈与负反馈对立统一的结果。在传输过程中，反馈使信息失真、失稳，负反馈则使信息回真、趋稳，这是二者对立的一面。同时，正是二者不断地交替作用，互依与互补，竞争与协同，才使二者不可分离地得到统一协调，这是二者统一的一面。正是二者的对立统一才使信息能够作为具有能动性的动力，有效地作用于结构，使之发生质变，实现优与非优的转化。

动力四：突变及其状态变量与控制变量的对立统一。突变是系统的质从一种状态到另一种状态的飞跃，就是说无论是宏观整体的质变还是微观局部的质变，都是系统的质的飞跃，都是系统结构的变化和优与非优的转化。从这个意义上说突变也是一种动力形式。突变具有层次属性，这样突变便可分为两种。

一是微观层次突变。例如艾根的超循环理论就指出，在大分子层次上由于G(鸟嘌呤)U(尿嘧啶)的摆动相互作用，因此复制错误绝不会为零，这就是微观层次上的突变。微观突变有多种发生形式，除复制错误这种自发突变外，有微环境变化而发生的诱发性突变，还有各种化学的物理的因子干扰而发生的干扰性突变等。这些突变均造成局部的结构性改变，造成系统的优与非优的量的变化。而突变的触发点则是随机的，除复制错误这种突变在大分子水平发生外，其他触发点可能会在任一微观层次的任一点上发生。这种微观上的突变就是一种新质，这种新质潜在着发展的能力和接受宏观整体以及未来选择的多种价值。

二是宏观整体突变。这就是突变论所说的在内外信息、内外涨落、内外熵等所形成的非线性相互作用下，系统整体在临界点上出现的对旧结构的否定作用，并以新信息为标志重组的结构。微观突变为宏观突变积累材料，宏观突变改变系统的质，系统的优与非优的转化正在其中实现。然而，突变作为动力机制则是状态参量与控制参量的对立统一。控制参量是外部环境条件，对系统而言可视为一种输入，是一个主动性很强的参量。状态参量是系统内部各变量、各序参量共同作用形成的相对稳定的状态，对系统而言可视为一种输出，是一个比较被动的参量。输出作为输入的函数，突变就是在外部条件即控制参量连续变化时函数发生的一个跃迁，这就是系统状态即输出发生的跃迁。这说明二者不仅表现了输入与输出的对立，又表明二者的互补与统一。也就是说，系统的突变动力是由系统内部的状态参量的连续变化与外部的控制参量的连续变化的对立统一而决定的。而系统的质变之优与非优的转化，正是因控制参量的连续变化与状态参量的连续变化的应答而实现的，从而出现系统的质从一种稳定结构跃变为另一种新的稳定结构。系统之优与非优转化的实现，绝非以上四种作用，而是多动力共同作用的结果。值得强调的是作为转化动力，还少不了非线性。可以说，上述种种动力及其机制都是在复杂条件下即在非线性相互作用下存在的，没有非线性作用就不会有各种具有范畴意义的对立统一机制，也就谈不上动力作用。在这个意义上，我们可以说非线性相互作用是一切动力及其机制的背景条件，在实质上非线性相互作用正是系统结构改变、优与非优转化的背景性根本动力。再一点还需肯定，结构自身也是系统质变、优与非优转化的根本性动力之一，其机制是结构与功能的辩证统一。

第四章

系统非优与不确定性决策

不确定系统的最优化是一个基于优属性和非优属性评价的最大次优问题。无论是基于主观角度还是客观角度，非优属性来自非优范畴，它是相对于优范畴而存在的。也就是说，不属于优范畴的所有属性都属于非优范畴。因此，从问题的存在到问题的变化都对应着一系列非优问题，从而形成一定的非优范畴。本章基于属性分类分析提出了不确定性决策系统的次优方法。研究表明，软优化决策的关键是对不确定问题的非优分析。在不确定问题分析的基础上，建立了优与非优属性的分类方法，提出了决策系统的非优度量以及从非优到优的决策等问题。

第一节　不确定性决策系统

一、次优的基本概念

现实中的决策问题都存在着不确定性，不确定性影响优化问题的主要原因是非优问题。因为不确定性会带来不同的非优属性，这种非优属性不是简单优范畴的对立描述，在对一切事物分析与研究中，它反映了所有影响行为与目标的要素总称。不论是在经济分析还是在管理决策中，决策者的理性选择是在满足确定的条件下(或满足不确定条件下具有确定信度)可以接受的目标和结果。而非理性选择则是对不确定性属性的判断，分析识别出非优属性，在去掉和控制不确定性所带来的非优问题条件下达到可以接受的目标和结果。

定义 4.1 设不确定性决策系统为 $S = \{P(X), U, \overline{U}, [\alpha, \beta]\}$，论域 X 的问题 $P(X)$ 在 $[\alpha, \beta]$（$\alpha \neq 0, \beta \neq 0$）上有合理的选择 $P(X_{[\alpha,\beta]})$，则称 $P(X_{[\alpha,\beta]})$ 为 $P(X)$ 的次优。其中 $U = \{u_1, u_2, \cdots, u_m\}$ 是优属性集，$\overline{U} = \{\overline{u}_1, \overline{u}_2, \cdots, \overline{u}_n\}$ 是非优属性集，$\alpha = \{\alpha_1, \alpha_2, \cdots, \alpha_m\}$ 称为相对应的优度，$\beta = \{\beta_1, \beta_2, \cdots, \beta_n\}$ 为相对应的非优度。

例如，在具有资金 W 万元条件下，如何从 A、B、C 三个项目中选择其一进行投资，达到优化决策。在实际决策中，人们往往要分析在 A、B、C 每个项目投资中，都分别有哪些优势（优属性）并且优势有多大（优度），如果决策者能确定出每个项目投资优属性和优度，就能达到决策优化的目的。通常情况下，分析问题的优和劣（非优）而做出的选择是人们非理性的决策方法，如下定义给出了理性的表达。

定义 4.2 假设 $P(X)$ 具有一个优属性 u 和非优属性 $\overline{u}$，则 $P(X)$ 具有一个次优值 $J(X_{[\alpha,\beta]})$，$J(X_{[\alpha,\beta]}) = \alpha X - \beta X = (\alpha - \beta)X$，（$\alpha \neq 0, \beta \neq 0$），则有：

(1)若 $\alpha > \beta$，称 $P(X_{[\alpha,\beta]})$ 优倾向（优度大于非优度）；

(2)若 $\alpha = \beta$，称 $P(X_{[\alpha,\beta]})$ 不确定倾向（优度 = 非优度）；

(3)若 $\alpha < \beta$，称 $P(X_{[\alpha,\beta]})$ 非优倾向（优度小于非优度）。

一般性地对 $P(X)$，如果 $U = \{u_1, \cdots, u_m\}$，$\overline{U} = \{\overline{u}_1, \cdots, \overline{u}_n\}$，$\alpha = \{\alpha_1, \cdots, \alpha_m\}$，$\beta = \{\beta_1, \cdots, \beta_n\}$，则有：

$$J(X_{[\alpha,\beta]}) = \frac{1}{m}\sum_{i=1}^{m}\alpha_i X - \frac{1}{n}\sum_{j=1}^{n}\beta_j X \tag{4-1}$$

例如，在前面所提出的 A、B、C 三个项目投资决策中，A 表示投资餐饮业，B 表示投资新产品生产，C 表示成立贸易公司，若资金 W = 100 万元，则

(1)对于A项目：$U_A = \{u_1, u_2\}$，$V_A = \{v_1, v_2\}$，$\alpha_A = \{0.8, 0.6\}$，$\beta_A = \{0.6, 0.5\}$。

其中：u_1 =有从事过餐饮行业的经验；u_2 =具有价格便宜可使用的场地。v_1 =经营场地偏僻，v_2 =规模限制了消费群体。

(2)对于B项目：$U_B = \{u_1, u_2, u_3\}$，$V_B = \{v_1, v_2\}$，$\alpha_B = \{0.6, 0.5, 0.4\}$，$\beta_B = \{0.8, 0.4\}$。

其中：u_1 =产品技术先进；u_2 =具有生产与管理团队；u_3 =规模小有充足的流动资金。v_1 =缺少产品销售经验；v_2 =付款滞后。

(3)对于C项目：$U_C = \{u_1, u_2, u_3\}$，$V_C = \{v_1, v_2, v_3\}$，$\alpha_C = \{0.6, 0.6, 0.5\}$，$\beta_C = \{0.6, 0.5, 0.6\}$。

其中：u_1 =有供货渠道；u_2 =有销售人员；u_3 =有销售社会基础。v_1 =销售利润低；v_2 =市场营销投入大；v_3 =新客户开发困难。因此有：

$$J(W_{A[\alpha,\beta]}) = \frac{1}{2}\sum_{i=1}^{2}\alpha_{Ai}W_A - \frac{1}{2}\sum_{j=1}^{2}\beta_{Aj}W_A$$

$$= \frac{1}{2}(0.8 \times 100 + 0.6 \times 100) - \frac{1}{2}(0.6 \times 100 + 0.5 \times 100)$$

$$= 15$$

$$J(W_{B[\alpha,\beta]}) = \frac{1}{3}\sum_{i=1}^{3}\alpha_{Bi}W_B - \frac{1}{2}\sum_{j=1}^{2}\beta_{Bj}W_B$$

$$= \frac{1}{3}(0.6 \times 100 + 0.5 \times 100 + 0.4 \times 100)$$

$$- \frac{1}{2}(0.8 \times 100 + 0.4 \times 100) = -10$$

$$J(W_{C[\alpha,\beta]}) = \frac{1}{3}\sum_{i=1}^{3}\alpha_{Cj}W_C - \frac{1}{3}\sum_{j=1}^{3}\beta_{Cj}W_C$$

$$= \frac{1}{3}(0.6 \times 100 + 0.6 \times 100 + 0.5 \times 100)$$

$$- \frac{1}{3}(0.6 \times 100 + 0.5 \times 100 + 0.6 \times 100) = 0$$

$J(W_{A[\alpha,\beta]}) = 15$，表明100万投资A项目仅有15的份额，选择的可能性

为 15%；$J(W_{C[\alpha,\beta]})=0$，表明选择处于边界上；$J(W_{B[\alpha,\beta]})=-10$，表明对 B 项目的投资是非优的。

运用次优的概念直接得到决策的结果并不是一个完备的方法，实际上，关键的问题是如何判定优度 α 和非优度 β 以及它们的关系问题。

二、次优值与优化区间

在现实事物中，人们的认识与决策都确定在一个参照标准下，往往不同的问题、不同的人的参照标准是不同的。次优理论的标准是确定一个上限和一个下限，只要在上下限范围内，都是可以被接受的，这实际上是用优化区间代替了优化点，如何确定这个优化区间是研究者所关注的问题。同时，不属于优化区间范围内的目标和结果可称为非优的。在现实问题中，人们不可能将系统的行为都控制在优化区间内，由于主观认识的差别，优化区间是不同的。而确定优化区间是决策者在分析自身和环境优劣（非优）过程中实现的。经验理论研究表明，认识了非优也就能有效地确定优，也就是说，非优区间的识别是优区间建立的基础，而系统对优区间的选择能力，也是由系统对非优区间的控制水平所决定的。所以，从这一角度可以认为系统非优识别决定了优化的实现。

定义 4.3 若问题 $P(X)$ 的次优值为 $J(X_{[\alpha,\beta]})$（$\alpha\neq 0,\beta\neq 0$），由所有的次优值可以构成一个区间 $[a,b]$，当且仅当：

$$a=J(X_{[\min\alpha,\max\beta]}),b=J(X_{[\max\alpha,\min\beta]})$$

时，基于区间 $[a,b]$ 的称为软优化。

定义 4.3 给出了通过次优值确定优化区间的方法，其中 $a=J(X_{[\min\alpha,\max\beta]})$ 表明，下限 a 是由最小优度和最大非优度得出的次优值决定的，$b=J(X_{[\max\alpha,\min\beta]})$ 表明，上限 b 是由最大优度和最小非优度得出的次优值决定的。定义 4.3 同时也给出了在论域 X 上问题 $P(X)$ 存在软优化的充要条件是 $P(X)$ 具有最大的次优值 $J(X_{[\max\alpha,\min\beta]})$。

例如，在问题 $P(X)$ 的选择中存在优度 $\alpha=\{\alpha_1,\alpha_2,\alpha_3\}=\{0.8, 0.6,$

0.5}和非优度 $\beta = \{\beta_1, \beta_2\} = \{0.6, 0.5\}$，并且：

$$\alpha \times \beta = \{(\alpha_1,\beta_1),(\alpha_1,\beta_2),(\alpha_2,\beta_1),(\alpha_2,\beta_2),(\alpha_3,\beta_1),(\alpha_3,\beta_2)\}$$

则有：

$$J(X_{[\alpha_1,\beta_1]}) = \alpha_1 X - \beta_1 X = (\alpha_1 - \beta_1)X = 0.8 - 0.6 = 0.2X$$

$$J(X_{[\alpha_1,\beta_2]}) = \alpha_1 X - \beta_2 X = (\alpha_1 - \beta_2)X = 0.8 - 0.5 = 0.3X$$

$$J(X_{[\alpha_2,\beta_1]}) = \alpha_2 X - \beta_1 X = (\alpha_2 - \beta_1)X = 0.6 - 0.6 = 0X$$

$$J(X_{[\alpha_2,\beta_2]}) = \alpha_2 X - \beta_2 X = (\alpha_2 - \beta_2)X = 0.6 - 0.5 = 0.1X$$

$$J(X_{[\alpha_3,\beta_1]}) = \alpha_3 X - \beta_1 X = (\alpha_3 - \beta_1)X = 0.5 - 0.6 = -0.1X$$

$$J(X_{[\alpha_3,\beta_{21}]}) = \alpha_3 X - \beta_2 X = (\alpha_3 - \beta_2)X = 0.5 - 0.5 = 0X$$

故 $P(X)$ 的次优度区间为[−0.1，0，0.1，0.2，0.3]，问题 $P(X)$ 的优化区间为[−0.1，0，0.1，0.2，0.3] X。

三、属性分析

在现实生活中，人们经过大量的经验积累对实际问题在不同程度上能有效地判断和控制优劣，也就是，根据不同的决策条件和环境知道如何去发挥优势，更知道怎样去克服劣势(非优)。实际上，每一个经济行为都可以看作是一种基于优劣博弈的活动。在决策中，不同的人对于不同的决策问题具有不同的优劣属性，也就是说，人们对优劣属性的认识具有较大的差异。传统的优化理论是用数学模型来统一表达优属性的标准，尽管理论研究已经比较深入并得到较大的应用，但还是不能完全解决大量的现实决策问题，因为现实中的优属性是不确定的，并且存在着非优属性(劣属性)，非理性的决策过程是基于优劣大小的比较。

对问题 $P(X)$ 软优化的关键是确定满足实际的优属性，得到优度，基于现实中的决策分析过程，首先确定问题 $P(X)$ 可能存在的非优属性，求出非优度；其次，根据非优度确定问题 $P(X)$ 的优度，然后可以确定不同优度下的优属性，这样就可以得到一定优属性的次优决策。

定义 4.4 设 $f^*(X)$ 是确定性条件的目标函数，$f(X)$ 是基于非优属性

$\overline{U}=\{\overline{u}_1,\cdots,\overline{u}_n\}$ 影响下的目标函数，则存在着先验非优度 β，并且 $\beta=\frac{f^*(X)-f(X)}{f^*(X)}$。

当非优属性 $\overline{U}=\overline{u}(n=1)$ 时，通过定义4.4可方便地求出问题 $P(X)$ 的非优度，但是，当 $n>1$ 时，表明同时具有多个非优属性，则定义4.4可表示为：

$$\beta=(a_1\frac{f^*(X)-f(X)}{f^*(X)},a_2\frac{f^*(X)-f(X)}{f^*(X)},\cdots,a_n\frac{f^*(X)-f(X)}{f^*(X)})$$

$$=(\beta_1,\beta_2,\cdots,\beta_n) \qquad (4-2)$$

其中 $a=(a_1,a_2,\cdots,a_n)$ 表示每一非优属性对 $P(X)$ 的影响程度。如果具有数据特征可通过统计方法得到，反之可通过测量因果关系的相对程度得到。

定义 4.5 设问题 $P(X)$ 在确定性条件的优属性集为 $U=(u_1,u_2,\cdots,u_n)$，优度为 $\alpha^*=(\alpha_1^*,\alpha_2^*,\cdots,\alpha_n^*)$，则不确定性条件下的优度 $\alpha=\alpha^*-\beta$，并且由 α 确定的优属性可得到 $P(X)$ 的一个次优。

四、属性划分

在属性分析中，非优属性与优属性的个数不一定相等，当 $m=n$ 时表明优属性与非优属性是共存的。在属性研究中，通过事物特征的识别可划分优属性和非优属性，不同的感知能力具有不同的属性划分标准。对属性划分和确定的可靠性决定了决策水平，在实际分析中可根据问题的特点对属性进行划分。

(1)如果问题 $P(X)$ 具有统计特征，可采用概率的方法对优属性和非优属性进行划分，这种划分的特点强调了问题特征具有数据分析的意义，数据可以表达优属性和非优属性。

(2)如果问题 $P(X)$ 的特征具有模糊属性，可采用模糊属性划分的方法确定 $P(X)$ 的优与非优属性。实际上，优与非优在概念上是模糊的，决策者行为衡量的尺度差异，会造成优与非优在评价方面的不一致性，尽管模糊理论在属性分类方面已经得到了较大的应用，但是还不能完全解决这种不确定性评判问题。

(3)运用人工神经网络理论解决优属性与非优属性的识别是一个很有意义的课题，因为非优分析的过程就是实现从非优到优的学习过程，而人工神经网络具有较强的学习功能，针对优与非优属性，通过网络的输入、输出学习得到优度与非优度。

定义 4.6 如果问题 $P(X)$ 在信度 θ 下的需要特征量值为 $f(C_i)$，实际特征量值为 $S(C_i)$，则 $S(C_i)-f(C_i)=\lambda(C_i)$ 为信度 θ 下特征 C_i 的属性量值，有：

$$P(C_i)=\begin{cases}U(C_i) & S(C_i)-f(C_i)>0\\ J(C_i) & S(C_i)-f(C_i)=0,\\ \overline{U}(C_i) & S(C_i)-f(C_i)<0\end{cases}\quad \theta=\frac{Z_r(C)}{K_x(C)} \tag{4-3}$$

其中，$Z_r(C)$ 表示对问题特征的主观认识程度，$K_x(C)$ 表示对问题特征的客观认识度。$U(C_i)$ 表示问题 P 在需要特征 C_i 上具有优属性；$J(C_i)$ 表示问题 $P(X)$ 在需要特征 C_i 上具有次优属性；$\overline{U}(C_i)$ 表示问题 P 在需要特征 C_i 上具有非优属性。

定义 4.6 给出了在实际问题分析中判断优与非优属性的方法，但是在信度 θ 条件下，问题研究的目标设定标准是 $\lambda(C_i)=0$，如果 $\lambda(C_i)<0$，问题属于非优状态，研究的角度是减小 $\lambda(C_i)$ 值，从而可增加 $S(C_i)$ 的值。如果 $\lambda(C_i)>0$，表明问题 $P(X)$ 在 θ 优状态下，θ 的大小决定了问题 $P(X)$ 优化的标准。实际上 $\lambda(C_i)=0$ 是研究的基本条件，也就是说，现实中的最优化问题应该是基于信度 θ 的次优水平。

以上讨论可以发现，任何问题 $P(X)$ 都存在着一个信度 θ 下的特征量值 $f(C_i)$，它是对研究对象状态的描述，能否体现出真实性和可靠性的原则，关键的问题是对 θ 值的确定。

从次优分析角度探讨不确定决策系统的优化问题是一个较新的研究方法，实际上，不确定性决策的核心问题是寻求不确定性的量度，正因为不确定性的存在，系统优化不可能是最优的而是次优的。同时，在数据的属性分析中，优属性和非优属性的区间分析是一个非常有效的方法，所以，次优属性分析在许多不确定性分析中都有重要的应用。

第二节 基于犹豫集的次优分析

本节从犹豫集的角度建立次优化决策方法，并且讨论它的现实意义和具体的分析求解方法。

一、优化区间

西蒙(1963)指出了传统优化理论的缺陷，提出次优理论(满意度准则)，但他并没有全面分析为什么不确定性、非线性和决策者主观性会给最优化问题带来困难。实际上，人们所面临的不确定性包括事物在概念描述方面的模糊性、事件的随机性、主观认识上的未确知性等。并且这些不确定性特点造成了在最优化研究中参照标准的不确定性。

所谓优化区间的确定实质上是给出了一个尺度分析方法，它来自优化概念本身。因为优是模糊概念，所以优与非优这两个对立的概念之间，不存在绝对分明的界限，具有中介过渡性。同时，优与非优是在一定范围内与某种优与非优的标准模式进行识别的结果。这样，不论是优化问题还是非优问题的求解，都可归结为所确定的相应对象集中，每一个对象对于“优”与“非优”的标准模式的隶属度，其中隶属度的大小反映了优与非优的程度。

二、次优分析的再认识

这里假定决策问题 P 有如下的分类：

(1)如果 P 具有确定的数量特征，可以通过确定的数学模型表达并能够得到决策的结果，则称 P 属于优范畴。

例如，函数优化问题通常可描述为：令 U 为 R^n 上的有界子集（即变量的定义域），f：$U \to R$ 为 n 维实值函数，所谓最优化是指函数 f 在 U 域上全局最大化（或最小化），也就是寻求点 $D_{max} \in U(D_{min} \in U)$ 使得 $f(D_{max})$（或 $f(D_{min})$）在 U 域上全局最大（或最小），即 $\forall D \in U: f(D_{max}) \geqslant f(D)$（或 $f(D_{max}) \leqslant f(D)$）。这种函数优化问题就是假定 P 在优范畴内。

（2）如果 P 不具有确定的数量特征，但可以通过不确定分析方法得到决策的近似结果，则称 P 属于次优范畴。

实际上，现实中的大部分决策问题都无法建立确定的数学模型，但是可以通过各种不确定性分析方法建立决策问题的近似模型，如模糊决策、随机决策、未确知决策等，但是这些方法都是从各自的角度分析不确定性问题，并没有从根本上解决不确定性条件下的决策优化问题。

（3）如果 P 不具有确定的数量特征，也无法得到决策的近似结果，则称 P 属于非优范畴。

这类非优范畴是一切问题的起点，人们通过对非优范畴内时间和空间特征的积累，逐渐可以找到表达某些不确定性问题的方法。

在现实问题中，如何确定问题 P 非优与优的边界，是决策分析的核心，也是系统非优分析研究的出发点。"非优分析"的意义在于确定它们的边界，是系统转化的基点，称它为次优。系统状态与行为在大部分条件下处于次优。而所谓优与非优不是独立存在的，任何事物都同时具有不同程度的优与非优，当优程度大于非优程度时，系统具有优属性，当优程度小于非优程度时，系统具有非优属性。如果我们研究的问题是对优与非优的抉择，那么，这种研究方法可称为次优分析。

三、次优的特征空间

定义 4.7　在论域 U 中具有"优"特征空间 $Y=\{P, X/y, L(X/y)\}$ 和"非优"特征空间 $FY=\{P, X/fy, L(X/fy)\}$，其中 P 表示 U 中的具体问题，X/y 和 X/fy 分别表示 P 的"优"与"非优"特征的性质，而 $L(X/y)$ 和 $L(X/fy)$ 则分

别表示他们的量值。

定义 4.8 设 M 和 T 分别是问题 P 的目标域和条件域，若 P 存在着“优”特征空间 Y 和“非优”特征空间 FY，则由 Y 和 FY 可构成次优特征空间。

在现实问题的研究中，存在着起始优化、过程优化和目标优化的三个优化范畴，无论哪方面都对应着“非优特征”空间。对系统非优与优的边界分析可以发现，通过边界分析能够确定系统的次优，这里所表达的次优反映了不同程度“优”和“非优”的共存状态。

传统优化理论研究自由边界和固定边界条件下的优化问题，实际上反映了主客观约束。无论是什么样的主客观约束，在非优条件下的优化则称次优化。它反映了系统实际的运行状态，同时，次优是一种过渡优。在实际分析中，在目标或结果的优区间确定的条件下，寻找对应的非优区间是前提，从而由非优和优区间确定了次优区间，决策结果落在次优区间的位置可称次优度，也就是满意度。

例如，在对系统 S 的“非优分析”中，首先要建立次优区间，基于次优区间，可以定量地描述 S 中任一元素 u 属于优和非优的程度，如果优的程度大于非优的程度，表明系统 S 具有优条件，如果非优的程度大于优的程度，表明系统 S 不具有优条件。实际上，具有优条件的系统可实现优化，但是，它必须满足系统非优可控性的条件。另外，不具有优条件的系统，如果具有创造优的条件，可确认为条件优，因此，可以通过“非优分析”来解决这些问题。如下给出次优分析的有关概念和形式化描述方法：

定义 4.9 如果问题 P 具有行动解决方案 M，那么 P 和 M 结合中存在着非优 No 与优 O 的对立和与统一积，即 P：$P(No♀O \mid \theta)$ 和 M：$M(No※O \mid \theta)$，其中对立和 $No♀O$ 表明两种属性的相对增加和减少，统一积 $No※O$ 表明基于非优条件下的行动优化，θ 代表问题 P 的未确知程度。

定义 4.9 指出两个重要的思考方法，首先，对立和反映了问题 P 中属性增减的两重性，在具体分析中，非优与优都是在识别和选择中确定的。将非优属性加入优状态中时，优的特征与量值必然改变，所以存在着如下两种类型：

优增：$P(No♀O \mid \theta) \to P\{(No\downarrow \cap O\uparrow) \mid \theta\}$；

优减：$P(No♀O \mid \theta) \to P\{(No\uparrow \cap O\downarrow) \mid \theta\}$.

如果研究的问题 P 是在优增和优减的相互作用中达到次优，则有：

$$\prod_{i=1}^{n} \mathrm{M}_i(No※O \mid \theta)$$

$$= \sum_{i=1}^{n} \{\mathrm{P}_i[(No\downarrow \cap O\uparrow) \mid \theta] \cap P_i[(No\uparrow \cap O\downarrow) \mid \theta]\} \qquad (4-4)$$

问题的"优增"特征表明，通过非优属性的引入和分析，能够认识和控制非优，从而提高研究问题的次优标准和量值。相反，如果非优属性的识别和分析不能对非优有确定的认识和控制，那么研究问题的次优标准和量值必定降低。优增和优减要通过事物状态的过程统计分析，这种特殊的统计分析也是"非优分析"的基本方法。

定义 4.10　设 $C=\{C_1 \mid \theta_1, C_2 \mid \theta_2, \cdots, C_{\mathrm{n}} \mid \theta_{\mathrm{n}}\}$ 是问题 P 在未确知度 $\theta=\{\theta_1, \theta_2, \cdots, \theta_{\mathrm{n}}\}$ 情况下的特征集，

$$\forall C_i \mid \theta_i \to f(C_i), \exists \lambda \in (-n,n), 使得 \lambda = \frac{Z_r(C)}{K_x(C)}.$$

其中 $f(C_i)$ 是在认识规格 λ 下的需要特征量值，$\lambda = \dfrac{Z_r(C)}{K_x(C)}$ 为实际规格，$Z_r(C)$ 表示对问题特征的主观认识程度，$K_x(C)$ 表示对问题特征的总体认识度（包括一般情况下认识、客观的认识、相同问题以往的认识）。

定义 4.11　如果问题 P 在规格 λ 下的实际特征量值为 $S(C_i)$，则 $S(C_i)-f(C_i)=N_O(C_i)$ 为规格 λ 下的特征 C_i 非优属性量值，有

$$P(C_i) = \begin{cases} O(C_i) & S(C_i)-f(C_i)>0 \\ SO(C_i) & S(C_i)-f(C_i)=0 \\ N_O(C_i) & S(C_i)-f(C_i)<0 \end{cases} \qquad (4-5)$$

其中，$O(C_i)$ 表示问题 P 在需要特征 C_i 上具有优属性；$SO(C_i)$ 表示问题 P 在需要特征 C_i 上具有次优属性；$N_O(C_i)$ 表示问题 P 在需要特征 C_i 上具有非

优属性。

定义4.11给出了在实际问题分析中判断优与非优属性的方法，但是在规格 λ 条件下，问题研究的目标设定标准是 $N_O(C_i)=0$，如果 $N_O(C_i)<0$，问题属于非优状态，研究的角度是减小 $N_O(C_i)$ 值，也就是增加 $S(C_i)$ 的值。如果 $N_O(C_i)>0$，表明问题 P 在 λ 优状态，λ 的规格程度决定了问题 P 最优化的标准。实际上 $N_O(C_i)=0$ 是研究的基本条件，也就是说，现实中的最优化问题应该是基于规格 λ 的次优。

四、次优分析的基本方法

(一)犹豫集

以上讨论可以发现，任何问题 P 都存在着一个规格 λ 下的特征量值 $f(C_i)$，它是对研究对象状态的描述，能否体现出真实性和可靠性的原则，关键的问题是对 λ 值的确定。如下给出 λ 规格值的确定方法：

未确知性是人类对事物在认识上的本质属性，它被划分为主观未确知性和客观未确知性。主观未确知性体现了人类的感知能力，如果事物特征属性的未确知性在头脑中交替重复出现，则称为事物的犹豫程度(简称犹豫度)，它是从未确知到确知，然后从确知到未确知的认识过程。则有：

定义4.12 设 $C=\{c_1,c_2,\cdots,c_n\}$ 是问题 P 的需要特征域，存在着一个对 P 的感知认识集 M，使得任意 $c_i\in C(i=1,2,\cdots,n)$ 存在着决定 $P(c_i)$ 未确知量度 θ_i，使得 $\theta_i P(c_i)\in M:\rightarrow[0,1]$，则称 M 为犹豫集。

对于问题 P 中的需要特征 $c_i\in C(i=1,2,\cdots,n)$，如何求出它的未确知量度 θ_i，可根据犹豫集定义，则有如下定义4.13：

定义4.13 假设 $P(f(\lambda c_i))$ 是在认识规格 λ 下的需要特征量值的概率，$P(S(\lambda c_i))$ 在规格 λ 下的实际特征量值的概率，当经过有限的犹豫过程后可以得到一个未确知性的程度 $\theta_i(i=1,2,\cdots,n)$，则有：

$$\theta_i=\lim_{i\to\infty}\frac{P(s(\lambda c_i))}{P(f(\lambda c_i))}$$

$$\lambda = \frac{Z_r(C)}{K_x(C)} \tag{4-6}$$

在对问题的未确知性分析中，首先要建立问题的犹豫集，通过犹豫集得到未确知性的大小。实际上，未确知性具有一定的分布，它可通过有限次犹豫过程的统计规律得到 $\theta_1, \theta_2, \cdots, \theta_n$ 。

(二)基于关联度的次优区间

在任意系统 S 中，存在着由条件(C_i)与目标(O_i)所构成的决策问题 P_i，则 $D\{P:(C, O)\}$ 为决策空间。如果问题 P 在所识别的优和非优范畴内具有一个程度的划分，并且能够降低非优度而提高优度，那么，该系统 S 为次优系统。

定义 4.14　对系统 S 中问题 P 来说，当具有优化选择区间 $O_{ab} = < a_o, b_o >$ 时，必然对应着非优影响区间 $N_{ab} = < a_n, b_n >$，若 $\forall o \in < a_o, b_o >$，$\forall n \in < a_n, b_n >$，则 $S_{ab} = O_{ab} \cap N_{ab}$ 为次优区间。

根据前面的讨论可知，所谓系统优与非优的共存性是由他们的关联性决定的，因此，可采用可拓学中的关联函数来研究系统的次优问题。

定义 4.15　设 s_0 为实轴上的任一点，$S_0 = <a, b>$ 为系统 S 在实域上所表示的任一次优区间，在规格 λ 的条件下，称

$$\rho(s_0, S|\lambda) = \left|s_0 - \frac{a+b}{2}\right| - \frac{b-a}{2} \tag{4-7}$$

为点 s_0 与次优区间 $S_0|\lambda_0$ 之距。其中 $<a, b>$ 既可为开区间，也可为闭区间，也可为半开半闭区间。点与次优区间之距 $\rho(s_0, S_0|\lambda_0)$ 与经典数学中"点与区间之距离" $d(s_0, S_0)$ 的关系是：

①当 $s_0 \notin S_0$ 或 $s_0 = a, b$ 时，$\rho(s_0, S_0|\lambda_0) = d(s_0, S_0) \geq 0$ ；

②当 $s_0 \in S_0$ 且 $s_0 \neq a, b$ 时，$\rho(s_0, S_0|\lambda_0) < 0$, $d(s_0, S_0) = 0$

距的概念的引入，可以把点与次优区间的位置关系用定量的形式精确刻画。当点在区间内时，经典数学中认为点与区间的距离都为0，而在次优分析中，也可以利用距的概念，根据不同的距值描述出点在次优区间内的不同

位置。距的概念对点与区间的位置关系的描述，使人们从“类内即为同”发展到类内也有程度区别的定量描述。

在系统次优分析中，除了需要考虑代表目标或结果的点与次优区间(或非优区间和优区间)的位置关系外，还经常要考虑这些非优区间与优区间及一个点与两个区间的位置关系。因此，我们有：

定义 4.16 设 $N_0 = \langle a,b \rangle, O = \langle c,d \rangle$，且 $N_0 \subset O$，则点 x 关于区间 N_0 和 O 组成的区间套的位值规定为：

$$D(x,N_0,O) = \begin{cases} \rho(x,O) - \rho(x,N_0) & x \notin N_0 \\ -1 & x \in N_0 \end{cases} \tag{4-8}$$

$D(x,N_0,O)$ 就描述了点 x 与 N_0 和 O 组成的区间套的位置关系。在距值分析的基础上，建立了次优度的表示方法：

$$J(u) = \frac{\rho(x,N_0)}{D(x,N_0,O)}\lambda \tag{4-9}$$

(其中 $N_0 \subset O$，且无公共端点)，用于计算点和区间套的次优程度。次优度的值域是$(-\infty, +\infty)$，我们用上述式子表述次优分析的次优度，就把非优识别从定性描述拓展到定量描述。

在次优度分析中，$J(x) \geqslant 0$ 表示 x 属于优的程度，$k(x) \leqslant 0$ 表示 x 属于非优的程度，$k(x) = 0$ 表示 x 属于系统边界。因此，次优度可作为定量化描述由非优到优的转化工具。这样就形成了一种思想方法，即次优原则。所谓次优原则就是在决策分析中，任何目标和行为都具有不同程度上的优和非优属性，在含有非优状态下的优属性称为次优，它介于优与非优的相对程度中。

次优分析是从“非优分析”的角度研究系统优化问题，它为最优决策提供了较新的思想方法，研究表明，不确定性决策的核心问题是寻求不确定性的量度，正因为不确定性的存在，系统优化不可能是最优的而是次优的。感知不确定性问题的决策存在着犹豫性，所以，犹豫集是解决这类不确定次优问题的有效方法，如果在实际决策中具有控制犹豫和判断犹豫的能力，就会提高决策的可靠性。

第三节　基于直觉模糊集的优劣分析

本节针对人脑对信任范畴的直觉特征，采用经验映射与直觉反演原则提出了一种基于直觉可信分析的犹豫性度量方法，并且建立了犹豫度的概念。研究表明：建立人类直觉信息系统，是分析直觉模糊集的有效工具，犹豫度是对一个直觉行为可信的度量，模糊感知角度能够度量犹豫的形成和变化过程，同时，最小模糊度模型为不确定性条件下行为选择的合理性提供了有效的犹豫控制方法。为不确定决策理论引入了新的分析方法，完善了直觉模糊集的内容，不仅提供了一个决策过程的控制策略，还为交互直觉学习系统建立了新的智能分析方法。

一、优劣划分

在现实生活中，人们经过大量的经验积累，在不同程度上能有效地判断和控制优劣(利弊)。也就是说，可以根据不同的决策条件去发挥优势和克服劣势(非优)。例如，在经济分析中，每一个经济行为都可以看作是一种基于优劣博弈的活动，不同的人对于不同的决策问题会做出不同的优劣属性判断，也就是说，人们对优劣属性的认识具有较大的差异。实际上，任何事物在具有优的特征的同时必然会具有非优的特征，一般来说，对象的特征属性不是优的那么就一定是劣(非优)的，从一个角度认为是优的，而从另一角度则可能是非优的。人们在行为选择过程中基本上都在遵循着一个基本原则，即，满意的优特征和可接受的非优特征。因此对优劣的判别是一个不确定性选择问题，这种选择是建立在优与非优划分的基础上的。

定义 4.17　对象在目标 P 上存在着优属性 u，具有“优度” $\mu(u)$，同时存在劣(非优)属性 $\bar{u}$，具有“劣度” $\mu(\bar{u})$，并且，$\mu(u):u \to [0,1]$，$\mu(\bar{u})$:

$\bar{u} \to [0,1]$，那么，对象在 P 上有：

(1)若 $\mu(\bar{u}) = 0$，P 属于优范畴；(2)若 $\mu(u) + \mu(\bar{u}) = 1$，$P$ 部分属于优范畴又部分属于非优范畴，称次优范畴；(3)若 $\mu(u) = 0$，P 属于非优范畴。

定义4.17给出了对象在 P 上是优范畴还是在非优范畴的判别方法。实际上，我们讨论的许多问题都具有不同程度的优属性和非优属性，因此使得所研究的范围处于次优范畴(介于优与非优之间)。并且，不同的研究问题优属性和非优属性的性质也会不同。一些事物要实现优化，关键的问题是在一定的优化信念前提下，该事物是否具备优的主客观本质属性、主客观条件属性和主客观环境属性。如果达不到，则说明该事物具有非优属性，制约着实现优化，从而决定了该事物处于非优范畴，但一般情况下并不影响事物的运行和发展。

在次优范畴中，任何对象在目标 P 上的优化在于对优属性 u、非优属性 $\bar{u}$ 的选择和学习，如果能确定其“优度” $\mu(u)$ 和“非优度” $\mu(\bar{u})$，我们就能决定对象是否具有优化的态势。

定义4.18 设对象在目标 P 上的优属性为 u，具有优度为 $\mu(u)$，非优属性 $\bar{u}$，具有非优度为 $\mu(\bar{u})$，并且，对象的优劣态势可用 $\omega = \mu(u) - \mu(\bar{u})$ 来刻画，则有：(1)若 $\omega = \mu(u) - \mu(\bar{u}) > 0$，$P$ 具有 ω 优势；(2)若 $\omega = \mu(u) - \mu(\bar{u}) < 0$，$P$ 具有 ω 劣势；(3)若 $\omega = \mu(u) - \mu(\bar{u}) = 0$，$P$ 具有不相容势。

定义4.18的实际意义非常明显，在许多的领域研究与分析中，优势与劣势分析是决策者普遍采用的思想方法，只不过缺少一种有效的度量来发现和确定优劣属性的大小。例如，博弈过程中优劣态势分析是一个很有意义的研究课题。博弈论的研究是基于效用分析，不论是均衡还是非均衡、合作与非合作，博弈过程中的属性优劣态势分析是一个值得研究和探讨的问题。

二、决策中的犹豫状态

在现实的信息处理与决策中，对所面临的目标、对象、事件或行为等往往处于一种无法选择的困境。一般来说，“拿不定主意”是一种无法选择行为，表明决策处于一种犹豫状态。实际上，在许多行为选择问题中人们都是经过犹豫过程来实现决策的。“不要犹豫，要果断!”是一种习惯性的说法，但是盲目的果断将会加大风险，而有效的犹豫过程能够充分体现人的智能行为。因此，如何表达犹豫状态、分析犹豫特征以及控制犹豫过程乃是不确定决策问题研究中一个有意义的课题。

在有限信息条件下，对目标、对象、事件、属性和行为等存在着无形的不确定性选择，这种无形的不确定性选择(简称无形选择)特性称为犹豫性。这里的无形是一个与有形相对立的广义概念，如果从传统问题研究的角度，有形意味着可度量、可表达以及具有标准和规则的事物。例如，概率理论研究的特点是基于已知随机变量概率的前提下，随机不确定性的探讨；模糊理论是对具有不同隶属度的模糊不确定信息和行为的研究。令人遗憾的是，在许多情况下我们无法得到随机事物的概率，并且，对模糊性的隶属函数至今也没有找到有效的、标准的方法。因此，概率方法和模糊方法仅仅可称为半有形不确定研究方法。

三、基于感知空间的犹豫特征

感知角度如此的平凡而难以下一个确切的定义，其含义表现在对象特征的选择，如温度、尺寸等，它是研究对象的着眼点。同时我们假定，当指明研究对象的一个感知角度时，也就相应地给出了感知域。因此在感知域中任意对象与其感知角度集是一一对应的。

(1)犹豫的判定需要指定感知角度，相同对象在不同的感知角度下会有不同的犹豫特征；

(2)需要一组最基本的简单对象，他们的犹豫判定和犹豫度是预先给定的，称为判据空间；

(3)任意两个对象的犹豫判定和犹豫度由一组施加在样本空间上的规则来计算。

定义 4.19 设 x 为 H 中的任意一个犹豫对象，其被研究的所有感知角度集合记为 $G(x)$，并且具有两个特殊的犹豫对象 $G(\perp) = \varnothing$ 和 $G(T) = \bigcup_{x \in H} G(x)$，其中：⊥"无定义"，T"不相容"。

定义 4.20 设优感知集为 $G(u)$，非优感知集为 $G(\bar{u})$，存在着感知角度集合 $G(h) = G(<u,\bar{u}>)$，$<u,\bar{u}> \in U \times \bar{U}$（$U$ 是优属性集合，$\bar{U}$ 是非优属性集合），满足：$G(h) = G(<u,\bar{u}>) = G(u) \cap G(\bar{u})$。

定义 4.21 $G(h)$ 的集的扩张集 $G^*(h)$ 具有如下递归定义：(1) $G(h) \subseteq G^*(h)$；(2)若 $x,y \in G(h)$，则 $x \wedge y \in G^*(h)$；(3)若 $x \in G(h)$，则 $\sim x \in G^*(h)$；(4)其他的任何均不属于 $G^*(h)$.

定理 4.1 在 $G^*(h)$ 上定义运算"$\leq$"如下：$\forall x,y \in G^*(h)(x \leq y) \Leftrightarrow y \rightarrow x$，则 $(G^*(h), \leq)$ 是偏序结构。

证明 令 $E = \bigwedge_{x \in G^*} x, e = \bigvee_{x \in G^*} x$，则

(1) $x \rightarrow e \Rightarrow e \leq x$（最小元）；

(2) $E \rightarrow x \Rightarrow x \leq E$（最大元）；

(3) $\forall x,y \in G^*(h)(x \leq y \wedge y \leq z \Rightarrow y \rightarrow x \wedge z \rightarrow y \Rightarrow x \leq z)$（传递性满足）；

(4)自反性显然。

证毕

任意一个对象的目标犹豫判定问题都是一个不确定性问题（随机的、模糊的和未确知的），一般不能用简单的"肯定"或"否定"来回答。同时它的判定还与"感知角度"有关，对一个行为目标的犹豫程度在不同的"感知角度"下可能是不同的。为了精确地表示，可以采用犹豫集以及犹豫度来描述。

定义 4.22 设 g 为感知角度，犹豫度 h_g 为 $h_g: U \times \bar{U} \rightarrow [0,1]$ 表示任意一个对象在某种感知角度下对目标的犹豫程度。

由定义 4.22 可知，它的确定带有较浓重的主观色彩，特别难以在大规模的空间中确定。较好的做法是采用模糊数学中的某些方法，如模糊统计试验法、二元对比排序法等确定一个小规模空间的犹豫度函数，这个小规模空间

称为判据空间，然后采用一组规则来计算任意空间的犹豫度函数。

四、基于直觉模糊集的犹豫度

从决策行为的角度，犹豫性是指在对象的利弊(优与非优)属性比较中某种行为和目标选择的倾向程度。通过对利弊的比较，选择无倾向，表明犹豫性最大，犹豫性变小的过程就是倾向性变大的过程。犹豫性完全可以由犹豫集来表示。

定义 4.23　若论域 X 上对象存在着优属性集合 $U = \{u_1,\cdots,u_n\}$ 和非优属性集合 $\overline{U} = \{\overline{u}_1,\cdots,\overline{u}\}$，则必然存在着一个犹豫集合 H，并且，$H \subseteq U \times \overline{U} = \{(u,\overline{u}) \mid u \in U \wedge \overline{u} \in \overline{U}\}$。

定义 4.24　设 H 是一个犹豫集合，存在着感知角度 g，若满足 $H = \{h_g(r) \mid r \in R(u,\overline{u})\}$，其中 $R(u,\overline{u})$ 为优与非优的关系，$h_g(r)$ 为 g 条件下的犹豫度，满足：$h_g(r) \to [0,1]$。

$h_g(r)$ 表示任意一个对象在某种感知角度下对目标的犹豫程度。在感知角度确定的条件下，不失一般性，$h_g(r)$ 可用 $h(r)$ 表示。如图 4－1 给出了犹豫性的几何表示。

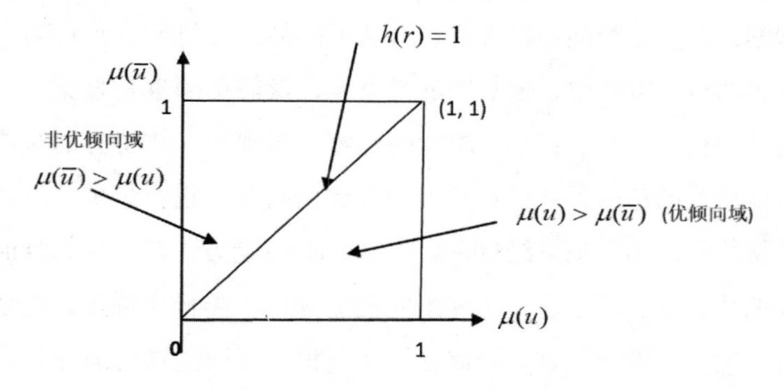

图 4－1　犹豫图

由于对象具有不同的优属性与非优属性关系，那么，它一定具有不同犹豫特征的目标选择 $P = \{P_1,\cdots,P_L\}$，即

$$P/H = P_1/h_1(r) + P_2/h_2(r) + \cdots + P_L/h_L(r),$$

或者表示成犹豫集合的形式为 $H = \{h_1(r), h_2(r), \cdots, h_L(r)\}$ 。

自从扎德(A. Zadeh)创立模糊集以来，模糊集作为智能研究的一个重要数学手段，特别是在智能控制领域中的成功应用已经得到了普遍重视。实际上，模糊来自人的认知行为，人类特有的智能就是基于模糊的直觉能力。也就是说，直觉是模糊的，并且直觉方法又是判断模糊性最有效的方法。尽管模糊集在数学的研究方面较为深入，但是，如何确定隶属函数仍是一个没有解决的问题，许多研究者对直觉模糊集进行了深入研究，使模糊集的意义更接近于实际。即一个直觉模糊集 $A = \{ < x, \mu(x), v(x) > | x \in X\}$ ，其中 $v(x)$ 、$\mu(x)$ 分别表示隶属度和非隶属度，并且定义了 $I = 1 - \mu(x) - v(x)$ $(0 \leq \mu(x) + v(x) \leq 1)$ 为直觉指数，又称犹豫度。这似乎说明模糊度与非模糊度决定了直觉特征，或者说，事物的模糊度与非模糊度形成了犹豫状态，人类的行为特征并非如此简单。虽然许多研究者对直觉模糊集进行了研究，但是，确定直觉模糊度是一个关键，也就是说，我们还没有找到对直觉理性描述的方法。

实际上，人类直觉研究已经经历了复杂和长期的过程。心理学、神经科学、管理学以及人工智能学科等都各自从不同的角度研究直觉行为，西蒙认为：在人类的行为方式中，最复杂的是直觉，最简单的也是直觉。直觉过程是人脑高速分析、反馈、判别、决断的过程，体现了人类特有的智能。从目前人工智能研究的角度，通过直觉感知对象的行为，进行想象、类比、联想或顿悟的智能称之为形象思维(think ingeminates)能力。对形象思维的智能化目前研究的比较少，正是这种研究角度更加符合人类行为特点，也是最为困难的地方。因此，能否从直觉模糊集的研究角度开辟这条研究途径，是一个极为有意义的课题。

一个直觉特征上的犹豫状态是基于人们对事物的可信度与不可信度决定的。因此，我们可以通过以下的方法来表达犹豫状态。

定义 4.25 设 O 是论域 X 上的选择对象，若 $\forall x \in X$ 对于选择对象 O 存

在着一个可信度 $t(x)$ 和不可信度 $\bar{t}(x)$，则在论域 X 上对于对象 O 具有一个犹豫集

$$H = \{ < x, t(x), \bar{t}(x) > | x \in X \}, D_h = 1 - t(x) - \bar{t}(x),$$

$$(0 \le t(x) + \bar{t}(x) \le 1)。$$

大多数情况下的行为与目标选择是一种基于直觉意义上的犹豫决策，而犹豫分析则是在一定的犹豫空间上采用相应的犹豫模型，人类智能的突出特点就是能够在无形的不确定选择中，得出一个满足行为要求、产生行动的判断，从而获得确定的决策结果的过程。所以，犹豫空间、犹豫算法和犹豫模型是人们犹豫过程中的重要内容。

定义 4.26　假设问题 $P = \{P_1, \cdots, P_L\}$，优属性集 $U = \{u(P_1), \cdots, u(P_L)\}$，非优属性集 $\bar{U} = \{\bar{u}(P_1), \cdots, \bar{u}(P_L)\}$，并且，优度 $\mu(U) = \{\mu_1(u), \cdots, \mu_L(u)\}$，非优度 $\mu(\bar{U}) = \{\mu_1(\bar{u}), \cdots, \mu_L(\bar{u})\}$，则有

$$h_i(r_i) = \begin{cases} 0 & \mu_i(u) = 0 \ or \ \mu_i(\bar{u}) = 0 \\ 1 - [\mu_i(u) - \mu_i(\bar{u})] & \mu_i(u) \ne \mu_i(\bar{u}) \ne 0 \\ 1 & \mu_i(u) = \mu_i(\bar{u}) \end{cases} \quad (i = 1, 2 \cdots L)$$

定义 4.26 给出了如下性质：

(1) 如果 $h_i(r_i) = 0 (i = 1, 2, \cdots, L)$，则 P_i 具有最大确定度。① 当 $h_i(r_i) = 0$ 时，则有，$\mu_i(u) = 0$，$\mu_i(\bar{u}) = 1$（$\mu_i(u) + \mu_i(\bar{u}) = 1$），$P_i$ 具有最大肯定度；② 当 $h_i(r_i) = 0$ 时，则有，$\mu_i(u) = 1$，$\mu_i(\bar{u}) = 0$（$\mu_i(u) + \mu_i(\bar{u}) = 1$），$P_i$ 具有最大否定度。

性质(1)在实际问题的研究中只是一种理想情况，传统的优化决策就是假设 $\mu_i(\bar{u}) = 0$。

(2) 如果 $h_i(r_i) \in (0,1) (i = 1, 2, \cdots, L)$，则 P_i 在 $(0,1)$ 中具有不同程度的犹豫度，即对象在不同的目标 P_i 上存在着犹豫集 $H = \{h_1(r), h_2(r), \cdots, h_L(r)\}$。

定理 4.2　对象在 P_i 上具有最优决策的充要条件是具有确定的犹豫度 $h(r) = \min\{h_1(r), \cdots, h_L(r)\}$。

定理4.2给出了在直觉决策的基本原则，对 P_i 的理性选择是寻求最小的犹豫度，从而有：

推论：对象在 P_i 上具有最优决策的充要条件是具有确定的可信度 $C(r)$，并且 $C(r) = 1 - h(r)$，其中 $C(r)$ 为可信度。

第四节 最大次优的一个模糊求解算法

不同意义和程度上的优与非优属性决定了可信优化问题，只有对非优问题能进行有效的识别、利用和控制，也就是说，对非优属性的识别和控制水平决定了可信优化的水平。因为优是模糊概念，所以优与非优这两个对立的概念之间，不存在绝对分明的界限，具有中介过渡性。同时，优与非优是在一定范围内与某种优与非优的标准模式进行识别的结果。这样，不论是优化问题还是非优问题的求解，都可归结为所确定的相应对象集中，每一个对象对于"优"与"非优"的标准模式的隶属度，其中隶属度的大小反映了优与非优的程度。

定义4.27 设 $P = \{p_1, p_2, \cdots, p_n\}$ 为非空有限对象集，并且每个对象具有 m 个次优属性集，即 $A_{so}(o,\bar{o}) = \{a(o_1,\bar{o}_1), a(o_2,\bar{o}_2), \cdots, a(o_m,\bar{o}_m)\}$，$A_{so}$ 具有相应的优度和非优度。则有 $m \times n$ 阶对象属性的优和非优矩阵：

$$R_o = \begin{bmatrix} \mu_{11} & \mu_{12} & \cdots & \mu_{1n} \\ \mu_{21} & \mu_{22} & \cdots & \mu_{2n} \\ & & \cdots & \\ \mu_{m1} & \mu_{m2} & \cdots & \mu_{mn} \end{bmatrix} = (\mu_{ij})$$

$$R_{\bar{o}} = \begin{bmatrix} \bar{\mu}_{11} & \bar{\mu}_{12} & \cdots & \bar{\mu}_{1n} \\ \bar{\mu}_{21} & \bar{\mu}_{22} & \cdots & \bar{\mu}_{2n} \\ & & \cdots & \\ \bar{\mu}_{m1} & \bar{\mu}_{m2} & \cdots & \bar{\mu}_{mn} \end{bmatrix} = (\bar{\mu}_{ij}) \tag{4-10}$$

我们这里定义两个优概念，即“剩余优度”与“相对优度”。

定义 4.28　设在 n 对象 m 个属性问题中，如果每个对象的属性存在着优属性和非优属性，并且，优度为 μ_{ij}，非优度为 $\bar{\mu}_{ij}$（$i=1,\cdots,m;j=1,\cdots,n$；$0\leq\mu_{ij}\leq 1,0\leq\bar{\mu}_{ij}\leq 1$），则 $\mu^{-}=\mu_{ij}-\bar{\mu}_{ij}$ 称为剩余优度（简称“余优度”），称 $\mu_{ij}^{-/}=(\mu_{ij}-\bar{\mu}_{ij})/\mu_{ij}$ 为相对“余优度”。

根据定义 4.28，对于 n 个对象 m 个属性的次优选择中，我们有如下“余优度”的矩阵。

$$R_{o}^{-}=\begin{bmatrix}\mu_{11}^{-} & \mu_{12}^{-} & \cdots & \mu_{1n}^{-}\\ \mu_{21}^{-} & \mu_{22}^{-} & \cdots & \mu_{2n}^{-}\\ & & \cdots & \\ \mu_{m1}^{-} & \mu_{m2}^{-} & \cdots & \mu_{mn}^{-}\end{bmatrix}=(\mu_{ij}^{-})\qquad(4-11)$$

将 n 个对象依据其 m 个属性优度和非优度的 c 类次优标准加以选择，设其次优选择矩阵为：

$$R_{SO}=\begin{bmatrix}s_{11} & s_{12} & \cdots & s_{1n}\\ s_{21} & s_{22} & \cdots & s_{2n}\\ & & \cdots & \\ s_{c1} & s_{c2} & \cdots & s_{cn}\end{bmatrix}=(s_{hj})\qquad(4-12)$$

满足条件：

$$0\leq s_{hj}\leq 1,\ \sum_{h=1}^{c}s_{hj}-1=0,\ \sum_{j=1}^{n}s_{hj}>0$$

式中 s_{ij} 为第 j 个对象具有 h 类优与非优属性情况的次优度，$h=1,\cdots,c$。

设已知 c 类情况的 m 个属性，对属性次优度所规定的标准次优水平的矩阵表示为：

$$R_{SO}^{*}=\begin{bmatrix}s_{11}^{*} & s_{12}^{*} & \cdots & s_{1c}^{*}\\ s_{21}^{*} & s_{22}^{*} & \cdots & s_{2c}^{*}\\ & & \cdots & \\ s_{m1}^{*} & s_{m2}^{*} & \cdots & s_{mc}^{*}\end{bmatrix}=(s_{ih}^{*})\qquad(4-13)$$

其中 s_{ih}^* 为规定标准 h 类属性 i 的次优度，$0 \le s_{ih}^* \le 1$ 。

对象 j 的 m 个属性用向量 $\vec{\mu_j^-} = (\mu_{1j}^-, \mu_{2j}^-, \cdots, \mu_{mj}^-)^T$ 表示，h 类所规定的 m 个属性标准可表示为：

$$\vec{s}_h^* = (s_{1h}^*, s_{2h}^*, \cdots, s_{mh}^*)$$

对象 j 与次优标准 h 之间的差异，可以用欧氏距离：

$$\| \vec{\mu_j^-} - \vec{s}_h^* \| = \sqrt{\sum_{i=1}^{m} (\mu_j^- - s_h^*)^2}$$

来表示。为了在次优选择中考虑决策人的意向、专家的知识与经验，引入指标权向量：

$$\vec{w} = (w_1, w_2, \cdots, w_m), \sum_{i=1}^{m} w_i = 1$$

由于据以选择的 m 个属性在一定条件下人的意向中有着不同的权重，为此，将欧氏距离公式加以拓广，并称

$$\| \vec{w}(\vec{\mu_n^-} - \vec{s}_h^*) \| = \sqrt{\sum_{i=1}^{m} [w_i (\mu_{ij}^- - s_{ih}^*)^2]} \qquad (4-14)$$

为欧氏权距离，它是建立人的主动性数学模型的一种可行方式。

根据余优选择矩阵(4－12)，对象 j 以不同的优度 μ_{hj} 和非优度 $\bar{\mu}_{hj}$ 与次优标准类 h 比较。可以将对象 j 与标准类 h 间的欧氏权距离，宜以对象 j 的属性优度和非优度相对余优度为权重。并称

$$d(\vec{\mu_j^-}, \vec{s}_h^*) = s_{hj} \cdot \| \vec{w}(\vec{\mu_j} - \vec{s}_h^*) \| \qquad (4-15)$$

为加权欧氏权距离，它更合理地表达了对象 j 与次优标准类 h 之间的差异。

为求解最大次优选择矩阵，提出目标函数：全体对象对于全部标准式之间的加权欧氏权距离平方和最小。即

$$\min\left\{ \sum_{j=1}^{n} \sum_{h=1}^{c} [d(\vec{\mu_j^-}, \vec{s}_h^*)]^2 \right\} = \sum_{j=1}^{n} \min\left\{ \sum_{h=1}^{c} s_{hj}^2 \cdot \sum_{i=1}^{m} [w_i(\mu_{ij} - s_{ih}^*)]^2 \right\} \qquad (4-16)$$

根据目标函数式(4－16)与(4－12)中约束条件的约束，构造拉格朗日函数，将等式约束求极值变为无条件极值问题，其拉格朗日函数为：

$$L(s_{hj},\lambda) = \sum_{h=1}^{c} s_{hj}^2 \cdot \sum_{i=1}^{m} [w_1(\mu_{ij}^- - s_{ih}^*)]^2 - \lambda(\sum_{h=1}^{c} s_{hj} - 1) \quad (4-17)$$

λ 为拉格朗日乘数。

$$\frac{\partial L}{\partial u_{hj}} = 2s_{hj} \sum_{i=1}^{m} [w_i(\mu_{ij}^- - s_{ih}^*)]^2 - \lambda = 0$$

$$s_{hj} = \frac{\lambda}{2\sum_{i=1}^{m} [w_i(\mu_{ij}^- - s_{ih}^*)]^2} \quad (4-18)$$

$$\frac{\partial L}{\partial \lambda} = \sum_{h=1}^{c} s_{hj} - 1 = 0 \quad (4-19)$$

由式(4－18)、(4－19)可有

$$\lambda = \{\sum_{h=1}^{c} \{2\sum_{i=1}^{m} [w_i(\mu_{ij}^- - s_{ij})]^2\}^{-1}\}^{-1} \quad (4-20)$$

由式(4－20)有

$$s_{hj} = \{\sum_{i=1}^{m} [w_i(\mu_{ij}^- - s_{ih}^*)]^2 \cdot \sum_{h=1}^{c} [\sum_{i=1}^{m} (w_i(\mu_{ij}^- - s_{ih}^*))^2]^{-1}\}^{-1}$$

$$(4-21)$$

将次优标准水平分为较大次优 ($h=1$) 与一般次优 ($h=2$) 两类，即 $c=2$。由式(4－21)得对象 j 对于"较大次优"标准水平的输出 ($j=1,\cdots,n$)：

$$s_{1j} = \{1 + \sum_{i=1}^{m} [w_i(\mu_{ij}^-, s_{i1}^*)]^2 \cdot [\sum_{i=1}^{m} [w_i(\mu_{ij}^- - s_{i2}^*)]^2]^{-1}\}^{-1} \quad (4-22)$$

因为次优是在单元系统内评价，故两类水平的标准水平分别为

$$\vec{s}_1^* = (\mu_{11}^- \vee \mu_{12}^- \vee \cdots \vee \mu_{1n}^-, \mu_{21}^- \vee \mu_{22}^- \cdots \vee \mu_{2n}^-, \cdots, \mu_{m1}^- \vee \mu_{m2}^- \vee \cdots \vee \mu_{mn}^-)$$

$$(4-23)$$

$$\vec{s}_2^* = (\mu_{11}^- \wedge \mu_{12}^- \wedge \cdots \wedge \mu_{1n}^-, \mu_{21}^- \wedge \mu_{22}^- \cdots \wedge \mu_{2n}^-, \cdots, \mu_{m1}^- \wedge \mu_{m2}^- \wedge \cdots \wedge \mu_{mn}^-)$$

$$(4-24)$$

式(4－22)即是对象集次优选择模型。

第五章

基于优劣分析的决策算法

第一节　属性优劣的偏序关系

在决策过程中决策者不仅不能准确地估计方案的属性值，甚至不能确定同一属性下优劣方案之间的偏好关系。本节提出使用具有置信结构的偏序关系来表示不确定信息，并给出了解决这类问题的模型和方法。该方法首先采用证据推理算法对不确定信息进行集成，然后使用优度(优势)和非优度(劣势)这两种指数来确定方案间的偏好关系，并在这两种指数的定义中使用了偏序之间的距离公式。最后通过一个例子说明，在信息不确定的情况下该方法能够帮助决策者做出比较合理的决策。

一、基本问题描述

多属性决策(MADM)处理的是一类具有有限方案的多准则决策问题，它由三个阶段构成：问题的形成、偏好信息的获取以及信息的集成和偏序关系的建立。其中，偏好信息的获取是整个决策过程中最重要的阶段之一，它要求决策者根据决策环境和自己的判断能力提供权重信息和属性值信息。通常，有两种表达属性值信息的方式，一种是需要决策者提供属性值的基数信息，另一种则要求决策者给出属性值的序数信息。需要指出的是，在有些实际问题中，由于属性概念比较抽象、决策信息有限以及决策背景比较复杂（如有多个决策者参与的群决策），决策者不仅很难准确估计方案的属性值，有时甚至不能确定同一属性下方案之间的偏好关系。在此将这类问题称之为不确定信息下的多属性决策。

设一个多属性决策问题的方案集为 $A = \{a_1, a_2, \cdots, a_n\}$，属性值 $c_i(a_p)$，由简单加权平均法可计算得到 a_p 的综合评价值 $c(a_p)$。

通过比较各方案综合评价值的大小，就能确定方案之间的优先次序。实际上，由于问题的复杂性和信息的有限性，决策者很难准确估计方案的属性值，而比较容易给出的是方案每一个属性的偏序关系。由于信息不充分和决策者知识的限制，这种偏序关系一般并不满足连通性，即对于属性 c_i 方案 a_p 和 a_q 之间可能存在 4 种偏好关系：(1) a_p 优于 a_q（记为 $a_p > a_q$）；(2) a_p 劣于 a_q（记为 $a_p < a_q$）；(3) a_q 无偏于 a_q（记为 $a_p \sim a_q$）；(4) 不能对 a_p 与 a_q 进行比较（记为 $a_p ? a_q$）。

实际上，在决策背景比较复杂和属性概念比较抽象的情况下，决策者不仅很难准确估计方案的属性值，有时甚至不能确定同一属性下方案之间的偏序关系。例如，决策者可能提供如下信息，即“关于属性 c_i，$a_p > a_q$ 的把握为 60%，$a_p \sim a_q$ 的把握为 10%”。研究表明，表示这样一类不确定信息的一种比较好的方法是，使用具有置信结构的偏序关系形式。例如，方案 a_p 和 a_q 关于属性 c_i 的偏好关系的表达式为：

$$R_i(a_p, a_q) = \{(>, \beta_{1,i}(a_p, a_q)), (<, \beta_{2,i}(a_p, a_q)), (\sim, \beta_{3,i}(a_p, a_q)), (?, \beta_{4,i}(a_p, a_q))\}$$

其中，$\beta_{1,i}(a_p, a_q)$、$\beta_{2,i}(a_p, a_q)$、$\beta_{3,i}(a_p, a_q)$ 和 $\beta_{4,i}(a_p, a_q)$，分别表示在属性 c_i 下决策者认为 $a_p > a_q$、$a_p < a_q$、$a_p \sim a_q$ 和 $a_p ? a_q$ 的置信度，满足条件

$$\beta_{n,i}(a_p, a_q) \geq 0 (n = 1, 2, 3, 4)$$

和

$$\sum_{n=1}^{4} \beta_{n,i}(a_p, a_q) = 1$$

用具有置信结构的偏序关系表示不确定信息有两个方面的优点：(1) 能

够捕捉到决策者主观判断上的不确定性；(2)当决策者由于信息不充分而不能做出准确判断的时候，可以通过定义 $\beta_4, i(a_p, a_q) \neq 0$，来表示主观判断上的不可知性。

二、模型和方法

决策方法由五步组成：(1)问题的形成；(2)确定任一属性下，方案之间带有置信度的偏序关系；(3)利用证据推理算法对这些不确定信息进行集成；(4)计算方案的优、非优(劣)指数；(5)建立方案集上的全序或偏序关系。

(一)信息的集成

设 a_p、a_q 是任意两个方案，当决策者给出了方案 a_p 和 a_q 关于任意属性 $c_i(i = 1,2,\cdots,L)$ 的偏好关系 $R_i(a_p, a_q)$ 之后，余下的问题就是选择比较合理的方法对这些信息进行集成。在现有的几个不确定信息的集成方法中，由杨(Yang)提出的处理 MADM 问题的证据推理算法(简称 ER 法)是其中最具代表性的方法之一。大量的理论研究和实际应用表明，ER 法是集成不确定信息的一种有效、合理的方法。

ER 方法的两个最重要的概念是基本框架和证据。在我们讨论的问题中，选择 $H = \{H_1, H_2, H_3\} = \{>, <, ''\}$ 为基本框架，把每个属性看成是一个证据。下面是使用 ER 算法对偏好信息 $R_1(a_p, a_q), R_2(a_p, a_q), \cdots, R_L(a_p, a_q)$ 进行集成的过程。

(1)构造 L 个基本概率分配函数。设 $m_{n,i}$ 是一个基本概率分配函数，它表示属性 c_i(第 i 个证据)支持方案 a_p 和 a_q 之间的关系为 Hn 的程度，$m_{H,i}$ 是在属性 c_i 下不能对方案 a_p 和 a_q 之间的关系做出判断的基本概率分配函数，则有

$$m_{n,i} = w_i \beta_{n,i}(a_p, a_q), n = 1,2,3$$

$$m_{H,i} = 1 - \sum_{n=1}^{3} m_{n,i} = 1 - w_i \sum_{n=1}^{3} \beta_{n,i}(a_p, a_q)\ , i = 1,2,\cdots,L$$

将 $m_{H,i}$ 分解为 $\overline{m}_{H,i}$ 与 $\overline{\overline{m}}_{H,i}$。

(2)证据合成，设

$$m_{H,I} = m_{n,1}(n = 1,2,3), \overline{m}_{H,I(1)} = \overline{m}_{H,1}, \overline{\overline{m}}_{H,I(1)} = \overline{\overline{m}}_{H,1},$$

$$m_{H,I(1)} = m_{H,1},$$

可使用

$$m_{n,I(i+1)} = K_{I(i+1)}[m_{n,I(i)}m_{n,i+1} + m_{H,I(i)}m_{n,i+1} + m_{n,I(i)}m_{H,i+1}], n = 1,2,3$$

$$m_{H,I(i)} = \overline{\overline{m}}_{H,I(i)} + \overline{m}_{H,I(i)}$$

$$\overline{\overline{m}}_{H,I(i+1)} = K_{I(i+1)}[\overline{\overline{m}}_{H,I(i)}\ \overline{\overline{m}}_{H,i+1} + \overline{m}_{H,I(i)}\ \overline{m}_{H,i+1} + \overline{\overline{m}}_{H,I(i)}m_{H,i+1}]$$

$$\overline{m}_{H,I(i+1)} = K_{I(i+1)}\ \overline{m}_{H,I(i)}\ \overline{m}_{H,i+1}$$

$$K_{I(i+1)} = [1 - \sum_{S=1}^{3}\sum_{t=1,t\neq S}^{3} m_{S,I(i)}m_{t,i+1}]^{-1}, i = 1,2,\cdots,L-1$$

算法来集成L个概率分配函数，得到总的概率分配函数

$m_{n,I(L)}(n = 1,2,3)$，$m_{H,I(L)}$ mn，I(L)(n=1，2，3)，mH，I(L)，mH，I(L)，mH，I(L)。

(3)置信度的计算。设$\beta_n(a_p,a_q), n = 1,2,3$是通过$L$个证据的合成，而得到的方案$a_p$和$a_q$之间的关系为Hn的置信度，$\beta_4(a_p,a_q)$是不能对$a_q$和$a_q$之间关系做出判断的置信度，它们的计算式为：

$$\beta_4(a_p,a_q) = \frac{\overline{\overline{m}}_{H,I(L)}}{1 - \overline{m}_{H,I(L)}}$$

$$\beta_n(a_p,a_q) = \frac{m_{n,I(L)}}{1 - \overline{m}_{H,I(L)}}, n = 1,2,3$$

利用上面的算法对偏好信息

$$R_1(a_p,a_q), R_2(a_p,a_q), \cdots, R_n(a_p,a_q)$$

进行集成，就能得到方案a_q和a_q之间具有置信结构的偏好关系

$$R(a_p,a_q) = \{(>,\beta_1(a_p,a_q)), (<,\beta_2(a_p,a_q)), (\sim,\beta_3(a_p,a_q)), (?,\beta_4(a_p,a_q))\}$$

$\Leftrightarrow a_q\ ?\ a_q$，所以由上式可得到方案$a_p$和$a_q$之间具有置信结构的偏好关系

$$R(a_p,a_q) = \{(>,\beta_2(a_p,a_q)), (<,\beta_1(a_p,a_q)), (\sim,\beta_3(a_p,a_q)), (?,\beta_4(a_p,a_q))\}$$

(二)偏序关系的建立

当得到了方案之间的集成信息后，余下要解决的问题是，怎样利用这些信息来建立方案集上的偏序关系？为此，首先引入偏序关系之间的距离这一概念。设

$R_1, R_2 \in \Delta$, <,″,? ,

关系 R_1 和 R_2 之间的偏离度为 $d(R_1, R_2)$ 。罗伊(Roy)和斯洛文斯苫(Slowinsk)等人提出了关于偏离度的六个公理，证明了当偏离度满足这6个公理条件时，$d(R_1, R_2)$ 便成为偏序关系之间的距离，并从这些条件中推导出 $d(R_1, R_2)$ 的计算公式，如表5－1所示。

表5－1　偏序关系之间的距离公式

$d(\cdot,\ \cdot)$	$a_p > a_q$	$a_p < a_q$	a_p? a_q	$a_p \sim a_q$
$a_p > a_q$	0	$2a$	$(5/3)a$	a
$a_p < a_q$	$2a$	0	$(5/3)a$	a
a_p? a_q	$(5/3)a$	$(5/3)a$	0	$(4/3)a$
$a_p \sim a_q$	a	a	$(4/3)a$	0

定义5.1　设 $R(a_p, a_q)$ 是置信度计算中的方案 a_p 和 a_q 之间的偏好关系，则称

$$d > (a_p, a_q) = d(>,\ >)\beta_1(a_p, a_q) + d(>,\ <)\beta_2(a_p, a_q)$$

$$+ d(>,\ \sim)\beta_3(a_p, a_q) + d(>, ?)\beta_4(a_p, a_q)$$

$$d < (a_p, a_q) = d(<,\ >)\beta_1(a_p, a_q) + d(<,\ <)\beta_2(a_p, a_q)$$

$$+ d(<,\ \sim)\beta_3(a_p, a_q) + d(<, ?)\beta_4(a_p, a_q)$$

分别为 a_p 和 a_q 之间的偏好关系和>与<之间的加权距离。

定义5.2　设 $\varphi > (a_p) = \sum_{q \neq p} d > (a_p, a_q), \varphi < (a_p) = \sum_{q \neq p} d < (a_p, a_q)$ 则称 $\varphi > (a_p)$ 和 $\varphi < (a_q)$ 分别为方案 a_p 的非优指数和优指数。

由定义5.1和定义5.2可以得到：

$\varphi < (a_p) = \sum_{q \neq p} d(a_p, a_q) = \sum_{q \neq p} d > (a_q, a_p)$

为了便于计算每关个方案的非优指数和优指数，构造距离矩阵：

$\partial = [d > (a_p, a_q)$

显然 $\varphi > (a_p)$ 是矩阵 ∂ 中第 p 行元素之和。$\varphi < (a_p)$ 是矩阵 ∂ 中第 q 行元素之和。

从上面的定义可以看出：$\varphi > (a_p)$ 的值越大，a_p 方案和其他方案之间的关系与 > 的距离就越大，所以方案 a_p 就越发非优；反之，$\varphi < (a_p)$ 的值越大，方案 a_p 和其他方案之间的关系与 < 的距离就越大，相应地方案 a_p 就越优。所以，$\varphi > (a_p)$ 反映了方案 a_p 劣于其他方案的程度，$\varphi < (a_p)$ 反映了方案 a_p 优于其他方案的程度。因此，具有最小劣势指数的方案意味着它们劣于其他方案的程度最小，应该将这些方案排在最前面，而所有这些方案的集合为：

$A_1 = \{a_p \mid \varphi > 1\ (a_p) = \min\{\varphi > 1\ (a_p) \mid s \in I, I = 1, 2, \cdots, m\}\}$

从方案集中将这些方案删去，在余下的集合 A - A$_1$ 中执行同样的过程，找出具有最小劣势指数的方案，依次执行，至多经 $m-1$ 次迭代就可获得 A 上的全序关系 $R >$ 。类似地，根据优势指数可以得到 A 上的全序关系 $R <$ 。一般情况下，这两种关系不完全相同，按以下原则可以得到方案集上的偏序关系 $R = \{>, <, '', ?\}$ 。

(1) 如果下列 3 个条件中的任意一个成立，即：①在 $R >$ 和 $R <$ 中都有 $a_p > a_q$ ；②在 $R <$ 中 $a_p > a_q$ ，而在 $R <$ 中 $a_p'' a_q$ ；③在 $R >$ 中 $a_p'' a_q$ ，而在 $R <$ 中 $a_p > a_q$ 。则，$a_p > a_q$ 。

(2) 如果在 $R >$ 和 $R <$ 中都有 $a_p'' a_q$ 。则 $a_p'' a_q$ 。

(3) 如果在 $R >$ 和 $R <$ 中，一个有 $a_p > a_q$ ，而另一个有 $a_p > a_q$ ，则 $a_p ? a_q$ 。

三、应用

ERP 是一种集成化的企业信息系统。企业是否能成功地实施 ERP 项目受到很多因素的影响，而系统的正确选择是项目成功的基础和关键。如果选择了错误的 ERP 系统，将可能对企业的业绩造成负面影响。由于 ERP 系统的多样性、技术上的复杂性以及信息的有限性，选择合适的 ERP 系统是一件比较困难、费时的事情。设某企业在 ERP 系统的选择过程中需要比较四套系统 a_1、a_2、a_3 和 a_4 的功能和技术，并选择可靠性和质量 c_1 扩充和升级 c_2 以及功能的适应性 c_3 这三个指标来评价这些系统，指标的权重分别为 0.3、0.3 和 0.4。由于指标概念的抽象性、信息的有限性以及专家意见的不一致性，分析小组只能确定如表 5-2 所示的不确定信息。那么，使用以上提出的方法可以得到如下的分析结果。

表 5-2　ERP 系统的不确定信息

$c_1(w_1=0.3)$	$c_2(w_2=0.3)$	$c_3(w_3=0.4)$
$R(a_1, a_2)=\{(>, 0.7), (\sim, 0.2)\}$	$R(a_1, a_2)=\{(?, 1)\}$	$R(a_1, a_2)=\{(\sim, 0.9)\}$
$R(a_1, a_3)=\{(?, 1)\}$	$R(a_1, a_3)=\{(<, 0.6), (\sim, 0.3)\}$	$R(a_1, a_3)=\{(?, 1)\}$
$R(a_1, a_4)=\{(>, 1)\}$	$R(a_1, a_4)=\{(<, 0.8)\}$	$R(a_1, a_4)=\{(>, 0.9)\}$
$R(a_2, a_3)=\{(\sim, 0.2)\}$	$R(a_2, a_3)=\{(<, 0.7)\}$	$R(a_2, a_3)=\{(?, 1)\}$
$R(a_2, a_4)=\{(>, 0.95)\}$	$R(a_2, a_4)=\{(?, 1)\}$	$R(a_2, a_4)=\{(?, 0.9)\}$
$R(a_3, a_4)=\{(?, 1)\}$	$R(a_3, a_4)=\{(>, 1)\}$	$R(a_3, a_4)=\{(>, 0.7)\}$

(1)对任意的两套系统 $a_p, a_q(p \neq q)$。利用 ER 算法或智能决策支持系统对偏好关系 $R_1(a_p,a_q), R_2(a_p,a_q), \cdots, R_n(a_p,a_q)$ 进行集成，得到 $R(a_p, a_q)$ 结果为：

$$R(a_1,a_2) = \{(>,0.2132),(\sim,0.5121),(?,0.2747)\}$$

$$R(a_1,a_3) = \{(\sim,0.1275),(<,0.2550),(?,0.6176)\}$$

$$R(a_1,a_4) = \{(>,0.9342),(?,0.0658)\}$$

$$R(a_2,a_3) = \{(\sim,0.0684),(<,0.2847),(?,0.6470)\}$$

$$R(a_2,a_4) = \{(>,0.7683),(?,0.2317)\}$$

$$R(a_3,a_4) = \{(>,0.7025),(?,0.2975)\}$$

(2)根据定义 5.1 计算距离矩阵：

$$\partial = \begin{bmatrix} 0.0000 & 0.9710a & 1.6668a & 0.1097a \\ 1.3974a & 0.0000 & 1.7161a & 0.3862a \\ 1.1568a & 1.1467a & 0.0000 & 0.4958a \\ 1.9781a & 1.9228a & 1.9008a & 0.0000 \end{bmatrix}$$

(3)利用前面的算法得到全序关系 $R >: a_1 > a_3 > a_2 > a_4$ 和全序关系 $R <: a_3 > a_1 > a_2 > a_4$ 。将两种关系结合起来，就得到偏序关系 $R: a_1 > a_3$，$a_3 > a_2, a_2 > a_4$ 。从决策结果可以看出，a_4 是需要首先淘汰的系统，a_2 次之，a_1 和 a_3 最优。根据现有的信息不能比较系统 a_1 和 a_3 之间的非优和优，主要原因是：在指标 c_1 和 c_3 下，决策者对这两套系统的非优和优不能做任何判断，如果希望得到它们的全序关系，需要分析人员提供更多的信息。

不确定信息下的多属性决策问题广泛存在于实际问题之中。本节对这一问题进行了研究和探讨，首先采用具有置信结构的偏序关系来刻画这类不确定信息，然后使用 ER 算法对不确定信息进行集成，并构造了两个基于偏序距离公理的指标来建立方案集上的偏序或全序关系。本节提出的方法在决策者只能提供较少信息的情况下，能够帮助做出比较合理的决策，从而为解决复杂的多属性决策问题提供了有效的方法。最后需要说明的是，如果有多位决策者参与决策，并且在任一属性下每位决策者都能提供方案之间带有置信度的偏序关系，这时可以首先使用 ER 算法集成所有决策者提供的偏好信息，然后再使用本节提供的方法就能做出决策。

第二节　基于多准则区间的模糊优劣分析

在社会经济生活中，存在大量多准则决策问题。在实际决策中，有很多方法求解多准则决策问题，由于决策问题自身的模糊性和不确定性，导致方案的准则值和准则权系数等参数不准确、不确定和不完全确定，因而模糊多准则决策成为当前研究的一个热点。模糊集有多个扩展，其中重要的一个是优劣判别模糊集。优劣判别模糊集能模拟人类的决策过程以及反映经验和知识的行为，因而一些研究人员对其进行了研究，但主要集中在其性质、运算和相关性等的研究上。而对多准则优劣判别模糊决策的研究较少，但在实际决策中具有重要意义。本节利用证据推理算法提出一种准则权系数信息不完全确定且准则值为区间优劣判别模糊集的多准则决策方法，以满足这类决策的需要。

一、权系数的不完全确定信息与区间优劣判别模糊集

（一）权系数的不完全确定信息

在实际决策中，决策者很难准确地给出准则权系数的确定值，或不能对准则间的重要性程度进行两两比较，进而不能由 AHP，ANP 和 CHP 等方法确定准则权系数。但通常能以不完全确定信息的形式给出准则权系数间的关系，如某一准则的权系数在某一区间内变化，一个准则比另一准则更重要等。在此，假定准则权系数的不完全确定信息可以是线性不等式和线性等式的形式，它可分为以下三类：

（1）$\omega A_1\omega \geq b, \omega > 0, b \geq 0$

（2）$\omega A_1\omega \leq b, \omega > 0, b \geq 0$

（3）$\omega A_1\omega = b, \omega > 0, b \geq 0$

其中 A 是一个 $l \times t$ 的矩阵，$\omega = (\omega_1, \omega_2, \cdots, \omega)^T$，上述 3 类不完全确定信息包括：不完全信息、不确定信息、部分确定信息。

（二）区间优劣判别模糊集

优劣判别模糊集由是传统优化模糊集的一种扩充和发展。优劣判别模糊集增加了一个新的属性参数：非优隶属度函数，它能够更加细腻地描述和刻画客观世界的模糊优化本质。区间优劣判别模糊集是一般优化模糊集的扩展，它更能描述和反映客观世界的本质特征。

定义 5.3　设 X 是一个给定论域，则 X 上的一个区间直觉模糊集 A 定义

为 $A = \{ < x, O_A(x), NO_A > | x \in X \}$ ，其中 $O_A(x): X \to \text{int}\{[0,1]\}$ 和 $NO_A(x): X \to \text{int}\{[0,1]\}$ 分别为 A 的优度 $O_A(x)$ 和非优度 $NO_A(x)$ ，且对于 A 上的所有 $x \in X, 0 \leq \sup(O_A(x)) + \sup(NO_A(x)) \leq 1$ 成立。其中 $\text{int}\{[0,1]\}$ 表示 $[0,1]$ 区间中所有闭子区间的集合。

在没有数据标准的情形下，对系统优劣程度的判别大都在模糊状态下，为方便将区间优劣模糊集记为：

$$A = \{ < x, [O_A^L(x), O_A^U(x)], [NO_A^L(x), NO_A^U(x)] > | x \in X \}$$

其中

$$x \in X, 0 \leq O_A^U(x) + NO_A^U(x) \leq 1, O_A^L(x) \geq 0, NO_A^L(x) \geq 0$$

称

$$\begin{aligned} \pi_A(x) &= 1 - O_A(x) - NO_A(x) \\ &= [(1 - O_A^U(x) - NO_A^U(x)), (1 - O_A^L(x) - NO_A^L(x))] \end{aligned}$$

为 A 中 x 的优劣判别模糊区间，定义在论域 X 上的区间优劣判别模糊集，记作 $ONOS(X)$ 。

定义 5.4 设 X 是 n 个元素的论域，$A, B \in ONOS(X)$ ，且

$$A = \{ < x, [O_A^L(x), O_A^U(x)], [NO_A^L(x), NO_A^U(x)] > | x \in X \}$$

$$B = \{ < x, [O_B^L(x), O_B^U(x)], [NO_B^L(x), NO_B^U(x)] > | x \in X \}$$

则两区间优劣判别模糊数的 Hamming 距离定义为

$$\begin{aligned} D(A,B) = \frac{1}{4n} \sum_{j=1} (&| O_A^L(x_j) - O_B^L(x_j) | + | O_A^U(x_j) - O_{BN}^U(x_j) | + \\ &| NO_A^L(x_j) - NO_B^L(x_j) | + | NO_A^U(x_j) - NO_B^U(x_j) | + \\ &| \pi_A^L(x_j) - \pi_B^L(x_j) | + | \pi_A^U(x_j) - \pi_B^U(x_j) |) \end{aligned} \quad (5-1)$$

其中

$$\pi_A^L(x) = 1 - O_A^U(x) - NO_A^U(x) ,$$

$$\pi_A^U(x) = 1 - O_A^L(x) - NO_A^L(x) ,$$

$$\pi_B^U(x) = 1 - O_B^L(x) - NO_B^L(x) ,$$

$$\pi_B^L(x) = 1 - O_B^U(x) - NO_B^U(x) 。$$

上述距离公式是由模糊集的 Hamming 距离和区间数的距离扩展得到的。

二、一种信息不完全确定的多准则区间优劣模糊选择方法

设有 m 个方案，记为 $A = \{a_1, a_2, \cdots, a_m\}$，$t$ 个准则 $C = \{C_1, C_2, \cdots, C_t\}$，设 $[O_{li}^L(x), O_{li}^U(x)]$，$[NO_{li}^L(x), NO_{li}^U(x)]$ 分别为方案 a_l 关于准则 C_i 相对于模糊概念“优”的隶属度区间和“非优”隶属度区间，其中 $0 \le O_{li}^U(x) + NO_{li}^U(x) \le 1$，$O_{li}^L(x) \ge 0 + NO_{li}^L(x) \ge 0$。

设准则 C_i 的权系数为 ω，G 表示准则权系数的不完全确定信息集合，试确定方案集 A 的排序：

令 H_1 = 优，H_2 表示属于优的隶属度为0且其非优的隶属度为1的方案所在等级，则方案 a_l 在准则 C_i 下的评价值可以表示如下：

$$S(C_i(a_l)) = \{(H_n, \beta_{n,i}(a_l)), n = 1,2\}$$

其中

$$\beta_{1,i}(a_l) = [O_{li}^L(a_l), O_{li}^U(a_l)], \beta_{2,i}(a_l) = [NO_{li}^L(a_l), NO_{li}^U(a_l)]$$

$\beta_{n,i}(a_l)$ 表示决策者认可方案 a_l 在准则 C_i 下属于等级 H_n 的信任程度区间。

(一)方案的准则值集成

将各方案在准则下的值看作证据，对于确定的准则权系数 $\omega = (\omega_1, \omega_2, \cdots, \omega_t)$ 和确定的信用度值 $\beta'_{n,i}(a_l) \in \beta_{n,i}(a_l)$，利用基于证据推理的算法将方案的准则值按下列方式集成。

令 H 表示由于准则值未知所产生的没有指定到任何一个等级的信任度的所在等级，即为优劣模糊指数值指定的等级。

$$m_{j,i}(a_l) = \omega\beta_{j,i}(a_l)$$

$$m_{H,i}(a_l) = 1 - \sum_{j=1}^{2} m_{j,i}(a_l) = 1 - \omega \sum_{j=1}^{2} \beta'_{j,i}(a_l)$$

对于每一个等级 H_j，有

$$m_{j,I(i+1)}(a_l) = K_{I(i+1)}(a_l)[m_{j,I(i+1)}(a_l)m_{j,i+1}(a_l) +$$

$$m_{H,I(i)}(a_l)m_{j,i+1}(a_l) + m_{j,I(i)}(a_l)m_{H,i+1}(a_l)]$$

对于 H，有

$$m_{H,I(i+1)}(a_l) = K_{I(i+1)}(a_l)m_{H,I(i)}(a_l)m_{H,i+1}(a_l)$$

取初始值为

$$m_{j,I(1)}(a_l) = m_{j,1}(a_l), j = 1,2, m_{H,I(i)}(a_l) = m_{H,1}(a_l)$$

$$K_{I(i+1)}(a_l) = [1 - \sum_{t=1}^{2}\sum_{2} m_{t,I(i)}(a_l)m_{j,i+1}(a_l)]^{-1}$$

$$i = 1,2,\cdots t-1$$

利用上面的递归算法可得方案 a_l 在等级 H_j 下的信任度为

$$\beta_j(a_l) = \frac{1-\beta_H(a_l)}{1-m_{H,I(t)}(a_l)}m_{j,I(t)}(a_l) \quad j = 1,2 \tag{5-2}$$

其中

$$\beta_H(a_l) = \sum_{i=1}^{t}\omega(1 - \sum_{j=1}^{2}\beta_{j,i}(a_l))$$

为未知的准则值产生的信任度。由式(2)可得

$$\beta_1(a_l) + \beta_2(a_l) + \beta_H(a_l) = 1$$

上述递归算法克服了简单加权法假定效用线性、偏好独立以及各准则需完全互补等不足，能以理性方式处理不完全或不确定的多准则信息的集成问题。以上得到的 $\beta_H(a_l)$ 和 $\beta_n(a_l)$ ($l = 1,2,\cdots,m; n = 1,2$) 是准则权系数 $\omega = (\omega_1,\omega_2,\cdots,\omega_t)$ 的非线性函数，记为 $\beta_n(a_l\omega)$，$\beta_H(a_l\omega)$。不难证明，方案 a_l 在等级 H_n 下的信任度 $\beta_n(a_l\omega)$ 是关于准则 C_i 下的信任度 x 的增函数，$\beta_H(a_l\omega)$ 是关于准则 C_i 下的信任度 x 的减函数，其中 $x \in [\beta^L_{n,j}(a_l), \beta^U_{n,j}(a_l)]$。

（二）模型的建立

由上可得到每一方案 a_l 的区间优劣模糊集

$$< a_j[\beta_1^L(a_l,\omega),\beta_1^U(a_j,\omega)],[\beta_2^L(a_l,\omega),\beta_2^U(a_l,\omega)] >,$$

其优劣模糊区间为

$[\beta_H^L(a_l\omega),\beta_H^U(a_l,\omega)]$

其中 $\beta_1^L(a_l\omega),\beta_2^L(a_l,\omega)$，$\beta_H^U(a_l,\omega)$ 是由方案 a_l 在准则 C_i 下的信任度 $\beta_{n,j}^U(a_l)$ 通过递归算法得到的。

理想的优劣选择方案 G^+ 相对于模糊概念“优”的隶属度为1 和“非优”隶属度为0，即有 $< G^+,1,0 >$，不理想的优劣选择方案 G^- 相对于模糊概念“优”的隶属度为0 和“非优”隶属度为1，即有 $< G^-,0,1 >$。如果 $G^+ \notin X$，$G^- \notin X$，则将其添加到 X 中。

方案 a_l 与理想方案 G^+ 的距离为：

$$D_l^+ = D(a_lG^+) = \frac{1}{4}[|\beta_1^L(a_l,\omega)-1|+|\beta_1^U(a_l,\omega)-1|+$$
$$\beta_2^L(a_l,\omega)+\beta_2^U(a_l,\omega)+\beta_H^L(a_l,\omega)+\beta_H^U(a_l,\omega)]$$

方案 a_l 与不理想的方案 G^- 的距离为：

$$D_l^- = D(a_lG^-) = \frac{1}{4}[\beta_1^L(a_l,\omega)+\beta_1^U(a_l,\omega)+|\beta_2^L(a_l,\omega)-1|+$$
$$|\beta_2^U(a_l,\omega)-1|+\beta_H^L(a_l,\omega)+\beta_H^U(a_l,\omega)]$$

可以看出，方案 a_l 离理想方案 G^+ 越近，方案越优；离不理想方案 G^- 越远，方案越优。因而，对每个方案 a_l，得到优化模型为：

$$\min D_l^+ = D(a_l,C^+),$$
$$st\begin{cases}\omega \in G \\ \sum_{j=1}^{t}\omega = 1,\omega \geq 0\end{cases} \tag{5-3}$$

$$\max D_l^- = D(a_l,C^-),$$
$$st\begin{cases}\omega \in G, \\ \sum_{j=1}^{t}\omega = 1,\omega \geq 0\end{cases} \tag{5-4}$$

由于各方案是公平竞争的，每一方案与理想方案和与不理想方案的距离应该来自同一组准则权系数，因此必须对式(3)和(4)进行综合。综合式(3)和(4)得

$$\min X = \sum_{i=1}^{m} \frac{D(a_l, G^+)}{D(a_l, G^+) + D(a_l, G^-)}$$

$$st\begin{cases}\omega \in G, \\ \sum_{j=1}^{t} \omega = 1, \omega \geq 0\end{cases} \tag{5}$$

（三）模型的求解

模型(5)是一非线性规划模型，使用传统优化方法求解较为困难。本文利用改进的惯性权重粒子群算法求解模型(5)。对于粒子迭代之后产生的不可行解，通过构造惩罚函数惩罚不可行解，将约束问题转化为无约束问题。在第一代粒子群之后的每一代粒子群中保持部分不可行解粒子，从而可以从可行解域和不可行解域两边同时搜索寻找最优解。求解算法的关键环节设计如下：

(1)粒子预处理。采用实数编码，将 $t-1$ 个权系数 $\omega_i(i=1,2,\cdots,t-1)$ 构成一个粒子。另一个权系数可由 $\omega = 1-\omega_1, -\omega_2, -\cdots, -\omega_{t-1}$ X 计算得出，这样才能保证粒子更新运算后，权系数之和仍为 1。

(2)粒子群初始化。通过求解下列线性规划：

$$\min 0$$

$$st\begin{cases}\omega \in G, \\ \sum_{i=1}^{t} \omega = 1, 0 \leq \omega \leq 1\end{cases} \tag{5-6}$$

确定其最优解 $\omega = (\omega_1, \omega_2, \cdots \omega_t)$ 的前 $t-1$ 个元素作为初始粒子。如果式(5-6)的最优解不存在，则说明准则权系数的不完全确定信息中存在矛盾，需要重新调整，调整后再继续。

(3)粒子的速度和位置更新。为提高算法的收敛速度和性能，利用线性变化的惯性权重粒子群算法对粒子的速度进行更新。即

$$v_{id}^{k+1} = wv_{id}^{k} + c_1 rand_1^k (pbest_{id}^k - x_{id}^k) + c_2 rand_2^k (gbest_d^k - x_{id}^k),$$

$$x_{id}^{k+1} = x_{id}^{k} + v_{id}^{k+1}$$

其中：w 为惯性权重，用来控制前面粒子的速度对更新后的粒子速度的影响；c_1 和 c_2 为粒子加速系数，分别调节当前粒子向全局最优粒子和个体最优粒子方向飞行的最大步长。

(4)计算粒子的适应度值。对于每一代确定的粒子，式(5)的目标函数值即为该粒子的适应度值。

(5)算法收敛条件。当算法迭代次数超过指定的次数时，则算法结束。取适应度值最小的粒子为最优解。

(四)方案的排序

设模型(5)的最优准则权系数为 ω^* 代入式(2)计算得到方案 a_l 的区间直觉模糊集为 $< a_l[\beta_1^L(a_l,\omega^*),\beta_1^U(a_l,\omega^*)],[\beta_2^L(a_l,\omega^*),\beta_2^U(a_l,\omega^*)] >$，计算 D_l^+ 和 D_l^- 并计算：

$$d_l = \frac{D_l^+}{D_l^+ + D_l^-}$$

按 d_l 从小到大排序，得到方案集的排序，d_l 值越小，方案越优。

第二篇 02

基于非优分析的社会治理

第六章

人体与社会系统的非优研究

第一节　人体系统非优的进化研究①

人体系统是我们这个世界里最有效的热系统，是自然界演化的最高产物，堪称生物进化最典型、最复杂的生物模型。然而，它并非至善至美，恰恰相反是一种非优的存在。那么，人体系统之非优是怎样产生的？本节试从进化论寻找一些线索，以期说明其非优存在的表现形式及其特征。自然界是演化的这个总规律，决定了时空沉迹可能是一个普遍现象。即系统的时空在其漫长的演化过程中，往往发生沉淀与遗迹。当我们把这种寻觅历史的艺术应用于人体系统的时候，我们便看到了它们惊人的相似之处。人体系统的这种沉迹——生物进化各阶梯上的遗留物，重叠相继，不断发展，表现了很强的历史逻辑性。从而使我们看到了一个从简单至复杂、从低级至高级的进化脉络，也领悟到它的非优之所在。这种时空沉迹大致有以下一些表现形式。

一、层次套叠

所谓套叠，就是只要系统在演化着，在自组织机制和内外条件的作用

① 吴廷瑞．人体系统非优性的进化论诠释[J]．医学与哲学，1999，20(1)：20－23.

下，那么，在旧结构的基础上必然会产生出新结构。当然，新结构不是对旧结构的否定和取代，而是对旧的结构与功能的发展，又是新旧结构的共存。这里，旧结构也不是永固不变的，而是伴随着整体进化而发生一定程度的变化。二者的关系服从哈肯协同学的伺服原理，即旧结构支持新结构，新结构调控旧结构，共同完成系统整体在变化了的时空条件下的适应性运动。从一定意义上说，这种套叠式结构是自然进化的一种表现形式。它不仅使我们看到了演化的优化方向，同时，回溯过去，又使我们看到了低级的、简单的历史现实。人体系统中存在着很多演化沉迹，因此，从整体而言，人体系统不是完美的，而是一个非优的存在。

套叠式结构的典型存在要数大脑。阿西莫夫曾机智地指出，“大自然并没有设计大脑，脑的出现是一系列漫长的进化事件的结果”①。至此，咽上部神经节开始膨大，就被称为“脑”了，但真正的脑是从脊索动物开始的。此时，大脑便具有一定的分析、综合、发布信息的功能，高级中枢位移于此，中脑则退居于低级中枢地位。至此，旧脑皮被挤到大脑半球背内侧(即海马)，原脑皮被挤到大脑半球的腹内侧(即梨状叶)，纹状体则只负责本能性运动调节。同时，为了在坚固的脑颅内扩大新脑皮的面积，便只好折皱以增加沟和回。人脑的套叠式结构演化，表明其每发展一步都有自己的新的有效建设，同时也留下了旧有的形态(和有限的功能)，形成一个新与旧、高级与低级、复杂与简单、相对的优与非优套叠于一体的有机统一体。这种结构在解剖学和生理学上有着大量的依据。这种套叠式的层次性进化，除上面指出的伺服关系外，新层次总是以其新的结构和功能，使旧的结构与功能成为自己有益而不可或缺的附属物，成为宏观整体的组成部分。同时，我们还看到新与旧(复杂与简单、高级与低级)之间不存在竞争与排斥，而是一种相互依赖、共生共存、共同发展的协同关系。正是这种优与非优的共生机制，彼此组成了一个和谐的有机体。

---

① [美]阿西莫夫．自然科学基础知识：第四分册．人体和思维[M]．北京：科学出版社，1978：136－138.

二、多元集合

从一定意义上说人体是一个多元复杂系统。人是怎样产生的？这个最大的自然之谜历来为人们所追索，因而，不同历史特征的文化都试图给以解释（或猜想），在生命的本质上做了艰苦的探求。如古希腊的一元论、四元素论，中国古文化中的元气说和阴阳五行说。这些思想都反映了人体的多元复合性认识的萌芽。其中最独特又最典型的当属古希腊的恩培多克勒，他说，开头并没有动物和人，只是眼睛、臂、头等等自身在单独游荡，由于爱的吸引，碰巧合在一起，就产生了各种动物及怪物。现在看来这是十分荒唐可笑的，但其中却包含着进化的多元复合思想。现代生物学研究在一定意义上揭示了人体系统恰是一个典型而又复杂的多元集合。这种集合的形式主要表现为以下三个方面。

第一，嵌合。人体系统除自身的进化发展外，还在自己漫长的演进中有效地嵌合进了一些其他低级生命形态，成为自己不可缺少的构成部分。例如进行氧化磷酸化反应并为细胞提供能量的核外遗传物质线粒体（mtDNA），内共生学家认为它可能是一种人体系统的寄生物，最终演化成为人体细胞中的细胞器。其实，不只线粒体，在人体的体表、体腔、血液、脏器等很多部分都存在着多种寄生生物，而且都成为人体系统宏观功能的重要组成部分。无菌人（包括胎儿）是不存在的。正是这种嵌合，人体构成才成为一个完整的系统。然而，这种嵌合又为人体系统带来了很多疾病。如线粒体因其基因缺陷或突变，引起能量生成不足而致病。消化道、血液、体表的寄生菌致病的情况更是大量而显见。

第二，互补。人体进化并非在一切方面都得到了完善建设，它在从宏观到微观、从结构到功能都留下了一些缺空。然而进化的不可逆性不容许它倒回去做出一定的弥补。对此，嵌合进去的微生物却可以做出补缺。作为宿主，人体对于寄生物是不可缺少的，寄生物在人体系统这个宿主上获取生命运动也是必需的。没有宿主便无寄生生物存在的一切可能。同样，寄生微生物以其特有的生理功能，在宿主的特定部位释放出人体所短缺的生化物质，从而相对地完善其人体系统的运动。没有寄生微生物，人体系统同样没有存在的可能。消化腔道中缺少任何一种菌群，如大肠杆菌，其结果都是不可思议的。所以二者间的互补性是十分明确的。

第三，整合。整合是分子生物学的一个特定概念，它指出生命体在宏观层次上可以实现基因的种间跳跃、转染和位移等。这种基因的跳跃、转染、位移，在基因层次上产生相互间的有效关联，并组成一个新的“结构—功能”单位，这就是整合现象。这种整合的结果对宏观机体或者有利，或者有害，或者无利无害，呈中性态。人体系统进化存在相当缺环，如人体细胞不能直接利用半乳糖，而感染过大肠杆菌的噬菌体，再去感染人体细胞，人体细胞就可有效地利用半乳糖了。

总之，多种方式的统一所形成的多元集合可以说是人体系统的特征之一，或者说是人体系统之非优在进化过程中逐步得到了综合。认识这一点是重要的。可以说上述多种方式的集合为人体系统建立了一个第二生理系统。它与人体第一生理系统，不仅在结构上而且在功能上相互配合，成为一体，从而实现人体系统在进化中的全面建设。如果没有这个“第二生理系统”，人体系统将得不到应有的一些元素或微量元素及有机化合物。同时，在营养、消化、呼吸、免疫、抗病及对环境的适应等能力上将大大降低。对无菌动物的研究，发现因为缺乏抗原刺激，因而其胸腺、淋巴结及骨髓等对疾病的防御器官发育不良，免疫活性细胞较带菌动物少了1/3 。所以说，这种多元集合的特征已成为建设不全的人体健康的重要组成部分之一。总而言之，如果不是这种多元集合，历史上生物将缺乏其强劲的进化能力，人类也可能早被自然选择的压力所淘汰，甚或不可能出现。

三、转化退化

人体系统的建设性进化是历史时空条件下的产物，或者说具有很强的趋优方向性特征。但不是唯一性，往往是在优化前进的同时伴随着一些退化。

过去曾有人说，“进化只能以尽善尽美和极度幸福的建立为结局”。这种认识只能是一种形而上学的盲目乐观。生物进化史的每一步可以说都伴有退化的出现，从而造成人体系统并不完美的非优存在。这种退化往往在进化的关节点上以转化的方式出现的。退化的实现大略有以下几种形式。

第一，遗迹。可以说一切适应性的阶段性产物，都具有时空有限性意义，亦即结构与功能的狭隘性。当时空条件进一步改变，它们将被新建设所包容，而处于次要地位，成为系统的一个深层次构件而从属于新层次，不仅如此，甚或日益衰弱、退化，以致不发生作用。阑尾则是弱化的典型。阑尾在历史上可能有着重要的生理学意义，只是在以后的进化中不需要它，而被遗留在一隅。这种退行性保留被称作痕迹器官。这种因转化而形成的退化在人体系统中还有很多表现。如胎儿发育过程中就有原始脊索神经，有鱼类的腮囊，有低等哺乳动物的尾巴和体毛。就消化而言，低等生物是细胞消化、进化中出现了腔内消化，而高等动物乃至人，以空腔消化为主要特征，同时也保留了一定的胞内消化。

第二，重演。重演是“一种生物从卵到成体的发育过程以缩短了的形式重现它的祖先的历史”①。这是海克尔提出来的。虽然没有得到生理学、细胞谱系研究、原肠学说的严格证明，却被生物学家在一定程度上予以接受。海克尔的本意是讲优化的演进，但我们也看到重演也有转化中退化的表现。例如长约 1 厘米的松果体，在个体尚未发育成熟的时候，具有抑制性成熟的作用，抑制雄激素引起的生殖器官的发育，抑制两性性征，使之保持青春。但有研究说 7 岁便开始退化，从而出现性征的迅速发育。再如胸腺这样一个对机体的免疫功能有重要意义的淋巴样器官，早在两栖动物中便出现了，进化到哺乳类动物(如鼷鼠)时，度过青少年时期便由增变减，免疫力日低。相应地在人体中也随年龄而改变，幼年期胸腺迅速发达，成熟后(13—14 岁)便开始萎退。很多事实表明也存在退化的重演律。

---

① [英]拜纳姆等编．科学史词典[M]．宋子良，等译．武汉：湖北科学技术出版社，1988：231.

第三，转化。矛盾的主要方面在条件改变和进化中，退居于次要方面。这样的情况在生物进化中有着丰富的事例。例如丘脑，在低等动物中它是感觉的中枢，是生命运动的主导，以调节来自环境的刺激。但进化到哺乳阶段，当大脑皮层出现以后，在高等动物特别是人，丘脑则只是感觉传导的换元接替站，保持着对环境刺激的感觉进行粗糙的分析与综合，而最高中枢的地位却为新皮质所替代，从结构到功能成为次要要素而从属于大脑皮质。这种向着高级、复杂方向的转化，正是进化的本质特征，也是由转化而形成退化的特征。转化的另一种形式是空间转换。从动物的爬行到人类的直立，这是生物进化史上的最伟大事件，是真正的质的飞跃，使生命史发生了彻底的变化。然而这个90°的空间转换却为人类带来了很多麻烦。

本来是横向排列的结构，一下子都变成了纵向排列。虽然，它使人增加了高度，开阔了视野，解放了双手，这一切又促进了大脑的急速膨胀，使人成为顶天立地的灵物，却相应地带来了新的非优。其一是骨架从颅骨到跟骨全部叠压起来，虽有一定的生理曲度和关节间软骨以减压抗震，但负重力却沿着躯体纵向施压，一旦超过负重能力，则不可避免地出现关节软组织压叠性骨折。活动性最强的腰椎间盘很容易出现突出。当一种姿势强制性保持过久或劳动时间过长而支持不了。阿西莫夫曾指出，“人的骨骼不很适合于他的直立姿势，人可能是处在正常姿势和正常活动情况下出现腰酸背疼的唯一动物”①。其二是所有内脏都受到引力并与躯干长轴平行的牵拉，与动物横向躯干呈垂直悬挂完全不同。这样，常见多发病如胃下垂、肾下垂、游走肾、肠系膜动脉综合症、腹壁疝、直肠脱垂、子宫下垂等。而这些疾病或生理缺陷在动物那里是不见的。其三，增加了心肌的负荷，特别是上行血循环运动需要加大压力，否则，高高在上的脑部缺血的后果是难以想象的。

此外，人体重心提高，不宜自然站立，休息时必须像动物一样躺卧下去；上肢特别是手虽然灵巧，但肌肉变得软弱乏力，与动物的前肢相比，显

---

① [美]阿西莫夫．自然科学基础知识：第四分册．人体和思维[M]．北京：科学出版社，1978：136－138.

然退化不少。这一空间转换为人带来了利，也带来了弊。概括转化退化形式，我们可看到以下几点。

第一，进化中包含着退化。这种退化大体表现为三种形态：一是阶段性建设成果被新进化合理而有效地整合进整体之中，成为高级产物的从属；二是停滞下来，基本不变，继续发挥着原有有限的或减弱了的功能性作用；三是在新的进化中，原有要素的功能乃至结构部分地或全部地丧失。不论怎样的形态，都成为历史的非优存在。

第二，进化以退化为代价。进化的特征在一定意义上说就是特化，各物种以其自己的特化器官参与竞争，确保自己的生存与发展。但是，我们可以从每个物种中看到其他器官伴随着特化器官而退化。最典型的要数人了，人的四肢攀缘、腔道消化、抗病防病等能力，远比其他生物要弱化得多。就是说，大脑的进化使人付出了很多代价。

第三，单纯性退化。退化的现代概念“仅限于病理学方面，指的是某种器官或一群细胞的死亡和衰退，同时失去其结构和功能”。我们可以理解为人体各层次的结构和功能的退化也遵从生物进化而具有老化、弱化的意义。它是多因素共同作用的结果，如细胞和组织硬化、代谢物积贮、免疫力下降、氧化脂质的生成、转录基因时的复制误差等都将引起机体的老化、弱化，或者说退化。当然，单纯性退化只具有个体意义，而群体则是不断进化、优化的。

第四，适应性。达尔文提出的“适者生存”是他的进化论确立的坚强论点之一。后续者的研究则争论不休。其实，不适者也能生存，我们应该寻找生存适应的机制。在人体系统中有很多进化沉迹，有很多非优的存在，它们缘何被保留下来了呢？其机制正在于新进化层对旧进化层的继承与发展和有机地整合、融合，新的适应性统一体就是在新条件下新旧结构与功能的重建。同时，随机发生的中性突变，因其无害则像搭车者一样进入新条件，这样又为未来的适应留下了余地。如此，我们便可以指出，适应正是新与旧的复合，是优与非优的统一。其根本机制则是新进化层具有序参量的品质，发挥了整体的最高调控作用，更有效地同环境做物质、能量、信息交换。这样，它不仅有优异的选择品质，而且有发展的巨大能力，也使历史的非优存在具有了适应的能力。然而，一切深层的沉积结构一旦受到破坏，都将无以代偿而致命。

总之，从系统自组织理论来看，人体系统是一个在进化过程中形成的一个包含着层层旧迹的、包含新与旧、包含优与非优、相互套叠、相互缠绕、相互作用、协同统一的非完美系统。我们正是对生物进化过程中对其新与旧、低级与高级、简单与复杂的比较中见到其优与非优的存在，而疾病的发生正是这种辩证统一的失调或破坏。因此，认识这个非完善系统在生命科学、人体科学、医学乃至认识论、实践论、方法论上都是有意义的。

第二节　人体系统的非优与疾病的时空特征①

人体系统是我们这个自然界中最复杂最有效的热系统，我们尽可以热情地称颂它为“世界第一系统”。但是，当我们换个角度，即从非优性角度重新认识的时候，便可发现它如同世界上的一切事物一样，并不是完美无缺的。对人体系统的非优性进行研究，或许对认识生命和疾病是有意义的。

一、生命的抛物线形式

“从宏观看，生命过程是个抛物线形式”。那么，怎样理解这个抛物线形式呢？一般说来，生命这个极其复杂有效的热系统，遵从着从生到死这个一般规律，就生命质量而言，是个抛物线形式。但这样不能说明更深刻的问题。对生命系统大致可以抽象出三大要素，即生理年龄、社会年龄、人体熵。分析三者的特征及其相干性，将有助于进一步理解生命抛物线形式。

① 吴延瑞．人体系统的非优性及疾病的时空特征［J］．医学与哲学，1995，16（6）：292－294.

从最基本的意义来说，人具有两种属性，一是自然属性，二是社会属性。与之相对应则是两种年龄，一是生理年龄，二是社会年龄，这是无疑的。但还有维持两种年龄发展的人体熵。热力学熵是指不做功的那部分热，那么，人体系统中有无这种热呢？有。热力学对熵的进一步研究又提出了热能的价值问题。这一研究指出的热能的转换中，按可否做功为标准分为三种，一是热在质与量上统一，它不受热力学第二定律限制，可以无限相互转换的能，被称为"火用"(exergy)；二是受热力学第二定律限制，在转换中只有一部分热能做功，另一部分其质为零而不做功，这部分有量而无质的热被称为"火无"(anergy)；三是有数量而完全不能转换为机械功，即没有质量的热能。因此，熵可以理解为无质的热能的总和。

生命系统特别是人体系统不能与之做简单的类比，但人体系统所获能量却并非全部能转化为有用能。研究表明，人体系统中确有熵存在。现代生理学和当代系统自组织理论都明确指出，人体系统是个开放系统，它不断与环境做物质、能量、信息的交换来维持其生命，例如食物、空气、阳光、水、磁、波以及社会文化等，以满足自己的需要同时又不断向环境排出自己运动过程中产生的废物等。正是这种双向效应，才确保了人体系统的热稳态。以进食为例，人每天需要定量摄食，在体内的合成代谢与能量代谢的双向作用下，被转换成糖类、脂肪及蛋白质等。但能量利用率不及25%，就是说有3/4的能量未参与各系统做功，而是以多种热形式在多种热调控系统的作用下，向周围环境耗散出去。它们就是"人体熵"。将人体系统置于健康发展状态下考察，上述三要素各都表现为抛物线形式。

1. 生理年龄。人体系统在其发展过程中，由于复杂的生化等改变，在不同的年龄阶段具有不同的生理特征。以细胞水含量为例，不同阶段由于新陈代谢功能的差异，其水含量是不同的。不仅是水，其他一些成分乃至功能都是如此。就其生理质量评价而言，这些指标的变化过程恰恰表现为一条具有峰值的抛物线形式。

2. 社会年龄。人体系统生理变化的抛物线形式影响并决定其社会年龄抛物线的发展。社会年龄自生理年龄始而始，终而终。但在其发展过程中二者相关却不同步。社会年龄的主要特征是对社会的参与程度和认识程度。从婴儿认识母亲始，便开始了双向性的社会关系。幼年、少年、青年时期，从家庭走进学校，开始扩大对社会的参与认识。但这只是按照被前人总结了的经验进行传统的规范性的认识。而真正地参与认识有待于对社会生活的完全投入，并逐步发展到高峰。然而迈过峰值之后，便又逐步远离社会生活而去。因此，以参与和认识社会年龄质量的评价标准，我们亦可得到一个抛物线形式。

3. 人体熵。经典热力学熵是个从小到大而且不可逆的线性变化过程，直至热平衡。然而，它在远离平衡态的开放系统中却不完全适用。人体系统中的熵变有其自己的特殊形式。人体这个极其有效的耗散结构，决定了机体中熵与负熵的积极而又微妙的斗争。二者之间的“消长”形势不仅与生理年龄、社会年龄相关，而且在每一时空中熵与负熵的总和，即其数学轨迹与生理年龄、社会年龄相悖。前半期以负熵为主，即熵呈递减态势，后半期则以熵增为态势，直至达到熵最大，生命进入死亡。以熵与负熵斗争的数学关系为基本进行描述，亦可得到一个抛物线，只是其图像恰与生理年龄、社会年龄曲线相反。

二、对人体系统非优性的分析

根据三条抛物线形式，我们便可以做出人体系统非优性结构分析示意图（见图6－1）。

图6－1可以反映出丰富的思想内容。

第一，“V型”。人体熵经典热力学指出，在孤立系统中其熵增表现为不可逆的线性特点。这一关系应该被视为认识生命过程的基础。由于生理、生化的规律性变化，机体对物能的吸收和排出相应变化，从而彻底改变了熵增的线性发展形式，或者说人体熵在生理机能和社会年龄的共同作用下，呈现出从渐小到渐大的转变，而非从小到大的线性发展。故我们称其谓“V型”人

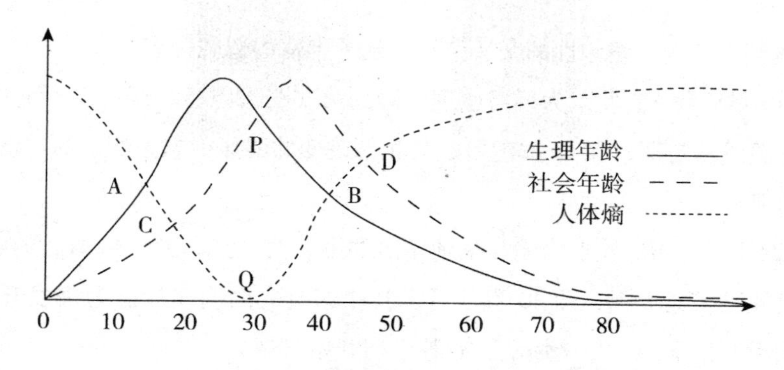

图 6－1　人体系统非优性结构分析

体熵。

具体地说，30 岁以前由于机体新陈代谢旺盛，并不断增强，熵产生与负熵吸收的关系为 | des | > | ids | ，故整个阶段机体的熵流显示负值，一直达到峰值：| des | = | ids | 。图 6－1 熵流的峰值 Q 恰与 30 岁的生理年龄社会年龄相应。迈过这一最佳值，由于细胞的老化等生理、生化的功能性衰减，便出现 | des | < | ids | 的反向发展，机体的熵流显示正值，并不断地也是不可逆地一直走向热平衡。

第二，双峰优值示意图 6－1 显示出双峰，如前所述，25 岁前后出现生理年龄峰值。此峰标志人体系统的有效建设已经完成，机体表现着高序和高功能态。它是生理质量(自然也是生殖质量)的最佳态。此峰恰处于 V 型人体熵前期末段，负熵值正盛。因此精力充沛，思维敏捷，理想远大，自信心强，抗病能力亦强，是整个生理年龄的黄金时期。二是 35 岁前后出现的社会年龄峰值。它标志着对社会生活态度的成熟，同时实践使他们经验丰富，方法灵活，事业有成，就是说他们对社会生活有着相当深刻地投入，追求不凭幻想，办事讲求实际，人生修养水平较高，对整个社会生活有相当水平的哲学把握。此峰恰处于 V 型人体熵后期的早段，亦然具有生理峰值的气质，是整个社会年龄的成就时期。

第三，“大 X 构架”生理年龄、社会年龄、人体熵三条抛物线在图 6－1 中明显地表现了三者之间的相干性，出现了多种交叉。对此，我们称之为“

大X构架”。这个整体性的交叉结构表现了丰富的思想内容。

(1)交叉点A。此点为熵与生理年龄的第一交叉点，处于负熵态的中期，生理年龄成熟初期，即13岁前后，其相态改变的明显标志为女子的初潮、男子的初泄。

(2)交叉点B。此点为熵与生理年龄的第二交叉点，处于熵增态的中期，生理机能已明显下降，即40岁前后。其相态改变的明显标志为头发开始脱落、视力开始下降，心绪烦乱，心脏毛病开始出现。

(3)交叉点C。此点为熵与社会年龄的第一交叉点，处于负熵态中期，交叉点A后，即18岁前后，其标志为对社会了解的渴望，在经典的范式教育鼓舞下，开始立志，但理想多变，思维方式简单，热情大于理性。

(4)交叉点D。此点为熵与社会年龄的第二交叉点，处于熵增态中期，交叉点B后，即40岁至50岁之间。其标志为生活哲学已固，表现出相当的自信与守旧，一般说来是对旧的不满足，对新的看不惯，成为社会思想的中间人。

(5)交叉点P。此点即上述生理年龄与社会年龄的交叉点，此点又与人体熵峰值Q应合。这是一个内容丰富、意义深刻的交叉点，是“大X构架”的中心。此点的时空独特性就在于既不失其生理年龄的最佳区，又属于社会年龄的最佳区，更与人体熵的最佳点Q相对应，三优集于一点，可谓最佳。这就是“而立之年”。P点前后10年，即25—35岁两个峰值之间无论是生理机能还是社会能力都属于黄金时段。他们的机体最具活力，他们的思维最具创造性。他们的成就也最突出，等等。因此，对这个“大X构架”中心的意义无论怎样评价都是不会过分的。但是，人既非线存在，亦非点存在，而是要素协同的结构存在。然而，当我们从三个要素的统一从宏观上来观察和评价其系统质量的时候，便会发现它的非优之处。

生命伊始，三线统一于同一时空。但也正从这一点开始就相关的各自发展，也开始显示其非优来。早期突出的特征是动物性本能，自然无优可言。婴儿期是“五脏六腑，全而未成，成而未壮”。这种幼弱状态，不足以应付内外环境巨大涨落的影响，因此“易虚易实，易寒易热”。以往的时代，由于医药落后，婴幼儿的病死率高的原因正在于此，所以也是非优的。步入青年，代谢旺盛，体质强健，与环境的物能交换力强，对此负熵的吸取大于熵产生，人体建设迅速发展到最佳状态。但这只是一个方面，而在社会年龄方面却未成熟，即使步入社会生活较早者，亦多为经典型、经验型或幻想型，缺乏理性能力。从人的完整概念上来说依然不全，是为非优。社会年龄的发育是个教育问题，更本质地说则是个实践问题。人进入青年便开始产生强烈的社会意识，而真正有效地投入社会实践之中并具有强烈的社会意识，当在25岁以后。他们从经验到理论、从现象到本质地认识社会并形成一定的人生观，却是一个在实践中逐步发展的有序过程。35岁出现高峰，40岁上下才能对生活哲学有着较好的炼铸。但遗憾的是此时的生理年龄已迈过峰值而开始下降，相应的人体熵也越过最佳点而上升，优中已严重地滋生着非优。故而从人的完整概念上说也是非优的。

三、疾病的时空特征

人会生病，原因甚多，而最终的原因却在于人体系统中非优的存在。例如，结构的非优性，功能的非优性，能量转换的非优性，内环境的非优性，与外环境(自然的和社会的)的不完全适应性，防疫、免疫机制的多种缺失和过亢，心理的非优性，作为外环境——社会存在的非优性，等等。疾病作为一种非优，将影响和干扰着三大要素的健康运动，改变着人体系统“态”的正常发展序列，即异变人体系统的时空结构。对此我们可以做如下分析。

(一)熵——生命之神

时间的基本形式是节律。这种时间内涵在生物学中便是生物种。在人体系统极其复杂的空间结构中，相应地存在着复杂多样的节律结构。这种多元的内部时间的协同构成了一个整体的时间结构，即生命的节律运动。但是，这一切不同层次的时间节律以及整体节律之所以发生发展都是与熵运动相联系的。熵，在这里我们可以具体地称作人体熵，起码有三种意义。第一，动力学意义。熵所以有动力学性质在于熵压的存在。作为热分子有着两种基本特征，一是弹性，二是混沌性的随机的机械碰撞。因此在系统中由此产生了压力，我们称作熵压。正是熵压造成热扩散，但机械能不断消耗，其终末结果就是空间上热的均匀扩散、时间上的热扩散过程。这就是系统中时空的对称破缺和不可逆性的物理学原因。但是，这个熵动力却是退化性质的。当科学引入了“负熵”这个概念后，才给进化论以符合实际的解释，从而不仅从理论上彻底否定了克劳青斯的“热寂说”错误，也为认识系统的进化和发展开辟了道路。

第二，与生理年龄和社会年龄的相干性。人体熵不仅同生理年龄、社会年龄三位一体，相互依存，而且各自发展，又相互制约，相辅相成。正是这种相干性决定着人体系统“态”的出现和演化的序列性，即时空结构的序的改变，呈现着一条生命抛物线的轨迹。第三，生命钟意义。不可逆性的发现彻底转变了时间反演的不变性观念，从而确定了系统存在与发展的过去和未来的时序结构。当把时间移入系统之中作为一种内部变量来认识时，我们就可以用熵值对系统演变中的态作“年龄”比较。内部时间与外部时间不同，也与“细胞钟”不同。作为“年龄”判断，它是系统中所有局部时间的平均值困，是人体系统态的时间计量。在生命抛物线上，它标记着生命发展的全过程和每一个点，而在Q点之后简直可以说是倒计时的开始。

(二) 内部时间

布鲁塞尔学派在关于时间的复杂性研究中提出一个重要概念，即系统的内部时间，其内容，一是非局域性；二是对称破缺；三是寓于空间各层次中；四是作为一种态的“年龄”的表征；五是它与动力学表征的外部时间虽然同步却有本质的不同，它标志着熵的递增函数。如果将这些丰富的内容引入人体系统无疑是符合的。但是，内部时间作为生命钟的记录却是有限的，表现了它的局域性特征。对于生命系统来说熵的不断增大是一种必然，系统的熵压从最大逐步减小到最后的平衡，这个过程是确定的，因此内部时间只能是人体系统这个局域性中的存在，自然也是有限的。

（三）疾病的时空特征

1. 熵积。这是一大类疾病。令人感兴趣又不可捉摸的是，中医学中一个独具特色而又十分重要，但长期以来为医学说不清道不明的概念“内火”，原来就是“熵积”。即由于外环境条件的骤变（忽冷、忽热），机体产生过激反应，毛孔束缩，成为一种暂时的封闭或半封闭状态，从而使体内的热熵不能正常耗散而聚积起来，造成机体的熵积累，这便是内火。再有因气象、地理、社会等因素的过强还会形成性质不同的“内火”，如风火、燥火、湿火等。还有由于内外环境的耦合及其特殊作用，机体的内火会集中于某个局部空间而形成脏腑热病，如肝火、心火、胃火、肺火、肾火等。而与此相反的一大类寒症，也应从热熵的意义上给以认识。从生命抛物线考虑，上升期的“熵积”只是随机的机体半封闭形成，那么，衰降期的熵病则是机体自身日益老化而造成半封闭状态所致。

2. 对熵运动方向的引力偏折。系统自组织理论指出，热平衡就是一个吸引中心。由于负熵的引入，人体系统的熵才呈现出“V 型”结构。但其归宿终要到达吸引中心。以健康机体为前提，这个“V 型”路线将是光滑的。如果说在经典热力学中系统的熵压是一次性给予的，那么在耗散结构系统中，则存在着随机的多次加压。疾病（或熵积）就是加压器。疾病的发生实质是在局域（时空）中造成了熵的随机性扩大，从而增强了熵压，促进了熵增速度，加快向吸引中心的运动。而康复如上所述，不能完全归位从而出现了一定的时空差。这就是折寿不能达到生理学理论值（150 岁）的原因。于是熵运动轨迹就出现了引力偏折。

3. 对“态”的异变作用。“态”是人体熵、生理年龄、社会年龄等极其复杂条件相关的结果。它不仅有其特定的结构、功能和信息，而且更基本的是表现了特有的时空结构。疾病具有其局域性，从而形成该局域内部时空的改变。一般说来就是局部空间的膨胀或空间通道的不畅和时间速度的加快。而经过治疗痊愈后，由于该局域在病态过程中出现了物质的丢失或发生了由于物质丢失而出现的结构改变，于是局域空间的收缩或变性就是一种必然。同时，疾病的危害又造成内部时间的丢失或跳跃。这种具有实质性的改变决定着病位乃至整体上结构的异变、功能的削弱、信息的失真，影响着整体机能的协调和发挥，影响着整体对物能吞吐的能力和对熵的耗散。从而最终从宏观上说造成了“态”的异变。在疾病前后出现“态”的不连续性或相应的“态年龄”跳跃，即时空差异。

4. 疾病的时空分布。疾病的时空分布是决定性的又是随机性的。疾病的分布具有明显的时空特征。一般说来，在生命抛物线的两端分布比较密集，而中间则稀少。少年以前，由于熵压的强劲和生理机能不全以及缺乏自我保健能力，熵积则会常常发生，出现高烧，如果高烧不退又会合并肺炎、心肌炎等。如果不注意或由于机体内外环境的涨落的影响并造成逐级放大，出现蝴蝶效应，那么，熵压便会急剧上升，热运动在全身出现混沌状态，就可能完全破坏整体性的时空结构序，夭折就是不可避免的了。这就是婴儿死亡率特别是在医药落后、条件较差的地方较高的原因。人进入老年，由于机体开始出现日益封闭，再加上以往造成的时空异变的多种积累以及对负熵吸纳的功能性减弱，熵病自然也日益增多。这时往往会由于内外涨落的轻微发生而造成机体的严重不适，乃至加快熵增速度，出现直线上升，达到热平衡。这就是说，熵作为人体系统最基本的非优因素而言，决定着疾病发生的时空分布。生理学疾病人由于社会因素的作用而摆脱了自然选择，同时也就失去了用自然手段抑制病理学发生的防护机制。这就是人类比动物的疾病更多的原因。但是，其疾病发生的时空分布依然在生命抛物线的两端相对集中。其原因正在于这两部分的生理学非优性较大。人生之初，由于发育不全功能不强，免疫系统尚未健全，再加上缺乏自我保健的能力，因此极易受到内外涨落的冲击而发生疾病。这些疾病除了一些常见病外，还表现着儿童期的疾病谱特征，如脑膜炎、天花、百日咳、儿麻等。步入老年，人体系统的基础代谢日弱，与环境的物能交换能力日低，更主要的是时空的多处破损，疾病的发生渐多就是必然的了。除了一些常见病外，还表现着老年性病谱特征，如基础代谢功能弱化、动脉硬化、高血压、骨质疏松、耳聋、眼花、老年性慢性支气管炎、早老性痴呆等。人的社会学疾病与人对社会的投入程度相关，也与社会对人的作用相关。这种双向作用所发生的疾病随着人类社会文明的发展而不断加深和扩大。人体系统的非优存在使致病生物学因子随机而寄存，但在相当的内部时空中却不表达，而在一定的文化范围、一定的心理改变，特别是在当今快节奏、重负荷的情况下，人们出现严重的疲劳，没有信心，从而影响免疫功能下降或某些生物钟的紊乱，那么潜伏的生物学致病因子便得到适宜条件而活跃起来。这是一种类型。第二种则是社会的心理的巨大压力，使人不堪承受或超过负荷时，轻则出现心理障碍，心理不适，重则出现精神变态。第三种则是社会观念对人的生理性迫害，如种族歧视、等级观念、对妇女儿童的歧视、激烈竞争的强大压力等，均将造成这部分人心理、生理上的畸变而成为病态。第四种是老年人特别是因退休突然改变了几十年的工作习惯，从而出现严重心理不适的社会病。加之观念守旧，跟不上社会文明发展的节奏，与子代间发生“代沟”等，而产生孤独感和被抛弃了的末日感，生理性疾病就在衰朽的机体上在多时空点上出现，这就是说人和疾病之间是以社会因素为中介和通道的。

上述的疾病谱是熵、时空等不可逆性在人体系统非优存在上的必然，这是决定论的，同时也是随机的，即一种疾病在何时、何地发生是有条件的。疾病的发生在生命抛物线上，一方面表现了时间上的全程但不均匀分布，另一方面表现了在空间全层次的特异性分布，同时二者又紧密关联，疾病的时间性在空间序中表达，疾病的空间性又依时间序做选择。时空的破损在“态”的序列上体现，这种破损的非优“态”的序反作用于整个人体系统，造成生命抛物线的变形。

第三节　基于非优的社会系统非平衡特征①

本节通过系统非平衡理论对社会系统的非优问题进行分析，特别是运用经典的熵模型和泛函方程来刻画社会系统的涨落行为，以传统的方法讨论内在的非优问题。

运用系统理论方法研究社会系统取决于模型系统选取的合理程度。由动力学变量决定的社会态函数所提供的信息可以定义 Shannon 社会熵。定态社会系统的产生熵可以描述社会系统的不可逆过程并且是一个很好的 Ляпунов 函数，它使我们对定态自组织的社会系统的整体稳定性充满自信。社会系统的 Fokker – Planck 方程及其定态解的时间发展行为可以解释社会系统的非平衡相变。尤以知识结构的创新对社会系统的发展壮大，以至于出现非平衡相变都起着决定性的作用。

一、定态社会系统状态的信息熵

（一）社会态的信息熵 H_S

任何开放的社会系统从系统科学的角度讲都是典型的非平衡非线性的包含大量性质各异子系统的大系统。面对纷繁万千的大系统，我们只能受限于系统的某些运动状态方面的知识以获取有用的信息。截至目前，我们除了对单色相干波这一理想模型可以定义它的全部信息（全息）外，比单色相干波稍为复杂的研究对象我们都难以定义它的全息含义。因此提出所谓“生物全息律”“全息生物学”“全息医学”“全息工程学”，甚而至于“全息宇宙学”的说法都是极不负责的议论。要知道即使我们运用相干源去获取被研究对象的某种

① 聂云．社会系统非平衡定态特性之系统方法研讨方略［J］．系统工程理论与实践，1999（10）：20 – 26.

"全息图"，那也只能是相干源能触及的被研究对象的极其有限的状态知识，更何况研究对象的难以计数的运动状态知识怎么可能单凭单色相干源这样一种探测手段就"查知万象"呢？

面对由各种各样的人组成的开放型社会系统，存在着大量的动力学变量，然而形成一个宏观有序的定态社会系统的有序结构却只受少数几个动力学参量的"支配"。爱因斯坦指出："要通向这些(普遍的基本)定律，并没有逻辑的道路，只有通过那种以对经验的共鸣理解为依据的直觉，才能得到这些定律。"当今世界的有识之士高度地注意到"知识"在现代社会中的至关重要的作用。我们首先选取这种"共鸣的直觉"，以知识这种基本的动力学变量来研究处于社会系统主导地位的人的运动状态及对社会系统运动状态的作用。

社会系统中的人既具有先天的、固有的状态特征(如性别、肤色、民族、基因……)，又具有后天的、可塑的状态特征(如文化、能力、爱好……)，然而人们对社会系统的运转和发展起决定作用的统计学行为，却只能是后天的特征起作用。在众多的后天特征里，能够描写人与社会系统相互作用本领或状态的莫如人后天具有的知识结构 K，以及与人的知识水准密切相关的工作能力 t。就是说人的能力大小直接与人的知识结构有关，即

$$ES = ES(K,t) \qquad (6-1)$$

式中 t 代表时间，知识结构 K 实际上是由众多的知识元 K_i 构成，而每一知识元又是一模糊集 K_i，因此实际上应看作是一个论域或万象集。

任何运转中的社会都存在着不同需求的可供人们选择的工作岗位 r_j，对每一岗位都有相应的能力要求 ES，我们就把具有相对能力要求的工作岗位称为社会(量子)态，可以用态函数表示为

$$\psi_s = \psi_s(E_s, K, r_j, t) \qquad (6-2)$$

实际的社会系统总是按知识结构的层次分级，如各种学位制；同时也对人的能力进行分级，如各种技能职称。于是处于某种工作岗位上的人也就具有了由(6-2)式表征的确定的社会态，称为人的社会态，这样的人才是所谓"社会化的人"。社会化的人因响应社会系统的能力要求而工作，表明人与社

会系统间存在着相互作用势 U_{sj}，由(6－2)式表征的人的态函数描述了处于社会势场中的人的“运动”状态。我们看到定态社会系统实际上是一个按知识结构层次和能力层次构成的开放的宏观有序的“量子化”系统。事实上即使同一能力级次都对应着不同专业类别的工作岗位，这相当于量子系统中的“能级简并”。为保证定态社会系统的正常运作和发展(即满足各种运动对称性)，规范相应的社会态的考核和晋级规则，相当于“量子系统”满足对称性要求的“跃迁”规则。对于一个开放的非平衡定态社会系统，我们可以想象它是一个所谓“系综型”社会，即由 L 个性质相同的系统构成，系统与系统间有能量、物质、人员、货币、知识等各种广延量的交换，并共处于一定的约束条件下运行。运用熟知的系综统计法于这一“宏观量子化的社会模型系统”，我们发现社会系统处于某种定态的概率为 P_j，于是我们想要知道某个系统的社会态的信息为：

$$H_s = -K_s \sum_j P_j \ln P_j \tag{6-3}$$

这个由 Shannon 定义的表征平均信息量的信息熵，此处称为(定态)社会(信息)熵 H_S，式中 P_j分别表示 $j=1, 2, \cdots, \Omega_S$个社会态的概率，比例系数 K_s的社会学意义在后面定义。自然我们有概率的正性和归一化条件：

$$\sum_{j=1}^{\Omega_s} P_j = 1 \tag{6-4}$$

在约束条件(6－4)下，不难运用 Lagrange 乘子法求得使社会熵取极大的条件是：

$$P_j = \frac{1}{\Omega_S} \tag{6-5}$$

将(6－5)式代入(6－3)式，得

$$H_{S\max} = -K_S \ln \Omega_S \tag{6-6}$$

这样我们有一个十分重要的结论：满足(6－5)式的机会均等性条件的社会熵(亦即 Ω_S)取极大值。深入讨论我们会逐步体会到这是定态社会系统中至关重要的动力学细节——平等竞争机制的原则体现。反之可以推证定态社会熵取极大时社会态的分布就是最大可能分布。

(二)社会态的社会价值 Ts

考虑到分布的具体形式并不对系统状态的研究起重要作用，但是系综的巨配分函数 Z_{GS} 却包容了系统的基本的“统计力学”信息。不失一般性，我们取如下简化的分布形式：

$$P_j \propto \exp\{-\beta E_j(n)\} \quad (6-7)$$

式中 β 是一个 L agrange 乘子，$E_j(n)$ 表示具有确定社会态的人(n)的活力能。定义：

$$\beta = \frac{1}{K_S < T_S >} \quad (6-8)$$

为保证乘积 $K_S < T_S >$ 具有能量量纲，我们合理地选取 K_S 的量纲为[活力能当量/ $]，它的意义很像“单位产值的能耗”，$为某单位币值并非单指美元。此处应理解为社会态者每创造单位产值的有形或无形产物折合的人的活力能的“当量值”。至于如何确定这个当量值显然是一个和具体国家或社会在一定时期的经济状况有关的“技术”问题，然而这个当量值如同各国货币之间的汇率折合当量一样事实上是客观存在的。一个具有社会态的人对社会做出了贡献，理应得到与他付出的活力能相适应的报酬或待遇，我们就称这个社会态者具有社会价值 T_S，此处有双重含义，以货币为单位付一定数量的报酬用以定量量度社会态者的社会价值称为有形(或称物质)价值；但同时还有无法用货币值量度的人们“意识”上的印象价值，称之为无形(或称意识)价值，例如名人效应、名牌效应等。早在中世纪时期头脑聪慧的人们就已懂得使用“无形价值”的手段为自身同时也为社会创造并积累财富。(6-8)中式 $< Ts >$ 为定态社会系统的社会价值的“系综”平均值，而不是平衡态系统的宏观平均(强度)值。例如，平衡态系统的温度(T)是靠外界强制(封闭)维持的；而社会系统中的社会价值(殖民者或强权者掠夺他人的财富除外)只能来自人们付出活力能(即人与自然和社会系统相互作用)而创造出价值，二者的本质差别是显而易见的。

(三)价值规律推动下的正反馈循环通道

我们合理地赋予乘积 $K_S < T_S >$ 一个名称——社会需求势或称社会竞争

势。这是很易理解的，一个社会系统的当量的大小是其经济发展水准和经济实力的明显表征，K_S 的存在是靠各社会态者付出活力能创造财富的结果，K_S 值的增长意味着人们付出活力能 ES 所获得的社会价值愈高，于是乘积 $K_S < T_S >$ 愈高则愈能吸引人们付出更有效的活力能，就是说社会需求愈大则愈能激发人们的活力，人们与社会系统的联系才会更紧密，社会系统因此而不断进步。这样社会系统中明显地存在着如下一个由价值规律驱动着的使社会不断发展壮大的正反馈循环通道：

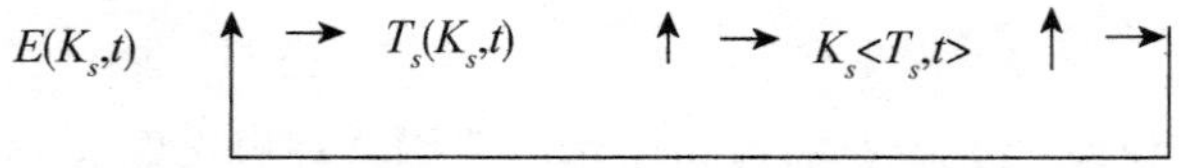

$$E(K_s,t)\ \uparrow \rightarrow T_s(K_s,t)\ \uparrow \rightarrow K_s\langle T_s,t\rangle\ \uparrow \rightarrow$$

由于社会系统有非线性及不可避免的阻尼因素和涨落力（非优），所以不必担心出现“无穷大”的困境。

二、定态社会系统中的熵产生率

我们以知识结构 K 这一重要的动力学变量来塑造人的社会态这一模型，并对由社会态构成的社会系统定义了社会熵 H_S，事实上信息熵对社会系统中存在的可能的广延量均感兴趣。例如除知识外，社会系统中的人数（n）、人才数（nk）、各种物资（m）、资金（q）等广延量均有可能作为社会系统的动力学参数，左右甚至于制约社会系统的状态变化。对社会系统的某一局域可以定义局域熵密度，仍以符号 H_S表示，于是有：

$$H_S = H_S(n,nk,m,q,K,r,t) = H_S(X_i,r,t) \qquad (6-9)$$

（6-9）式中 r 代表局域（空间）变量，X_i 代表各类广延量。这样分布（6-7）式可以一般地简写成：

$$P_j = \exp\{-\sum_i \beta_i X_i\} \qquad (6-10)$$

这表示各类广延量在社会系统中的运作都会有其相应的 β 值，就是说都会对社会系统的价值和当量值有贡献。将（6-10）式代入社会熵表达式（6-3）中，得到：

$$\frac{1}{K_S}H_S = \sum_i \beta_i X_i \tag{6-11}$$

其中考虑了约束条件：

$$\sum_i X_i = X$$

$X_i = X$，即局域社会在一定时期内的总广延量应该是有限的。当我们考虑两个不同局域社会系统（包括社会系统的不同地域间）发生广延量交换时，于是两个系统的总熵密度 $H_S^0 = H_S^1 + H_S^2$ 将随广延量 X_i 的变化而变化，于是有

$$\frac{\partial H_S^0}{\partial X_i} = \frac{\partial H_S^1}{\partial X_i^1} - \frac{\partial H_S^2}{\partial X_i^2} = K_S(\beta_i^1 - \beta_i^2) \tag{6-12}$$

上式仍考虑了广延量总量不变的约束条件，这是守恒律的要求。由（6－12）式所表征的因广延量的分布“梯度”而引起的交换“力”我们定义为广义社会力

$$F_i = \frac{\partial H_S^0}{\partial X_i} = \frac{1}{T_i^1} - \frac{1}{T_i^2} \tag{6-13}$$

（6－13）式中 T_i 为相应的广延量的社会价值，（6－13）式正是我们预期的结果。

$$\frac{\partial H_S^0}{dt} = \sum_i \frac{\partial H_S^0}{\partial X_i} \cdot \frac{dX_i}{dt} \tag{6-14}$$

例如物资流密度 J_m，人口及人才流密度 J_n，资金流密度 J_q，知识及信息流密度 J_K 等，于是我们定义广义社会流密度：

$$J_i = \frac{dX_i}{dt} \tag{6-15}$$

这样（6－14）式所表示的便是某局域社会中产生熵的“速率”，用 σ_S 表示，我们有：

$$\sigma_S = \frac{dH_S^0}{dt} = \sum_i F_i J_i \tag{6-16}$$

更具体地说，一个定态社会系统中的定域熵产生可理解为某个行政单位（如区域、省、市等）由所有广延量（人、财、物、知识等）的相互作用提供的

综合信息密度，它来源于价值梯度(力)所引起的各种流密度的相互作用。它在一定程度上刻画出了这个“局域”社会系统的宏观有序的不可逆过程的壮观图景。例如，某一局域社会一旦有可以信赖的价值梯度预测和良好的投资环境，通过招商引资渠道便会形成可观的资金流 J_q，必将交叉耦合出物资流 J_m、人流及人才流 J_n，信息及技术流 J_k，于是便促进了各种稳定流所需的流通渠道的建设，如能源、交通、金融、信息等硬件建设。然而为了保证“流密度”的相对稳定性，社会系统对这种梯度“力”的响应必须是“线性”的，因此恰当的宏观调控是必不可少的，否则仅仅“盲流”导致的人口密度的过分膨胀就足以使这一局域社会丧失“线性功能”而瘫痪。这一类常识性的社会学知识可以用数学语言模拟如下：

$$J_i = J_i\{F_i\} \tag{6-17}$$

并且要求有如下的线性关系：

$$J_i = \sum_i L_{ij}F_i \tag{6-18}$$

式中：

$$L_{ij} = [\frac{\partial L_i}{\partial F_j}] \tag{6-19}$$

不难证明在定态时各种流密度取稳定值，而：

$$\sum_{i=1}^{n} \frac{\partial \sigma_S}{\partial F_i^2} \tag{6-20}$$

于是在 $\sigma_S - F$ 相空间中，说明处于某种定态 F_i^0 下的社会系统其熵产生达到最小，此即 Prigogine 最小熵产生定理在社会系统中的运用。证明了定态社会系统在“线性响应”下的整体稳定性，也说明了社会产生熵 σ_S 确实是定态社会系统的一个 Ляпунов 函数。某些具有“序参量”功能的动力学变量的相应的流密度的过分不稳定，将导致势函数 σ_S 偏离极小值而动摇社会系统的整体稳定性。例如，因资金严重短缺而出现的资金流密度的不稳定，轻则影响社会经济的增长幅度或正常运转，严重的泡沫经济还将出现“金融危机”或“经济危机”；物资流密度的不稳定则会导致物价非正常涨跌；知识或技术信息的闭塞而出现的不稳定流则将严重制约社会经济的竞争能力和发展潜力；等等。

三、社会系统的 Fokker – Planck 方程

（一）社会系统的自由能泛函

描写社会系统的运行规律，即动力学规律的实质是揭示社会系统中的相互作用规律。描述定态社会的有序化相互作用选取势函数来表征是理所当然的。例如，我们曾经定义并讨论过的社会熵密度 H_S 就是一个很好的势函数。描写势函数的态变量可以是众多的社会广延量，这些类似于"热力学坐标"的态变量都有可能作为社会系统的序参量而存在。我们用符号 $q(X)$ 表示社会系统的态变量，其中 X 具有抽象（社会）空间坐标的意义。其次要求势函数还必须是社会价值 T_S 和时间 t 的函数，写成：

$$F = F[q(X), T_S, t] \tag{6-21}$$

我们给这个势函数一个名称——社会系统的自由能泛函。假设社会系统已处于某个相对的定常态 $q_0\{X_0\}$，现在我们可以在定态点 q_0 附近将 F 发展成 q 的幂级数，并且我们希望考虑不同社会局域间有可能导致自由能增加的耦合作用，用 $\gamma[\nabla(X)]^2$ 来表示这种作用，并考虑反演对称性，于是 F 就写成著名的 Гинзбург – Ланда 泛函形式：

$$F(q, T_S, t) = F(0, T_S, t) + \int d^n x\{\frac{\alpha}{2}q(X)^2 + \frac{\beta}{2}q(X)^4 + \frac{\gamma}{2}[\nabla q(X)]^2\} \tag{6-22}$$

于是有态变量 $q(X)$ 的弛豫方程：

$$q(X) = -\frac{\partial F}{\partial q(X)} = -\alpha q - \beta q^2 + \gamma \Delta q + \widehat{F} \tag{6-23}$$

式（6－23）中附加了社会系统中的涨落力项 $\widehat{F}$，式（6－23）是与时间有关的 Гинзбург – Ландау 方程，属于 Langevin 型方程，这便是广义社会态变量的力学方程，q 泛指一切社会态变量。

(二)社会系统中的两类涨落力(非优性)

在前面社会系统分析的基础上，我们引入讨论的主题。现实的任何社会系统中均存在着各种各样的、程度不同的非优性，例如经济发展状况的非优性、各种体制的非优性、人们文化素质的非优性、生态环境的非优性、人们生活水准及生活质量的非优性，等等。而人类社会的生存目的说到底就是为着不断地克服现实社会的种种非优性。然而只有站在由社会态变量构造的合适的优化模型高度上才能洞察出一切非优性，才有可能设计出适用于各种具体环境的克服非优性的可选方案来。现在我们集中研究社会系统中的两类涨落力，以此为契机探求克服社会系统的非优性的基本途径。社会实践的直觉经验告诉我们有一类涨落力来自社会系统遭受的“天灾和人祸”。天灾是人们熟悉的水、旱、虫、飓风、地震、瘟疫等，而人祸的花样可就多了，如大小战乱、吸毒贩毒、贪污腐败、生态破坏、黑社会团伙，等等。无论天灾或人祸均具有突发性，我们把这一类来自社会外部和内部的突发式破坏作用看作是一类无规涨落力，用函数进行数学模拟最为合适。社会系统中的另一类涨落力，也是我们最为关注的一类涨落力因子，这一类涨落力最显著的特点是与社会系统平均社会价值的增长以致“突变”密切相关。世界经济发展的历程清楚地显示科技水准是促使社会经济繁荣的决定性因素，然而科技水平的提高直接依赖于基础理论的研究，即取决于知识结构创新的水准。我们形式地定义一与知识结构 K 有关的涨落力:

$$\widehat{F} = \widehat{F}[T_S(K), t] \tag{6-24}$$

让我们先局限在某一定态点 $T_S^0(K)$ 附近讨论问题，以 T_S^0 作为“展开点”，在 T_S^0 的邻域内将函数 $\widehat{F}$ 展成 Taylar 级数，由于 $(T_S^0 - T_S^0)$ 是一小量，只取线性部分，并令 $T_S^0 = 0$，于是得:

$$\widehat{F}[T_S(K), t] = \widehat{F}(0, t) + AT_S(K) \tag{6-25}$$

式中

$$A = \left.\frac{\partial \widehat{F}}{\partial T_S}\right|_{T_S = T_S^0 - 0} \tag{6-26}$$

我们只关心涨落力的相对变化量，即

$$\Delta\widehat{F} = \widehat{F}(T_S,t) - \widehat{F}(0,t) = AT_S(K) \tag{6-27}$$

虽然人们常常是有目的地投入资金和人力进行科学和技术的探索，然而在基础理论的创新或知识结构的突变上，往往不能做到准确预测。就是说我们可以假定上述两类涨落力都是 Gauss 型的，于是涨落力 $\widehat{F}$ 之间的相关函数也是 δ 型的：

$$\widehat{F}(t)\widehat{F}(t') = Q\delta(t-t') \tag{6-28}$$

式中 Q 是涨落力强度。于是涨落方差为

$$<(\Delta\widehat{F})^2> = Q\Delta t \tag{6-29}$$

特别是对于第二类涨落力，考虑到(6－27)式，相关强度 Q 亦应与社会平均价值 $< T_S >$ 成正比，由于强度量属于“能量通量”应该具有能量量纲，所以有

$$Q = bK_S < T_S > \tag{6-30}$$

式中 b 是一个只与单位选取有关的常数，K_S 是已定义的社会价值的当量值。于是我们又有一条由(6－30)式所表征的、因知识结构 K 的变化而引起的涨落力因子“长大”形成的正反馈循环通道

$$K(E_S,K_S,T_S,t)\uparrow \rightarrow T_S(K)\uparrow \rightarrow K_S < T_S > \uparrow \rightarrow Q(K)\uparrow \rightarrow$$

（三）Fokker－Planck 方程及其定态解

任何宏观有序的定态社会系统中，为保证系统的稳态运行而制定多种保持其运动对称性的规范是必要的，但更为重要的是在(6－5)式的等概率性基本保障下不断地激励社会态的内在活力，社会系统才能在由(6－22)式的自由能泛函所表征的社会系统大势场中，通过复杂的非线性相互耦合使社会不断地演化进步。按照这样的哲学思想，我们应该把社会态变量的变化看作是一随机过程，于是只能寻求某时刻态变量的概率密度 $P(q,t)$，我们用 δ 函数来表示某一态变量的概率密度：

$$P_j(q,t) = \delta[q,q_j(t)] \tag{6-31}$$

当我们要考察所有的态变量的概率密度时，需要对 δ 函数取平均，为此

定义一分布函数$f(q,t)$来描写这个平均：

$$f(q,t) = < P(q,t) > = < \delta[q - q(t)] > \qquad (6-32)$$

式中q代表所有的社会态变量。于是$f(q,t)\mathrm{d}q$就给出了在态空间$\{q\}$中，$q - q + \mathrm{d}q$区间“发现”社会系统某个态的概率。为求(6－32)式的分布我们需要借助于态变量的动力学方程(6－32)式，假如这些态变量$q(t)$是我们熟悉的社会系统中的广延量(如物资、人才、资金、知识等)，我们知道$f(q,t)$就是社会系统中的广义流密度J_i。略去一系列冗繁的演绎过程，借助于非线性的Langevin型方程(6－32)式，我们可以得到n维F－P方程：

$$f + \nabla_q \cdot J = 0 \qquad (6-33)$$

式中$\nabla_q = (\partial/\partial q_1, \cdots, \partial/\partial q_n)$我们希望求方程(6－33)式与时间无关的定态解，即$f = 0$，当设定边界条件，并有(6－22)式的具势条件和(6－29)式的涨落方差，可得泛函F－P方程的定态解：

$$f(q) = N\exp\{-2F(q)/Q\} \qquad (6-34)$$

我们知道，社会系统的信息熵H_S是关于社会态的平均信息量，而社会系统的态变量分布$f(q)$表征的是所有态变量的概率平均。两种方法采用的都是概率数学语言，然而前者是典型的统计力学方法，而后者是概率论与动力学方法相结合的产物。两者在解释社会系统的定态整体稳定性方面是等效的，而态分布$f(q)$却能从动力学的非线性相互作用细节上说明社会系统的非平衡相变。

(四)社会系统的非平衡相变

不失一般性，我们取如下单变量q的自由能函数：

$$F(q) = \frac{\alpha}{2}q^2 + \frac{\gamma}{3}q^3 + \frac{\beta}{4}q^4 \qquad (6-35)$$

利用Ландау的唯象性相变理论通过(6－34)、(6－35)式来讨论社会系统的非平衡相变。令参数$\gamma > 0, \beta > 0$，让自由能函数的极小值作为参数α的函数变化，并令参数α依赖于社会态的社会价值T_S：

$$\alpha = a(T_S^C - < T_S >) = \alpha_0(1 - \tau), (\alpha_0 > 0) \qquad (6-36)$$

式(6-36)中 $< T_S >$ 为社会系统的系综平均值，T_S^C 为临界值或称阈值，$\tau = < T_S > / T_S^C$，现在需要认真考虑两类涨落力(非优性)的平均强度 Q 对于社会态分布的影响。起因于“天灾和人祸”的无规涨落力，通常我们是统计在一个时期内的损失合计，以货币值折合损失量，用以估算因这类无规涨落力给社会带来的“相关平均”冲击强度 Q。显然这个强度直接导致社会系统的平均社会价值降低 $< T_S >$ 相当于社会态方程中的阻尼因子增大，因而自由能函数 $F(q)$ 以及分布 $f(q)$ 的陡度变缓，表明社会系统的整体稳定性及有序性随之降低。然而另一类起因于社会态的知识结构创新的涨落力强度(6-30)式直接导致社会系统的平均价值增长，并形成一正反馈循环通道，导致参数 A 亦随之变化。这样随着涨落因子不断“长大”的同时，也在改变着态变量之间的相互耦合[由 $F(q)$ 表征]，并影响着态变量的分布 $f(q)$，直至越过临界值后时间发展行为注定使社会系统跃入一个新的有序定态之中。现在让我们带着上述理论模拟的图像“进入”真实的人类社会系统中，并顺着历史长河溯向上游粗略考察。假如我们把举世公认的世界几次工业革命定义为社会系统的非平衡“相变”的话，上述模拟就会令人信服。无可争辩的事实是导致社会系统有序性相变的工业革命中新技术的诞生并完善，只能由知识界中的佼佼者们奏响前奏曲，是他们首先在基础理论的知识结构上越过某种“阈值”而发生“相变”，例如理想热机论、麦克斯韦电磁论、相对论、量子论、生物工程论等，其中最具划时代意义的知识结构的“相变”典型，莫如普朗克(Planck)的能量量子化理论，突破了经典的能量连续性的阈值，从而为现代物理学的第一擎天支柱奠定了基础。在这一领域内的临界参量的阈值就是著名普朗克常数“h”或“h”；另一个则是爱因斯坦(EinStein)的相对论突破了经典时空观的阈值，为现代物理学的第二擎天支柱奠定了基础。在这一领域内的临界参量的阈值就是与真空中电磁波的相速 C 相关的参数 $\beta = v/c$。在其他基础学科中亦不乏此类事例。一旦这类知识相变所引发的相关技术知识及其产物(例如蒸汽机、内燃机、发电机、电动机、电子及微电子技术、原子能、激光、电子计算机、超导、生物工程、材料科学、太空探索)具有显著的社会化经济开发价值的时候，这就是与社会价值有关的“科学技术”涨落因子“长大”的动力学细节，可见社会系统中知识界的社会态者在知识结构上的创新才是推动社会系统不断发展壮大并进而诱发相变跃迁的唯一源泉，知识界才是一个社会系统中最具潜力，因而也是最具挑战力的财富。至此，可以简略回首关于定态社会系统理想模型的基本特征，社会系统处于某种相对定态时其社会态序参量 q 的概率分布 $f(q)$ 为最可几分布，此时的社会态数取相对最大值 Ω_{Smax}，社会系统的自由能泛函 $F(q)$ 取最小值，表明系统最稳定。如果用抽象几何的语言来描述这种理想的定态系统，就可以用公理式的语言总结出如下原理性的知识：

①各社会态共处于有势[$F(q)$]场中，并以同等概率[$\frac{1}{\Omega_{Smax}}$]生成抽象社会空间。

②具势社会空间中各社会本征态作为抽象社会空间的基石而存在。

③非具势社会空间有向具势(具有相对极小社会自由能)抽象社会空间转变的唯一趋势。

第七章

“非优因素”与社会系统有序性

第一节　基于“非优理论”的系统优化模型

一、系统非优的建模思想

系统“非优理论”和追求最优化模式，两者是对立的统一，是相互联系、相互贯通的。前者表现为从非优范畴的挣脱，后者表现为在优范畴内对最优化模式或过程中的探索。就两大研究范畴的依存关系而言，非优范畴的形成及非优约束的确立是优范畴建立的基础，即人们的研究只有在真正跳出非优范畴之后，才有可能在实践中进入对最优化模式或过程的追求。

系统非优学是根据系统科学中的有序性、动态性原则和自组织理论来研究系统在什么因素的影响下和在什么条件下失稳的，如何有效地预测和控制这些失稳，如何缩小系统失误、缩短系统失稳而实现系统运行目标的过程，进而构造出对系统失稳有一定控制作用的非优指导系统，以便对人类实践活动提供避免失败和失误的综合指导。系统非优学为系统理论的研究提供了新的思路，特别是对自组织理论的研究。关于有序与无序一直是学术界研究的热点问题，不同学科的学者，在不同领域内，使用不同方法，对有序无序现象和理论做了种种的解释和探讨，但是有一个基本点是共同的，即都认为

“序”这个概念可以从时间、空间和功能这三方面来描述。运用系统非优学可得出人的需求控制有序这一观点，还能通过非优指导系统来发现从无序到有序、从有序到无序的规律。系统非优学还会在控制理论中有所应用，它能将人们的经验转化为科学手段，有可能是控制系统中增益的行为模型，而且能对系统从“优”和“非优”两方面进行控制。另外，该理论将会在灾害预测与评价方面有美好的应用前景，它将会引起灾害预测部门的重视。

今天，人类社会发展面临着一个严峻的挑战，即如何确保不失败、少失误和少走弯路的问题。即使在现实条件下被认为属于最优化模式，但由于在走向有序的动态过程中，有些隐患尚未暴露，有些因素的横向或纵向相互联系及内在规律尚未被认识，那么所谓的最优化模式也只能是暂时的。因此，如果凭主观愿望盲目地按最优化思想策略来确定对人类社会各项问题的认知，并以此去制定相应的计划和措施，或盲目地推广某种最优化模式，就必定存在着较大的危机。所以，在各个领域的研究与实践中，大至国家政策的改革，小到一个生产企业经营的改革，运用系统非优学思想，逐步建立起具体的非优判别指导系统，必将提高各方面的风险控制能力，真正实现系统的最优化。

任一复杂社会系统，由于系统的非线性、不确定性，引起了系统状态的“非优性”，形成了不同的系统行为和运行方向。一个不确定的系统，都必须经过一个“非优分析”后才能分类，而且描述系统特征的那些测度的可行性是从“非优分析”中得到的。传统优化理论的研究模式是在确定的目标和条件下寻求最优化问题。但是，对于大部分的现实问题，优和非优的组合构成系统的实际状态，只考虑“优条件”下的系统行为和目标或只考虑“非优条件”上的系统行为和目标都是不完全的，只有同时考虑“优”与“非优”才能达到对系统优化的全面分析。

二、基于“非优分析”的优化模型

社会系统“非优分析”的作用之一是对“优”和“非优”范畴的边界进行定

量的描述。两者的边界由于客观条件和人类意愿的变化，以及人们所具有的不同行为参数，通常呈现不确定性和动态性，同时又由于人类实践和认识的不断进步，以及在科学信息广泛交流的有效协同下，边界将在动态变化过程中又呈现可描述的趋势。对已被描述出来的边界的合理性和可行性判决，不是一个理论，是一个方法的选择和实践检验问题。对任一社会系统 S，存在着 t 时的目标值 f_t，则有：

$$\begin{cases} f_t^o = \lambda_1 x^\alpha \\ f_t^{NO} = \lambda_2 x^\beta \quad \alpha + \beta = 1 \end{cases} \tag{7-1}$$

式中的 f_t^O 为 t 时的相对优值，f_t^{NO} 为 t 时的相对非优值，λ_1，λ_2（或写成 λ_O，λ_{NO}）为环境适应系数，x 为系统的状态变量，α，β 分别是系统 S 的优弹性和非优弹性。

$$f_t = \begin{cases} f_t^o & f_t \in Optimum \\ f_t^{NO} & f_t \in Non-optimum \end{cases} \tag{7-2}$$

不同系统的优和非优的边界是不同的，这种边界值的求法可利用系统分析的方法。

在对社会系统非优分析的基础上，确定人们认识和行为的基本非优约束，它可以用数学形式加以定量表达。非优约束有二层意思，一是通过非优约束去建立优约束，另外还可以确定哪些是非优范畴。我们知道，在一定约束条件下 X_i 对系统 S_1 是优的但 X_i 对系统 S_2 是非优的，尽管我们可以从整体上来确定 X_i 符合所有的 S_i 但仍会有两方面的情况出现。因此，如下形式则是较为符合实际的：

$$f_t = \begin{cases} \begin{cases} f^o \rightarrow \max \\ s.t.o\ Ax \leq b \quad s.t.o\text{— 优约束} \end{cases} \\ \begin{cases} f^{NO} \rightarrow \min \\ s.t.No\ Bx \leq a \quad s.t.No\text{— 非优约束} \end{cases} \end{cases} \tag{7-3}$$

系统非优分析中的基本方法和基本程序是：

(1)尽可能全面系统地收集所研究领域内诸非优状态、诸非优状态发生发展过程的大部分信息，可以列出各种非优状态的分布，形成相应的非优范畴，建立非优信息系统库；

(2)以系统科学原理为指导，对所收集的信息进行系统“非优分析”，找出导致非优状态的发生、发展的主、次要作用因素和内、外部条件，以及非优状态的主要特征量(可通过对非优状态矩阵求矩阵的特征量方法来解决)；

(3)运用系统工程、控制论的有关方法和手段，根据实用化、规范化的基本要求，在所确立的非优范畴内建立相应认识与行为上的非优约束和非优约束体系，或在计算机上设计和实施有一定控制作用的非优判决指导系统。

第二节　“非优”判别指导系统

一个社会系统 S 如能配上一个指导系统，那么此系统 S 就可称为一个完全系统。所说的指导系统是由系统 S 提供的在三个时态上的参数系统。如图 7－1 所示：

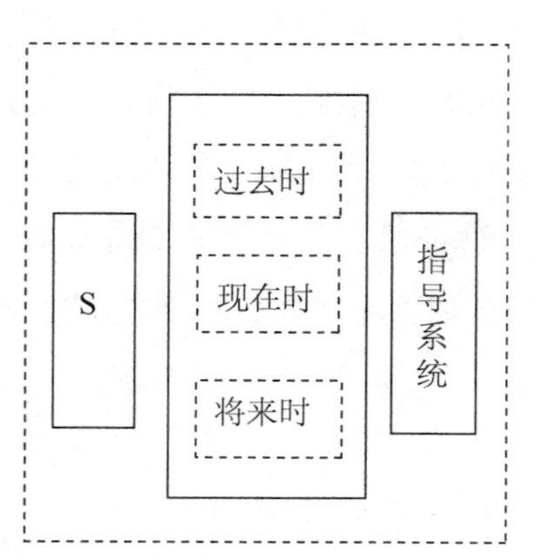

图 7－1　完全系统

这里所说的过去时态参数系统是指系统已经历的过程中对系统的“非优

因素”的认识度的各种参数，系统的现在时参数系统是表明正在运行的系统中对“非优因素”识别的各类参数。所谓系统的将来时是系统对将来要发生的“非优因素”的预测能力，它是以一组预测“非优因素”来表现的。由于系统在运行中所具有的不确定性，一般指导系统很难建立，也就是说，很难确定一种尺度来衡量系统运行效果。因此，可以通过非优反演的原则来寻求系统指导标准。

令 S^0 表示“优”状态下的系统，从这一系统出发是要确定优状态存在的条件 x^0 ，换言之，当 x 为何值时，S^0 为优系统。令 f 表示一种识别，通过它可由 S^0 根据过去时的经验模型、现在时的判别模型、将来时的预测模型来建立非优系统 S^N ，其中包含着 S^N 产生的条件 x^N 。因为 x^N 是比较容易确定的，则可由 x^N 确定 x^0 ，这便是非优反演原则，可用图 7－2 表示：

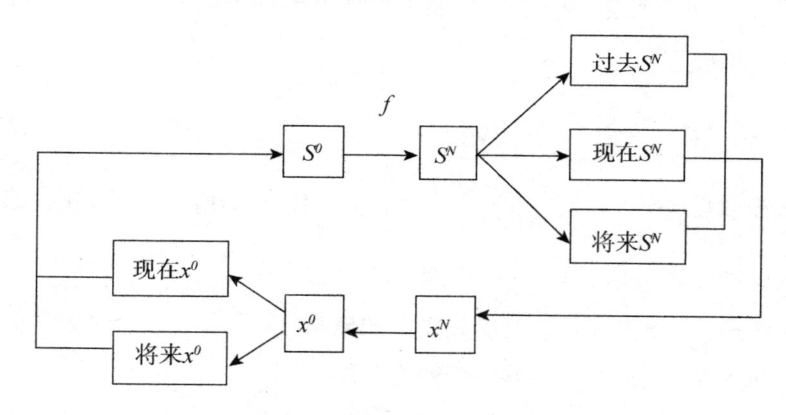

图 7－2　基于“三个时态”的社会非优判别指导系统

指导系统中的“三个时态”对决定“非优”判别起着关键作用。对系统过去时态的分析可判别出系统是否还存在着过去产生的非优的影响，现在时的分析可得出系统的随机非优的影响，由过去时和现在时可得出系统将来可能发生非优征兆。因此，“三个时态”构成了“非优”判别的三个步骤，它决定了“非优”判别的内容。

非优系统 S^N 识别的第一步是对过去时 S^N 进行分析，将由经验统计资料得到系统产生非优状态时各状态变量的值，识别的原则是依据非优对系统状态影响所提供的信息量多少而定。

令 $P(x_j \mid N_i) = \frac{Q_{x_j}}{Q_{N_i}}$ 为非优 N_i 产生的条件下，系统各元素发生改变的条件概率。其中 Q_{N_i} 为非优 N_i 出现的次数，Q_{x_j} 为在非优 N_i 出现的条件下系统元素 x_j 发生改变的次数。又 $P(N_i) = \{P(N_1), P(N_2), \cdots, P(N_{m+r})\}$ 为非优 N 的概率分布，则

$$P(N_i) = \frac{Q_{N_i}}{Q_N} \tag{7-4}$$

其中 Q_N 为所有非优（对系统 S 来说）出现的总次数。上述 Q_{X_j}、Q_{N_i}，Q_N 皆可由经验统计资料获得。这样，对应 $P(Z \mid N_i)$ 的熵函数为

$$H(Z \mid N) = -\sum_{j=1}^{n} P(x_j \mid N_i) \log_2 P \cdot (x_j \mid N_i) \tag{7-5}$$

对应的平均熵为

$$H(Z \mid N) = -\sum_{j=1}^{n+r} P(N_i) H(Z \mid N_i) \tag{7-6}$$

选择识别水平 β，使 $\frac{H(Z \mid N_i)}{H(Z \mid N)} \leq \beta$ 的非优 N_i 为所需的主非优，即为判别系统变动因素 x_j 所需的全息非优状态。

由于系统的属性不同，它的非优 N 的概率分布各异，结合多因素分析可得出系统 S 在非优产生时各状态变量的变异度。即

$$dx_i = \frac{G - G^0}{G} \tag{7-7}$$

其中 G 为系统实际行为，G^0 为非优的行为，则有 $x_i = \frac{G - G^0}{G} dt$ 式中 x_i 为系统 S 的非优因子。

利用回归分析可得出各非优因子与系统非优行为特征量的关系。这是对系统过去时非优情况的分析，关键要得出当系统产生非优行为时，表达系统行为的各因素是怎样变化的，从而可知这些因素对系统发生非优现象所起到的作用，最后能找出系统 S 中哪些因素会使系统发生非优行为以及非优因子

的相互关系，这就为现实系统提供了一系列非优参数。

在现实系统中，始终存在着发生非优的某种概率（明显的或隐蔽的）。非优的发生是一个随机事件。非优发生的概率不仅取决于系统与外界关系转换的形式和效果。因此，我们可设系统 S 具有 m 个非优特征，即非优特征集为 $N = \{N_1, \cdots, N_m\}$，此特征集含有系统内和系统外两种非优特征。每一种非优特征都对系统产生影响，由于非优特征的影响使系统 S 成为非优系统 S^N，可以得出系统 S 的非优影响集 $\mu = \{\mu_1, \cdots, \mu_{m^*}\}$，值得注意的是 m 和 m^* 不一定相等，这是因为，如果存在两个“非优特征”只有当它们结合时才能对系统非优影响，所以，这样的非优特征称关联非优特征，如果每一非优特征对系统的影响是独立时，则有 $m = m^*$。

如果 $\mu = \{\mu_1, \cdots, \mu_{m^*}\}$ 分别是非优特征的影响程度，则有总影响度为 $\mu = \bigvee_{i=1}^{H} (\bigwedge_{j=1}^{m^*} \mu_{ji})$（其中 $\wedge$ 为取小运算，$\vee$ 为取大运算）。

当 $\mu = \theta$ 时系统 S 成为 S^N，因此，可用 θ 值来衡量系统是优的还是非优的，则

$$S = \begin{cases} S^0 & \mu < 0 \\ S^N & \mu \geq 0 \end{cases} \tag{7-8}$$

θ 值是尺度标准，任何系统都有一个 θ 值，此 θ 值随系统的演化而取不同的值，如果系统是进化则 θ 值要减小，反之 θ 值则增大。另外系统除已有的 θ 值外，同时还会有随机发生的非优影响，这种随机影响也必须有一个尺度标准，即为 $\tilde{\theta}$，这种 $\tilde{\theta}$ 并不含已有的随机影响而是系统功能发生变化时新出现的。同时系统在运行中为了达到目的，必须有系统的预测非优影响，也就是说，系统在未来某时刻可以出现的非优影响，设这种非优影响的尺度标准是 $\hat{\theta}$，则系统的非优影响的尺度标准是由集合 $\{\theta, \tilde{\theta}, \hat{\theta}\}$ 构成。则有

$$S = \begin{cases} S^0 & \mu < \theta + \tilde{\theta} + \hat{\theta} \\ S^N & \mu \geq \theta + \tilde{\theta} + \hat{\theta} \end{cases} \tag{7-9}$$

当系统 S 的 $\mu \geqslant \theta + \tilde{\theta} + \hat{\theta}$ 时，系统为 S^N 且各状态为 $x_i^N \in x^N$ ，也就是系统为非优的条件。当 $x_i^N \in x^N$ 为何值时 $\mu < \theta + \tilde{\theta} + \hat{\theta}$ ，此 $x_i^N \in x^N$ 就转变成 $x_i^0 \in x^0$ ，即系统为优时的状态。这样就有：

$$S^N \rightarrow x^N \searrow \mu < \theta + \tilde{\theta} + \hat{\theta} \nearrow x^0 \rightarrow S^0$$

非优指导系统就是要建立过去的、现在的、将来的非优影响尺度。通过对系统过去的统计资料进行分析时，可得出一参数序列 θ_1 ，θ_2 ，…，θ_P ，其中 $\theta_1 = [\alpha_1, \beta_1]$ ，$\theta_2 = [\alpha_2, \beta_2]$ ，…，$\theta_P = [\alpha_P, \beta_P]$ ，$\alpha_i, \beta_i (i = 1, 2, \cdots, p)$ 为参数的上、下限，则有

$$\theta = \bigwedge_{i=1}^{p} [\alpha_i, \beta_i] = [\alpha, \beta]$$

对现实系统进行识别，得出 $\tilde{\theta} = [\tilde{\alpha}, \tilde{\beta}]$ ，同时由预测得出 $\hat{\theta} = [\hat{\alpha}, \hat{\beta}]$ ，那么，每一系统 S 都具有 $\theta = [\alpha + \tilde{\alpha} + \hat{\alpha}, \beta + \tilde{\beta} + \hat{\beta}]$ 。然后求出系统在非优特征下的影响度进行比较，求出 x^N 的值，此 x^N 称为非优约束。由 x^N 来确定优约束 x^0 。

一个完全系统是一个自适应系统，衡量系统目标和条件是否优或非优主要是依靠改变影响度，调整参数 θ 。所以，对系统的 μ, θ 的调整就决定了系统的识别和决策。系统非优指导系统建立的基本程序是：

①尽可能全面系统地收集所研究领域内诸非优特征，诸非优状态发生发展过程中的大部分信息，列出各种非优变量的分布，形成相应的非优特征集，建立非优信息系统库；

②以系统分析为手段，对所收集的信息进行统计处理，对非优特征进行排序，分析主次要非优特征；

③求非优特征对系统的影响度，可得出一影响度矩阵，由影响度矩阵和影响权重可求出综合影响；

④确定 θ 参数，然后在 μ, θ 条件下得出非优约束 x^N ；

⑤建立系统的非优指导系统参数库。

以上仅就非优判别指导系统的几个问题进行了讨论，不同的研究领域可以根据各自的非优特点建立具有非优分析的指导系统，这也是有意义的研究课题。

第三节　基于“非优因素空间”的社会系统自组织

探索系统自组织的新理论、新方法是系统科学亟待解决的问题。本节将因素空间理论与系统非优学相结合，有机地运用到社会系统自组织研究中，提出了系统因素空间、对象—因素关系、因素序等新的概念。构建了基于因素映射与对象反演的自组织社会系统。

一、社会系统因素空间的构建

因素空间理论是著名学者汪培庄教授1982年提出的，它的学术思想与理论体系不仅是数学研究领域的创新，还会在系统科学、信息科学、管理科学，以及认知理论等哲学社会科学的各个学科领域产生深远的影响。从一般系统论的研究角度，系统是具有相互关联的若干要素（对象）所构成的统一体（综合体、整体）。对任何系统进行研究的目的就是如何发挥系统的功能，实现人们可接受的目标。传统系统理论研究的主要内容为：通过挖掘系统对象之间的相互关系，确定适应系统特征的运行规则与变化规律，从而，使系统从无序结构（无规则的）成为有确定行为与目标的有序结构。普利高津（I. Prigogine）的耗散结构理论、哈肯（Herman Hake）的协同学、托姆（R. Thom）的突变理论在这方面都建立了比较完善的理论体系，为系统科学的发展做出了贡献。在传统的自组织理论研究中，不难发现一个重要的问题，忽略了决定系统对象存在与变化的因素研究。实际上，任何事物存在与发展的根基在于构成事物的因素，如同生物体的基因。因此，在系统自组织研究中引入因素空间理论则是一个值得关注和具有发展前景的课题。

(一)社会系统的因素空间

许多研究文献表明，一个系统的有序结构是通过基于系统因素空间的自组织过程来实现的。在此研究背景下，在若干对象(要素)所构成的系统 S 中，如果存在一个映射 f，将系统对象映射成许多状态(或属性)，则称系统 S 是可以分辨的。在此，我们称映射为因素，并且因素是针对系统对象的，不同的对象会有不同的因素。换言之，因素是映射，它将系统对象映射到属性，可以得到如下定义。

定义 7.1 设 U 是系统 S 的对象集合，$f = \{f_1, f_2, \cdots, f_k\}$ 是对象的因素集合，$X(f) = \{a_1, a_2, \cdots, a_k\}$ 是因素的状态空间，则称 $\Omega = \{U, R(u, X(f))\}$ 是 U 上的一个因素空间，其中 $R(u, X(f))$ 表示系统对象与因素状态之间的关系。

定义 7.1 表明，系统因素空间的作用是将系统对象映射到对象因素状态，即 $f{:}U \rightarrow X(f)$，通过状态映射得出 U 与因素状态的关系 $R{:}X(f) \rightarrow R(u, X(f))$，通过逆映射 f^{1}：$R(u, X(f)) \rightarrow u(X(f))$（$f^{1}$ 是映射 f 的反演）得到系统对象特征，在因素空间的思维框架下，通过对象与因素的映射反演学习过程(何平，2003)，可以获得系统的对象特征和运行规则，建立了一个新的系统自组织模式，如图 7-3 所示。

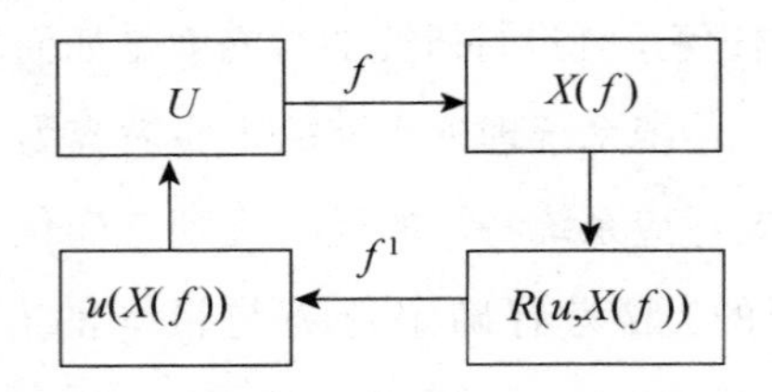

图 7-3 系统因素空间的基本框架

图 7-3 给出了一个自组织系统的运行框架，如果一个系统具有这种对象映射与因素状态反演机理，则系统已经具备了自组织特征。实际上，在自组织系统研究中，系统的有序性是研究的前提，系统的优化则是研究的目的。当系统对象与因素具有可识别性、可接受性时，称该系统具有有序性。

在对复杂系统的研究中，因素空间是连接确定性与不确定性的桥梁。通过它可以使不确定性与确定性相互转化。

将每一个系统对象在因素空间下都对应着一个因素坐标架，并且，不同对象的因素空间的特征是不同的。所谓因素空间的特征是指范畴特征和表现特征。另外，对象的因素又存在着不同的状态(属性)，所以，可以用对象在其因素空间的属性状况来认识系统存在模式与变化特征。$R(u,X(f))$ 是系统对象与因素状态的关系，简称对象—因素表，如表7－1示：

表7－1　对象—因素关系表

U \ f	f_1	f_2	…	f_k
u_1	$r(u_1, f_1)$	$r(u_1, f_2)$	…	$r(u_1, f_k)$
u_2	$r(u_2, f_1)$	$r(u_2, f_2)$	…	$r(u_2, f_k)$
…	…	…	…	…
u_n	$r(u_n, f_1)$	$r(u_n, f_2)$	…	$r(u_n, f_k)$

因素决定于对象的研究范畴与性质，从而形成了不同的系统性质与范畴。并且，可以通过因素坐标架生成每个因素的序关系表，例如，由人口集合，以及人口与人各种基本因素状态集合的关系所构成的因素空间称为人口基本因素空间，也可称为人口信息系统。这种人口基本因素空间的设计内容如图7－4所示。图7－4是一个基于人口基本因素坐标下的因素状态分布。在人口信息系统中，每一个基本人口因素存在着其他六个因素状态的对应关系，它反映人口信息系统的复杂分布与演化特征，它也是研究人口行为分析的基础。

(二)一种描述社会系统的序参量：因素序

在社会系统自组织行为研究中，当系统的组成因素之间具有某种约束性，以及呈现某种规律性时，称为系统的有序性。如果系统具有从无序转化成有序的特征，则称该系统是一个自组织系统。衡量一个系统自组织特征的

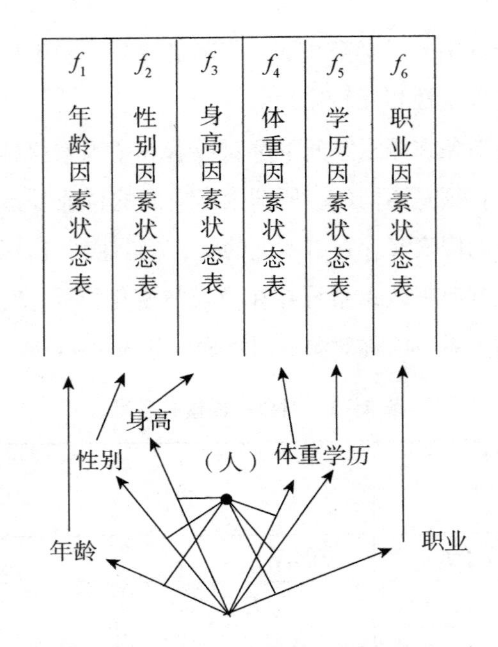

图 7－4　人口基本因素坐标架下的因素状态分布

关键是如何描述、识别和评价系统无序与有序之间存在与转化的关系。在对系统具体问题研究中，问题的存在与变化是由有关因素决定的，并且这些因素的属性决定了具体问题的存在特征与变化规律。在传统的自组织理论研究中，通过建立序参量来分析系统无序与有序的转化特征，它是刻画系统自组织水平的有效方法。例如，通过建立非平衡热力学熵，使描述系统有序水平有了一个定量的方法。在信息系统的研究中，信息是负熵，通过信息的获取，有效地降低了信息系统的不确定性，从而提高了系统的有序水平。

在因素空间的思维框架下，系统对象的存在模式和变化特征是通过对象的因素状态(属性)体现出来的。由于系统的不确定性，对象的属性具有可识别性(可接受性)和不可识别性(不可接受性)两个范畴，也可称为优范畴和非优范畴。在非优范畴内的属性是非优属性，在优范畴内的属性是优属性，因此可以确定，系统对象的优属性与非优属性是识别与分析系统有序性的有效判据。

针对复杂系统的存在与演化，不确定性是复杂系统的基本特征。系统的不确定性表现在系统对象与因素(可表示为：对象—因素)之间关系的不确定性。这种不确定性是根据因素的认识、接受程度所决定的。如果对象—因素的属性是完全认识或完全不认识，那么，对象—因素状态属于优状态或非优状态，即系统处于确定性状态。在通常情况下，对象—因素的属性处于优与非优状态之间，体现出系统的不确定性。

随着系统自组织理论与应用研究的不断深入，研究者发现，影响系统有序性的是与它们相关的因素，并且这些因素存在着正属性和负属性，对不同因素的正负属性认识与调整是系统自组织过程中一个重要的内容。我们将因素正属性称为优属性(Optimum attribute)，因素负属性称为非优属性(Non-optimum attribute)。针对社会系统的有序性问题，运用系统非优学理论，建立了社会系统的非优属性诊断模型，提出了非优属性是产生社会系统的风险之源。通过对有关信息系统有序性的文献研究发现，探讨信息系统有序性的关键是对信息系统中信息因素有序性的研究，即有如下定义：

定义 7.2　设 $\Omega = \{U, R(u, X(f))\}$ 是基于系统对象 U 的因素空间，$X_O(f)$，$X_{\bar{O}}(f)$ 分别是对象 $u \in U$ 的优属性(因素的优状态)和非优属性(因素的非优状态)，那么，对象 $u \in U$ 的特征可以由它的优属性和非优属性共同决定。

通过因素可以确定对象的属性，而系统对象的优属性与非优属性决定了系统的不确定性。因此，建立系统对象优与非优的关系是不确定系统研究中的一个重要内容。假设 $U = \{u_1, u_2, \cdots, u_n\}$ 是对象集，$X(f) = \{X(f_1), X(f_2), \cdots, X(f_k)\}$ 是对象 U 的因素状态集，对于每一个 $X(f_i)(i \in k)$ 都具有优属性和非优属性，可表示为：$X(f_i(o,\bar{o})) = \{X(f_1(o_1,\bar{o}_1)), X(f_2(o_2,\bar{o}_2)), \cdots, X(f_i(o_i,\bar{o}_i))\}$，或简写为一般式 $f_i(o, \bar{o})$，因此，在系统对象的因素集 $f = \{f_1, f_2, \cdots, f_k\}$ 已知情况下，存在着具有优和非优属性的系统因素状态，如表 7－2 示：

表 7－2　基于优与非优的因素状态

	$X_1(o_1, \bar{o}_1)$	$X_2(o_2, \bar{o}_2)$	…	$X_m(o_m, \bar{o}_m)$
f_1	$f_{11}(o_{11}, \bar{o}_{11})$	$X_{12}(o_{12}, \bar{o}_{12})$	…	$X_{1m}(o_{1m}, \bar{o}_{1m})$
f_2	$f_{21}(o_{21}, \bar{o}_{21})$	$X_{22}(o_{22}, \bar{o}_{22})$	…	$X_{2m}(o_{2m}, \bar{o}_{2m})$
…	…	…	…	…
f_k	$f_{k1}(o_{k1}, \bar{o}_{k1})$	$X_{k2}(o_{k2}, \bar{o}_{k2})$	…	$X_{km}(o_{km}, \bar{o}_{km})$

从表 7－2 可看出，$f(o,\bar{o})$ 表示了系统对象具有优和非优属性的因素状态。那么，系统 S 的对象—因素关系 $R(u,f)$ 就是对象—属性关系（对象与属性关系）$R(u,X(f)) = R(u,f(o,\bar{o}))$，即 $R(u,f):u \to f(o,\bar{o})$。在这里我们将对象映射到优和非优的属性，就是在系统对象的因素状态下对系统行为的刻画。不失一般性，我们有：

定义 7.3　设 $R(u,f):u \to f(o,\bar{o})$ 是系统对象—因素关系，$f(o,\bar{o})$ 是介于优与非优属性的因素状态量，则称 $f(o,\bar{o})$ 是刻画系统 S 的序参量，并且存在如下情况：

（1）如果 $f(o,\bar{o}) = f(o,0)$，则系统处于优范畴下的有序状态；

（2）如果 $f(o,\bar{o}) = f(0,\bar{o})$，则系统处于非优范畴下的无序状态；

（3）如果 $f(o,\bar{o}) = f(o,\bar{o}), o \neq 0, \bar{o} \neq 0$，则称系统处于优与非优范畴下的不确定状态。

定义 7.3 给出一个基于对象的因素空间下的因素状态关系，从信息的角度，这个因素状态关系就是一个系统的对象—因素信息系统，基于这个信息系统，能够判别系统对象的可识别性获可接受性。实际上，对象—因素关系是系统的序关系，因此，$f(o,\bar{o})$ 也可称为因素序。

二、基于因素序的系统自组织

降低不确定性、提高确定性是系统自组织的主要功能。在传统自组织系统研究中，采用热力学熵函数作为序参量，在对系统状态概率的统计意义下，通过熵的量值来确定系统不确定的程度。但是，通过系统对象(要素)的状态变量的统计特征，认识系统的运行规则与变化规律，并不能完全反映系统自组织功能。实际上，从系统因素空间的研究角度，能够全面反映系统对象—因素的因果关系和不确定特征，并且所提出的因素序 $f(o,\bar{o})$ 度量方法具有统计与感知相融合的特征，比较符合人们对不确定性系统的认知。

(一)因素序 $f(o,\bar{o})$ 的判别

前面的内容已经提及过，当一个社会系统对象的因素能够确定时，建立因素空间是研究的关键，并且对象—因素关系 $R(u,f):u \to f(o,\bar{o})$ 的确定是前提。在面对现实许多不确定问题时，人们都是通过对不同问题优和非优属性的不断认识，在发现对象—因素关系的知识与经验中，提高了对不确定系统的自组织能力。其中，如何确定对象—因素的优与非优属性是建立因素序 $f(o,\bar{o})$ 的关键。

定义 7.4　设 $R(u,X(f))$ 是系统 S 的对象—因素关系，对于每一个因素状态集 $X(f)$ 存在着优属性 $X(f(o))$ 与非优属性 $X(f(\bar{o}))$，其中，$\mu(f(o))$ 表示因素状态优属性程度，$0 \le \mu(f(o)) \le 1$，$\mu(f(\bar{o}))$ 表示因素状态的非优属性程度，$-1 \le \mu(f(\bar{o})) \le 0$，那么，存在着一个因素有序状态：

$$X_j(f(o,\bar{o})) = (X_j(f(o)),X_j(f(\bar{o})))$$

其有序度为：

$$\mu(f(o,\bar{o})) = (\mu(f(o)),\mu(f(\bar{o})))$$

不失一般性，我们有：

$$\mu(f(o,\bar{o})) = \frac{1}{2}(1 + [\mu(f(o)) + \mu(f(\bar{o})])$$

定义 7.4 指出，当 $\mu(f(o)) = 1,\mu(f(\bar{o})) = 0$ 时，$\mu(f(o,\bar{o})) = 1$，表明 $f(o,\bar{o})$ 完全有序；当 $\mu(f(o)) = 0,\mu(f(\bar{o})) = 1$ 时，表明 $f(o,\bar{o})$ 完全无序；$0 < \mu(f(o)) < 1, -1 < \mu(f(\bar{o})) < 0$ 时，表明 $f(o,\bar{o})$ 处于一定程度的有序状态，其有序度的大小决定于优属性的增强和非优属性的降低。

通过以上分析表明，对社会系统因素序判别的关键是因素优属性和非优

属性的判别。实际上，对象—因素的优属性和非优属性是一种具有对立特征的共轭性，因此，在系统自组织过程中，存在着一个对象—因素的最大优属性与最小非优属性的判别原则。

定义 7.5 设 λ 是因素状态优属性程度 $\mu(f(o))$ 的参数集，并且 $\lambda = \{\lambda_1, \cdots, \lambda_l\}$，如果对象—因素存在着一个最小限制：

$$\mu_\lambda(f(o)) = \{\mu(f(o)) \geq \lambda \mid \lambda > 0\}$$

则称 $\mu_\lambda(f(o))$ 为 λ 优度。

定义 7.6 设 η 是因素状态非优属性程度 $\mu(f(\bar{o}))$ 的参数集，并且 $\eta = \{\eta_1, \cdots, \eta_l\}$，如果对象—因素存在一个最大限制：

$\mu_\eta(f(\bar{o})) = \{|\mu(f(\bar{o}))| \leq \eta \mid \eta > 0\}$ 或 $\mu_\eta(f(\bar{o})) = \{|\mu(f(\bar{o}))| \geq -\eta \mid \eta > 0\}$，则称 $\mu_\eta(f(\bar{o}))$ 为 η 非优度。

(二)基于 $f(o,\bar{o})$ 的系统自组织

在自组织系统中，因素序 $f(o,\bar{o})$ 具有识别、动态和演化等多方面的意义。实际上，$f(o,\bar{o})$ 的可识别意义在于，通过因素将对象映射到优与非优的属性状态上，$u \to f(o,\bar{o})$，由于系统对象(要素)之间具有各自的优与非优属性，通过因素空间的状态变换，建立了系统对象与因素状态属性空间的关系。

一个系统自组织功能实现的关键，在于系统能否具备从无序到有序、从有序到优化的机制。当系统进入新的运行阶段时，由于大量的未知因素对系统对象产生的影响，系统从有序进入无序状态，这就需要系统具有一个有效的自组织能力，使系统从无序状态到新的有序状态。如果采用因素空间理论，可将系统的自组织过程描述如下：

当 $f(o,\bar{o}) = f(0,\bar{o})$ 时，系统的优属性为 0(没有可识别、可接受的属性)，系统的因素处于未知状态，则系统是无序的。随着系统的因素发现，因素处于优属性与非优属性共存状态，即 $f(o,\bar{o}) \to \lambda X(f) + \eta X(f)$，也就是说，系统处于不确定状态。在这种不确定状态下，系统的自组织目标是寻求 $\lambda \to \max, \eta \to \min$。

当$f(o,\bar{o}) = f(o,0)$时，系统的非优属性为0(没有未知的因素)，系统的因素完全处于已知状态，则系统是有序的。随着系统要素(对象)与环境的改变，产生了新的因素和因素状态空间，系统优属性减少、非优属性增加，系统又进入新的不确定状态，即：

$$f(o,0) \to \lambda X(f) + \eta X(f)$$

这个自组织过程如下：

$$f(0,\bar{o}) \to \lambda X(f) + \eta X(f) \to f(o,0) \to \lambda X(f) + \eta X(f) \to f(0,\bar{o})$$

通过以上的分析可以发现，λ 与 η 的获取与分析是非常重要的任务。在许多情形下，可识别性、可接受性是一个模糊评价问题，因此，不同的因素信息系统对 λ 与 η 的选择和评价的方法和效果是不同的。基于本文研究角度，可以将 λ 与 η 的选择建立在模糊统计和感知分析上。具体来说，利用数据与感知相融合的方法得到系统对象的 λ 与 η 。

因素空间理论是信息科学与系统科学的一种新的理论，而系统非优学的基本原理是从优与非优相交叉的角度探讨不确定性事物的选择问题，本节基于因素空间理论，采用系统非优学的思想，对系统自组织理论进行了探讨，并且，运用因素序的思想讨论了系统不确定性问题，针对系统自组织理论提出了一些新概念。研究表明，系统因素空间建立了系统自组织的信息系统，因素状态的优与非优属性是刻画系统有序性的有效参量。对不确定性系统自组织的关键是两个映射的实现过程，并且通过因素映射与对象反演来实现无序与有序的转化。以上的研究内容将会在如下几方面得到进一步的发展：首先，在系统自组织功能设计与运行中，如何发现对象的因素是系统因素空间研究的重要内容。必须明确，系统有序与优化的前提并不是知识发现而是因素发现，因为只有实现因素发现，才能做到知识发现。其次，优与非优属性度量是系统因素序研究的关键。在研究中有必要引入人机交互算法来解决对优与非优的感知问题，并且，如何有效地提高数据分析与感知判断协同性也是一个研究课题。

第八章

系统非优学与社会治理研究

社会治理并非一个新的课题，自从人类社会产生以后，就面临着对人与人之间、人与社会之间关系的计划、组织、领导和控制的任务。不同的国家、不同的社会治理体制以及不同的社会发展阶段，会出现与之相适应的社会治理理论与实践模式。社会治理理论涉及社会学、政治学、公共管理学等多门学科。首先，出自各种学科的研究角度，很难形成基于演绎逻辑的统一知识体系。其次，社会治理是一种实践，它决定了社会治理理论是一种实践的学问，实践的可靠性、有效性和系统性决定了社会治理理论的价值和实际效果，但是，在这方面我们还无法来验证这种价值和效果。因此，目前还没有一个比较完善的社会治理理论体系。通过对构成社会治理问题的研究发现，社会各种行为的不相容属性(矛盾属性)和社会行为目标的差异属性决定社会治理体系和模式的本质。但是，现有的社会治理理论与实践分析并没有对这种本质性的问题进行系统的研究和探讨。本章运用可拓学(蔡文，1983)和系统非优学，从社会治理中的不相容属性、社会行为的非优属性角度，建立了一种基于实践的社会治理理论——社会治理可拓学，从而实现了两个研究目标：一是从理论上建立了社会矛盾系统转换与调解模式，从而设计了一种社会治理策略的生成机制；二是从非优到优的实践认识角度建立了社会治理目标的评价准则。

第一节 社会治理可拓分析

一、社会治理研究

(一)社会治理的认识与创新

首先，从人类社会的几个典型发展阶段，对国外社会治理实践过程中所形成的思想体系和理论框架进行了分析与评价。例如，分析评价了“福利国家”理论、“第三条道路”理论、“新公共管理”理论、“治理与善治”理论等社会治理理论的社会背景、人类行为系统的特征和管理实践的意义。根据我国社会治理理念、体系和模式的发展变化，可以得出我国在社会治理理论研究与实践中的经验教训。传统的社会治理仅仅停留在名词的表述上，还没有形成基于知识的概念体系。实际调查与论证表明，社会治理必须建立概念体系，这种概念体系是对构建和维护社会秩序的实践经验的总结。

这样的总结可以分为两大类，一类是前人和他人的理论探索，另一类是对自身实践经验的概括。首先，因为社会治理历史有漫长性，以及人类社会运动规律有普遍性，所以，学习以往的理论，借鉴他人的成功做法，都是十分必要的。其次，社会治理首先是一种实践，是人们改造社会的一个又一个的具体工作，因此，社会治理面临着创新的艰巨任务。不然，社会治理就会远远落后于现实的需要，就不利于国家的进步。

(二)矛盾体是社会治理的基本对象

唯物辩证法告诉我们，世界上一切事物都充满矛盾，都是矛盾体；人类社会是一个包括许多社会要素的、有着复杂结构的、特别巨大的有机的矛盾系统。在这个矛盾系统中，社会要素都是一些矛盾体，社会结构是复杂的矛盾体，即矛盾之间又构成矛盾。社会矛盾是社会发展的动力，社会矛盾的运动就是社会历史的发展过程。总之，社会的一切都是矛盾，没有矛盾就没有社会。对社会矛盾系统进行全面周密的研究，是探索和掌握社会发展规律的重要前提。然而，到目前为止，仍然缺乏对社会矛盾的系统研究。唯物辩证法为我们提供了研究社会矛盾的科学方法论，唯物史观主要是说明了阶级社会的矛盾，也提出了一些关于其他社会的矛盾的重要思想，但是还没有系统地阐述整个人类社会矛盾的状况及其发展。

探索性和可拓性的研究工作，使得化解社会矛盾的方法更加符合客观实际，使得社会秩序更加和谐稳定，为经济社会的发展提供最基本的保障。正是建立在这个论点之上，可以认为，在当代中国，没有创新就没有良好的社会治理，因而也就不可能有正常的社会秩序。创新是社会治理的时代特色，是社会治理的具体实践。

（三）注重研究方法

社会治理研究要真正体现它的研究效益和效果，就必须改变传统的思维形式和研究方法，也就是说，不能仅仅是单一的理论分析。在实际研究中，提出一种管理模式，论证了它的科学性与现实意义，是研究的基本前提，对于是否能够达到符合实际的效果，以及如何检验这一效果乃是一个非常关键的问题，仅仅完成理论分析并不是社会治理研究的最终目标。例如，通常的实证分析方法已经在社会治理研究中广泛采用，但是，我们并不提倡单纯的方法与模式套用，而是要注重方法论方面的创新。社会治理研究要体现互补性思维逻辑。互补性思维逻辑具体体现在如下几方面。

1. 演绎与归纳相互对应的方法

对所研究的理论与实践方法以及提出的管理模式，采用演绎逻辑思维与归纳逻辑思维相互对应的方法，可以得出研究内容的可信结论。例如，为什么这样做？如何去做？有什么结果？什么是可接受的？哪些需要改变？

2. 自然与社会融合的方法

实证分析已经成为现今社会科学研究的有效的方法，但是，基于统计分析的实证研究来自自然科学方法论，因此自然与社会的属性特点必然产生研究结果的偏差。可以根据社会学与管理学学科领域的研究特点，将社会调查与统计分析有机地结合。采用经验感知分析与数据分析相互比较的研究模式，可以有效地改进传统社会与管理研究中相关分析研究方法的不足。

二、社会治理可拓分析

基于社会系统的复杂性特点，社会治理的体系和运行模式必须符合社会系统的运行机理。因此，我们可以运用社会协同学和可拓学的理论，建立一种新的社会治理理论研究体系，称为可拓协同理论，或者简称为社会治理可拓学。

（一）社会治理的可拓思维

可拓思维模式是利用可拓学解决矛盾问题的基本思路，也是运用可拓学方法的关键所在。可拓学解决了“思维怎样创新”“从哪里创新”“对创新思维的结果如何评价”等问题，基于此类问题可拓学提出了四种创新思维模式，即菱形思维模式、逆向思维模式、共轭思维模式和传导思维模式。

1. 菱形思维模式

菱形思维模式是形式化生成解决矛盾问题的有效方法，其基本过程是先发散后收敛，根据问题复杂程度，可以分别运用一级菱形思维模式和多级菱形思维模式。

2. 逆向思维模式

逆向思维模式是有意识地从常规思维的反方向去思考问题的思维方式，它改变了人们正面探索问题的习惯，可以产生超常的构思和不同凡响的新观念和新思路，应用逆向思维，往往可以获得较大的创新成果。

3. 共轭思维模式

事物都存在着虚实、软硬、潜显、负正四对共轭部。应用共轭思维模式可以使人们更全面地分析事物的优缺点，并根据共轭部在一定条件下的相互转化性，有针对性地采取相应措施去达到预定目标。

4. 传导思维模式

在很多时候，某些问题不能够直接得到解决，这就需要对其进行转换，利用传导变换来使矛盾问题得到解决。这种利用传导变换解决矛盾问题的思维模式称为传导思维模式。

(二)社会治理的可拓性

社会治理的目标是构建有序的社会秩序和和谐的社会环境。而实现这一目标的过程是通过实现各种对立与共存的转换。社会治理可拓学的研究内容就是运用可拓性实现这种对立与共存的转换。实际上，解决对立与共存矛盾问题的关键是要对社会治理物元基本特性进行研究，根据可拓学的理论可以相应地构建社会治理研究的物元理论，简称社会物元理论，它是社会治理可拓学的核心。在解决社会矛盾问题的过程中，人们必须跳出原有的习惯领域，拓展问题中所涉及的事物，提出创造性的方法。可拓学中研究了物元的可拓性，主要包括物元的发散性、共轭性、相关性、蕴含性。也就是说，从事物向外、向内、平行、变通和组合分解的角度提供事物拓展的多种可能性，成为进行创造性思维和提出解决矛盾问题方案的依据。这种可拓性完全可以应用到社会治理的可拓性研究上。

1. 社会物元的发散性

在社会治理过程中，每一事物都具有多种特征，另外，一个特征(一个特征元)又为多个事物所具有，这类性质称为社会治理物元的发散性。从社会治理的某一物元出发，根据不同的规则，可以发散出相应的社会治理物元集。

2. 社会物元的共轭性对社会治理事物内部结构的研究，有助于利用事物的各个部分及其关系和相互转化去解决矛盾问题。从系统论的角度来分析，可拓学中所研究的共轭性，实际上就是体现了事物结构的对立性特征，从而可以相应地把社会治理事物的结构分别分为软部和硬部、潜部和显部、关于某特征的负部和正部，并用物元表示相应的共轭部，对应的可转换性分别称为软硬共轭性、潜显共轭性和负正共轭性。

3. 社会物元的相关性

社会治理中的事物与其他事物关于某特征的量值之间，同一事物或同族事物关于某些特征的量值之间，如果存在一定的依赖关系，称之为相关。由于相关性的存在，一个事物的量值的变化会导致与之相关的事物的变化，一个事物(或一族事物)关于某一特征的量值的变化会导致关于别的特征的量值的变化，这种变化互相传导于一个物元相关网中。因此，可以利用相关关系去处理社会治理中的求知问题和求行问题。另一方面，由于社会治理物元相关网的存在，进行物元变换时必须考虑其相关物元的变化，因此，相关性是研究变换的连锁作用的依据。应用相关性与物元变换解决社会治理中的求知与求行问题的方法称为相关网方法。

4. 社会物元的蕴含性

可拓学中物元理论讨论了事物的蕴含性和蕴含系统，实际上是构建了事物的规则系统，或者称为知识体系。蕴含关系可以产生于事物、特征、量值、特征元和物元之间。若干元素以及它们之间的蕴含关系构成一个蕴含系统。在社会治理问题研究中，管理规则体系的建立是一个重要的问题，也就是说，一个社会治理蕴含系统决定了社会治理运行系统的质量。

三、基于复杂性理论的社会治理

(一)社会系统的复杂性机理研究

社会系统是一个由物理空间、事理空间和人的行为空间所构成的非线性的、可变的和模糊的复杂系统。它的复杂性体现在物理空间的不规则性、事理空间的不相容性(矛盾性)和人的行为空间的不确定性。因此，分析探讨社会系统的复杂性特点是建立社会治理对象属性理论的基础。通过这方面的研究，可以得出如下几方面的研究结果：(1)什么是社会活动空间的不规则性特点；(2)社会事务对立矛盾体形成的因果关系是什么；(3)在社会系统中，人的行为不确定性是由行为特征的模糊性、社会活动的随机性和发展变化的未确知性所决定的，在实际的社会治理工作中如何认识和掌握这些不确定性。

(二)社会治理的可拓—协同理论

首先，基于社会协同学理论，分析论证构建和维护社会秩序的管理体系，该体系是一种协同体系。研究的主要内容是建立社会秩序管理系统中的序参量，这种序参量是在多种影响和决定社会秩序的社会系统要素中，通过经验分析和归纳逻辑推理得出的。通过序参量的属性确定社会治理体系的模式以及社会治理水平的评价标准。其次，基于可拓学理论，论证社会秩序管理运行的可拓模式。将社会事务与行为的矛盾体作为决定社会秩序水平的主要因素，运用可拓学研究方法，对如何将社会治理中的不相容问题转化为相容问题进行研究，从而提出了社会治理运行中的转换桥模式，即"对立问题转换桥"。在社会治理实践中，可以根据不同地区和不同社会秩序环境，建立有针对性的"转换桥"，化解社会矛盾，完善社会秩序水平，维护社会稳定。

(三)从非优到优的经验融合管理模式

社会治理"可拓分析"是在总结传统社会治理思想方法基础上，提出了社会治理的新理念，即社会治理过程并不是确定什么是最优的(或者理想的、满意的)目标(实际上，在现实的社会治理中，根本就不存在最优的目标和结果)，而是如何跳出非优范畴或者减少社会事务和行为状态中的非优程度。基于系统非优分析理论与方法(何平，2003)，分析如何建立社会治理系统的非优系统，同时，根据人类在认识领域的经验分析，得出了社会治理经验获取是一个从非优到优的信息融合过程。

(四)对立—偏差—协同社会治理诊断结构

在对社会治理的可拓协同理论与经验融合思维研究的基础上，建立了如何研究社会系统行为和社会治理运行机制的系统分析模式，也就是基于经验融合的可拓自组织理论，这是社会管理可拓学的核心内容。在实际研究中，将对立(不相容特征)、偏差(非优特征)和协同(目标特征)的相互演化所形成的社会治理环境称为可拓演化环境。并且研究了三者所对应的社会秩序系统状态，即对立特征反映了社会秩序的非平衡态，偏差特征反映了社会秩序的半平衡态，协同特征反映了社会秩序的平衡态。

社会治理“可拓分析”是一种社会治理可拓—协同理论，是将现今社会治理协同体系与模式的研究，从原理与性质论述提升为管理过程控制与评价的系统研究之上。例如，运用可拓学中的共轭思维模式来全面分析管理控制规则的对立面、寻求解决问题突破点的方法，进而总结出针对管理控制规则的共轭思维模式的一般步骤；针对管理控制规则的相关因素所进行的传导思维模式将探讨相关因素对管理控制规则所产生的作用与影响；运用菱形思维模式来根据管理控制规则的类型以及公众参与对其产生影响的特征进行归纳与总结。社会治理可拓思维中的逆向思维和社会物元的共轭性引发了社会治理中的非优特征分析。建立影响社会秩序有序性的非优要素，给出了控制社会秩序有序度指标、社会治理制度运行中可适应性度量，反映这种适应度的关键是降低社会事务运行中的不相容程度，从而设计了一种可信社会治理的评价体系。

第二节　基于对立可变分析的基层社会治理

本节采用可拓学中可拓集合与关联函数等研究方法，结合不确定性优化理论研究特点，建立了描述矛盾关系的形式化方法，提出了一种具有对立可变性不确定情境下的优化理论——可拓优化理论。该理论由如下几方面构成：①从问题的优与非优属性角度，建立描述矛盾现象的对立可变集合；②建立对立集合到可拓集合的映射，通过关联函数建立具有矛盾问题的可变函数；③基于对立可变函数建立可拓优化的数学模型；④将可拓优化模型应用到社会治理优化的实际研究中。

一、可拓学的研究与发展

众所周知，人们的各种社会选择和管理决策大都处在矛盾的情境下，通过反复的利弊抉择，获得了认识矛盾、利用矛盾和化解矛盾的能力。随着问题形式化研究水平的提高，寻求一种分析矛盾问题的形式化方法，通过矛盾问题的数学分析来获得矛盾现象的存在与演化规律，是管理科学与决策分析研究领域的一项重要任务，也是可拓学的研究主题。近些年来，尽管在这一领域有过较多的研究成果，但是，在描述和分析矛盾问题的形式化方面，还是没有成熟的数学理论和方法。可拓学是中国人自己的原创性学科，由著名学者蔡文教授1983年创立，它是一门横跨哲学、数学、管理和工程等多领域的交叉学科。实际上，矛盾问题是一个对立可变现象(或状态、关系)，是一种矛盾律破缺的不确定性。从事物的决策目标、决策因素的对立属性可变性角度建立决策优化模型，是一种新型的不确定优化——对立可变性不确定优化，从可拓学的研究角度称为可拓优化。

可拓学的研究与发展已经过去了30多年，研究领域涉及自然科学、工程技术、社会科学等众多领域。在管理与决策科学研究领域体现在两个方面：一是把可拓学的理论与方法应用于管理实践中；二是把可拓学与管理科学有关理论相结合，创新出新的理论与方法。在针对矛盾问题的可拓决策与优化研究中，还存在着亟待解决的问题。主要反映在两个方面。一是可拓决策与优化需要在基础理论方面有所创新。也就是说，可拓学中具有矛盾转换的可拓集合，但是，没有系统的表达矛盾关系的形式化方法，需要完善和建立具有坚实理论基础的形式化体系，这也是可拓学创立的初衷。如果没有系统的描述矛盾问题的数学理论，可拓优化以及可拓学就很难实现它的科学价值。二是可拓决策与优化理论能否在管理与决策科学研究与实践中发挥它的作用，是检验可拓决策与优化以及可拓学能否深入发展的关键。在决策分析中，需要建立非优属性与优属性的形式化方法，为风险管理提供了一种新的理论研究方法。另外，在不确定优化理论研究中，基于优与非优的对立特征，通过犹豫特征指数来讨论不确定情境下的次优问题，建立寻求最大次优的基本原则。虽然这些研究还需要进一步完善，但可以运用犹豫集合的研究方法建立对立可变集合，运用次优分析方法研究可变函数。

二、对立可变分析

（一）从随机性到可变性

半个多世纪以来，矛盾问题形式化研究源于不确定情境下的决策研究。尽管研究者将不确定性研究归纳成较多的类型，但从逻辑意义上可划分为：随机性、模糊性、可变性。这三种不确定性都是形式逻辑三大定律的某种破缺：事物的随机性——或此或彼，是同一律的破缺而造成的不确定性，其对立面是必定性；事物的模糊性——亦此亦彼，是排中律的破缺而造成的不确定性，其对立面是精确性；事物的可变性——彼此互变，是矛盾律的破缺而造成的不确定性，其对立面是稳定性。

在简单的管理问题中，随机性表现得较为突出；在复杂的管理问题中，随机性、模糊性、可变性这三种不确定性同时存在。对于简单的管理问题，人们研究得较早，认识得也较清楚，运用经典数学（包括处理随机现象的概率与统计数学）就可以建立其形式化方法。1965 年模糊数学的创立，拓展了经典数学，为较复杂的管理问题研究开辟了一条新途径，但是离描述和处理解决矛盾问题还有距离。描述解决矛盾问题的过程，需要以事物的可变性为基点，将其逻辑基础扩充到形式逻辑与辩证逻辑有机结合的新逻辑上来。将转化思想引入分类准则，建立新的集合概念。于是，产生了可拓集合，从而把不确定情境下的决策问题从随机现象、模糊现象扩大到可变现象。

（二）对立集合的概念及形式化

1. 有关矛盾问题的形式化

第一，矛盾问题为什么要形式化，以及它在研究事物中的地位与作用，这是在建立形式化理论之前必须要明确的。通过分析可以确认：形式化方法是研究矛盾存在与演化的科学手段。主要围绕着矛盾存在性的发现与可变性的预判进行分析与探讨。通过简单的管理实际问题来阐明这样一个原则：虽然我们无法得知一个事物是否存在矛盾，但我们可以通过事物的运行状态来证明矛盾是否存在（事物与运行状态是不可分的），对此，形式化方法能起到更好的作用。

第二，为了能更有效地进行矛盾形式化的研究，事物矛盾的意义与特征也是必须要明确的。因此，要从两个方面来讨论矛盾的含义及其特征，一是从辩证法的对立统一关系角度，二是从形式逻辑中两个概念互相排斥、对立的角度。根据本项目的研究特点，将矛盾解释为反映事物之间相互作用、相互影响的一种特殊的状态，从属于事物的对立属性关系。对此，集合论中的关系理论是描述对立属性的理想形式化方法。

第三，形式化分析在解释事物存在矛盾关系可变性方面具有不可替代的作用。选择如下内容进行分析：假如某一问题可以用

$$f(x) = a_1x_1 + a_2x_2 + \cdots + a_nx_n$$

表示，其中$f(x)$是目标，$x_1,\cdots,x_n$是决定$f(x)$的因素，在通常没有考虑矛盾关系时，$f(x)$与$x_1,\cdots,x_n$仅仅讨论数量的变化，但是，现实中$f(x)$与$x_1,\cdots,x_n$又具有不同程度的可变矛盾关系(对立可变属性)，从而，$f(x)$与$x_1,\cdots,x_n$(目标与因素)就会具有目标和因素质量方面的变化(简称“质变”)。这种具有“质变”矛盾关系的问题研究，只有通过形式化分析才能得到解决，在实际研究中，选择社会管理中的具体问题进行分析。

2. 对立集合的概念体系

对立集合的研究是采用形式化方法，对矛盾的特征与属性进行描述。矛盾是一种绝对对立状态(同时具有互为相反的两种特征)，如果建立了描述绝对对立(以下简称对立)状态的集合，即对立集合，那么就可以用对立集合来表达矛盾问题，对此，矛盾问题就有了形式化表达方法。在对立集合的讨论中，矛盾通常体现在形如“是”与“非”，“积极”与“消极”，“接受”与“不接受”，“正能量”与“负能量”等对立特征。描述解决矛盾问题的过程，需要以事物的可变性为基点，将转化思想引入分类准则，建立新的集合概念。

由于对立现象可以表示为许多种对立属性，不同事物的对立属性的矛盾性会有不同的表达方式，并且，不同的研究领域所体现的对立属性也会有各种类型，但是，所体现的绝对对立性的本质是一样的。所以，可以根据研究

问题的对立属性特点来建立相应的对立集合。

基于可拓优化的研究特点，在所研究的犹豫集合基础上，根据事物对立属性特点建立对立集合的概念，定义的基本模式形如：设论域 U 中的事物 N 具有优属性 $O = \{o_1, o_2, \cdots, o_n\}$ 和非优属性 $\bar{O} = \{\bar{o}_1, \bar{o}_2, \cdots, \bar{o}_n\}$，那么，存在一个对立关系集合 $R = \{(o, \bar{o}) \mid o \in O, \bar{o} \in \bar{O}\}$，将这种对立关系集合简称为对立集。在实际研究中，可以从满足普适性的特点建立概念的描述形式。

对立集合与普通集合、模糊集合一样具有相应的运算性质和关系特征。在实际研究中，将根据集合理论的基本框架以定义和定理的形式建立它的形式化体系。具体涉及对立集合的概念、对立运算性质、对立指数(矛盾度)、对立关系、对立集的分类、对立序以及对立统一原理等。

3. 基于对立集的矛盾分析

第一，在对立集合概念体系构建的基础上，以社会治理具体问题为研究背景，从对立现象的形式化角度研究社会事务矛盾的存在模式和规律，将对立现象看作一个对立系统，通过建立对立系统模型，分析社会矛盾产生的原因。

任何一个问题都存在着一个对立系统，例如，城市交通管理是社会管理中的一个热点问题，它是由多种因素决定的不确定性管理系统，每个决定城市交通的因素 $f = \{f_1, f_2, \cdots, f_n\}$ 都具有优和非优两种属性，从而构成了城市交通管理的对立系统 S_D。即 $S_D = \{d_1, d_2, \cdots, d_n\}$，其中 $d_i = (o(f_i), \bar{o}(f_i))$，$o(f_i)$ 是因素 f_i 的优属性，$\bar{o}(f_i))$ 是 f_i 的非优属性。在这种设定下，可以对城市交通的对立指数和矛盾的性质进行研究。对立指数(或称矛盾度)是通过对立系统的特征函数来表达的，特征函数的建立类似如下形式：

$$M(S) = \begin{cases} 0 & \mu_O(f_i) = 1, \mu_{\bar{O}}(f_i) = 0, \\ 1 & \mu_O(f_i) = 0, \mu_{\bar{O}}(f_i) = -1, \\ \frac{1}{2}\{1 - [\mu_O(f_i) + \mu_{\bar{O}}(f_i)]\} & -1 < \mu_O(f_i) + \mu_{\bar{O}}(f_i) < 1, \\ 0.5 & |\mu_O(f_i)| = |\mu_{\bar{O}}(f_i)| \end{cases}$$

$$i = 1, 2, \cdots, n$$

但在实际研究中，选择的角度和计算模式可能还要通过逻辑分析和现实意义来确定。在对立指数建立的基础上，根据对立集合的运算性质和基本原理，对问题的矛盾性质进行分析，主要涉及矛盾类别、矛盾的排序，可以得出由那些对立属性构成主要矛盾、次要矛盾、强矛盾、弱矛盾，以及矛盾关系的表示。矛盾关系是一个经典的问题，特别是复杂矛盾关系的表示和求解方法。

第二，问题对立集合的可变性分析。在可拓学研究中，问题属性的可变性是一个核心内容。因为任何问题的矛盾现象不是一个固定的现象，而是在对立系统的不断变化下，表现出不同程度的矛盾特征。一般来说，当一个系统确定后，其系统的元素是确定的，但是，对于描述对立现象的系统来说，系统的元素的质量属性是可变的。在可变性分析方面，围绕着可变因素选择对立属性转换模型、矛盾影响分析等方面进行研究。并且将对立系统的可变性分为两种类型：一是渐变型；二是突变型。根据具体的社会管理问题，对矛盾的渐变特征和突变特征进行分析，可以得出矛盾现象的渐变与突变模型。

(三)从可变函数到可拓优化

从优与非优的角度提出了对立集合的概念，通过对立集合性质与原理的论述，得到了描述矛盾问题的形式化方法。建立了从对立集到可拓集、从可变函数到可拓优化的基本原理与方法，如图 8－1 所示。

在事物对立系统的影响下，可变函数反映了事物的“量变”与“质变”方式。通过对立系统的关联函数分析，在事物对立渐变和对立突变的演化中，得出具有代表性的矛盾问题可变函数。同时，还要给出矛盾现象可变域的求解方法。根据不确定优化领域的特点，讨论随机可变函数、模糊可变函数的建立方法与模式。通过可变函数的分析来讨论对立系统的可拓优化。主要内容有两点。

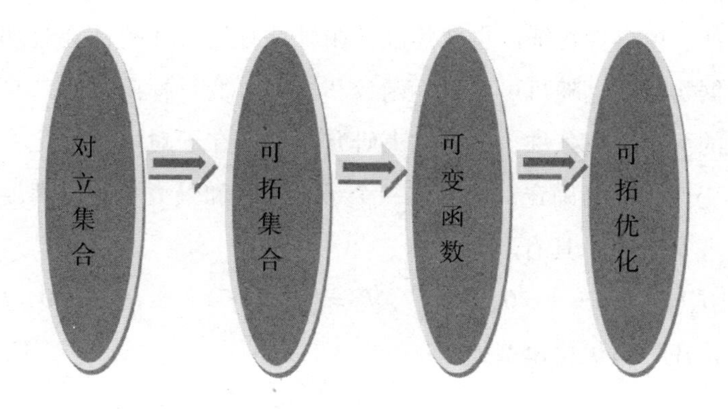

图 8－1　从对立集合到可拓优化

1. 可拓优化的可变性特征

在管理科学研究领域，不确定情境下的管理优化研究已经较为深入，在工程管理、金融管理、资源管理以及企业管理等众多领域的应用也较为普遍，并且，已经获得实践者的认同，在实际决策中发挥了重要的作用。首先，在讨论现有不确定情境下管理优化研究的基础上，指出现实问题中许多研究对象的因素具有对立可变性，这种对立可变性形成了系统的复杂性，例如，通过分析社会治理这类复杂系统的对立可变形特征，阐明当前社会治理优化研究为什么还停留在经验模式和行政模式上。其次，通过社会治理的具体问题，分析现有不确定情境下随机优化和模糊优化理论在处理有关复杂系统、复杂大系统问题方面的不足。再次，对社会管理这种复杂系统的可变性进行分析。针对社会治理系统要素(因素)的可变性分析特征，通过具体问题论述可拓优化是基于对立可变性要素的优化。

2. 可拓优化模型

根据可拓优化具有可变因素的这一数学特征，分析与讨论系统的可变函数。运用可拓学中可拓集合和关联函数，建立对立集合与可拓集合的映射，通过关联函数得到可变函数，通过可拓域得到可变域。建立可拓优化模型的关键是解决如下两个问题。一是如何确定具有可变因素的目标函数，在实际不确定管理问题研究中，可变因素的因素自身还具有两种不确定性特征，即随机性特征、模糊性特征。也就是说，在对具有复杂性的社会管理问题研究中，要根据实际建立随机可变目标函数和模糊可变目标函数。二是建立可变目标函数的可变约束条件，可变约束研究的意义在于对可拓优化中优与非优的对立可变性约束的确定，即寻求一个最小限制和最大限制，满足 λ －优约束和 η －非优约束，具有形如：

$$f_\lambda = \{\mu_o(f_i) \geq \lambda \mid \lambda > 0,\ f_i \in f\},\ f_\eta = \{\mid \mu_{\bar{o}}(f_i) \mid \leq \eta \mid \eta > 0,\ f_i \in f\}$$

从而构建可拓优化模型如下：

$$Y = \sum_{i=1}^{n} M(S)X \rightarrow \max(\min)$$

$$\text{s. t:} \{(\mu_o(f), \mu_{\bar{o}}(f)) \mid x \in (\mu_o^{-1}(f_\lambda) \cap \mu_{\bar{o}}^{-1}(\bar{f}_\eta)) \subset X\}$$ 。

三、社会治理的可拓优化

（一）应用前景与意义

近些年来，为实现两个100年的奋斗目标，在社会发展对社会治理研究的需求牵引下，许多文献从解决社会矛盾、优化社会管理的角度进行了研究，其特点注重管理思想、方针与政策、管理方法。在社会治理的某些问题的研究中，有些运用了定量分析手段，通过建立数学模型对相应的问题进行分析。但是，在矛盾分析方面仅仅是从定性的角度加以描述，无法得出矛盾现象的存在和演化特点，所以，得到的结果与实际状况具有较大的偏差。由于矛盾特征是社会治理中的核心问题，传统的优化理论无法解决这方面的问题。因此，社会治理的现实需要向可拓学的研究提出了严峻挑战。

可拓优化是社会治理研究与创新的必然，也是社会进步与发展对管理科学的强烈需求。如何创新社会治理模式、优化社会管理方法，是我国政府、各级各类管理部门，以及社会组织的一项重要的战略性任务，也是广大人民群众所期待的和谐社会环境的愿景。从近些年来社会管理与治理的基本理念来看，“不求最好，但求更好”已经得到管理者的共识。当前乃至未来相当长的一个时期内，社会治理的目标并不是寻求最优化问题，而是如何克服在各种管理制度、模式、方法以及管理过程中，少失误、少失败、最大限度地降低社会治理的非优化，从真正意义上实现社会管理的正能量。这是社会治理研究与发展的必然趋势。

(二)研究内容与方法

社会治理的可拓优化研究，就是采用了可拓学的研究方法，针对有关的社会治理问题，建立了基于对立集合的可变优化管理模型。这种可拓优化模型的作用，是将具有矛盾性特征和关系的研究对象，采用形式化方法表示出来，通过数学分析，不仅能够得到矛盾关系“量”的结果，还能得到矛盾关系“质”的结果。通过社会治理问题的数据采集和感知调查，得到具体管理问题基本要素的对立系统，基于对立特征指数建立具体问题的可变函数，在满足有效的优与非优的约束条件下，通过对目标函数的求解得出社会管理的决策方案。

社会管理基本上可以划分成两种管理问题，一是事务管理问题，二是行为管理问题。本项目以城市交通管理为背景来讨论社会管理可拓优化理论，基本上就可以体现出社会管理的总体情况。具体的研究内容如下。首先，从社会事务管理的角度，对事务管理因素进行分析，从人们对事务的接受状态，基于优和非优属性建立事务系统的对立可变集合。例如，以交通事务处理为例，可以建立交通管理与控制的可变函数和针对矛盾现象的可拓优化模型。其次，从行为管理的角度对行为管理因素进行分析，从人的社会行为正、反两个方面，建立社会行为系统的对立可变集合。以社会治安管理为例，可以建立人的行为可变函数和针对矛盾现象的可拓优化模型。

通过对社会治理典型问题的可拓优化理论与实践的研究，从社会治理的总体角度，探讨形式化方法分析矛盾现象，设计出具有信息化、科学化的社会治理方法的转换模式以及化解社会矛盾的运行机制，从而为社会治理提供具有科学价值和现实意义的理论与实践体系。

(三)研究方案的设计

根据社会治理可拓优化的实际，在具体研究中可以采取如下方案与流程：

第一，要从解决矛盾问题形式化研究方面所存在的问题，以及对理论与方法的需求分析角度启动项目的研究。采用文献分析法，对传统优化理论在解决管理优化方面进行分析与评价。采用管理实践分析法，对实际管理优化决策中要素的对立可变性（矛盾可变性）进行分析，得出矛盾可变性对管理优化与决策方面产生的影响。

第二，采用统计与问卷调查相结合的方法对事物的矛盾现象进行分析。得出矛盾现象的特征、类型以及传统的处理矛盾问题的管理方法。在这一研究过程中，矛盾特征量表的设计是进行矛盾特征分析的关键技术。在对矛盾问题的特征分析基础上，采用可拓学中可拓变换方法对化解矛盾问题进行定性与半定量分析。

第三，采用集合论研究方法建立体现矛盾现象的绝对对立集（简称对立集）的普适性定义。运用哲学思想与一般系统论的研究方法建立对立集的各种特征、类型，以及不同对立性质条件下的矛盾关系的形式化表达。采用集合论中的序关系理论，描述基于优与非优的对立属性，建立对立指数表达式，并且给出对立属性的数据、感知信息获取与表达方法。采用因素空间分析方法建立基于数据与感知的对立属性空间，这一研究过程的关键技术是因素空间理论。

第四，运用广义关联函数与可拓集合方法研究对立属性可变性的变化特征，建立可变函数模型，采用突变论中的突变分析模型研究矛盾现象的突变特征和渐变特征，从而给出矛盾关系转换的基本原则。这一研究过程的关键技术是广义关联函数和突变模型的有机结合。

第五，在对立集和矛盾可变性分析基础上，采用随机优化与模糊优化相结合的研究方法建立可拓优化的数学模型，研究过程是将随机模糊优化模型中引入对立可变因素，从而构成具有可变函数的可拓优化模型。这一研究过程的关键技术是具有对立属性的随机模糊变量的设计。

第六，采用系统分析方法构建社会治理优化系统，确定系统的要素、管理运行原则、管理目标等。首先，通过对系统要素的信息采集，确定系统要素、管理运行原则、管理目标等各自的对立可变系统。运用可拓数据挖掘技术发现具体的治理问题中的矛盾转换知识。其次，建立具体的社会治理可变函数可拓优化模型。然后，通过管理决策的运行效果对可拓优化的实际效果以及社会效益进行综合评价。具体流程如图 8－2 所示。

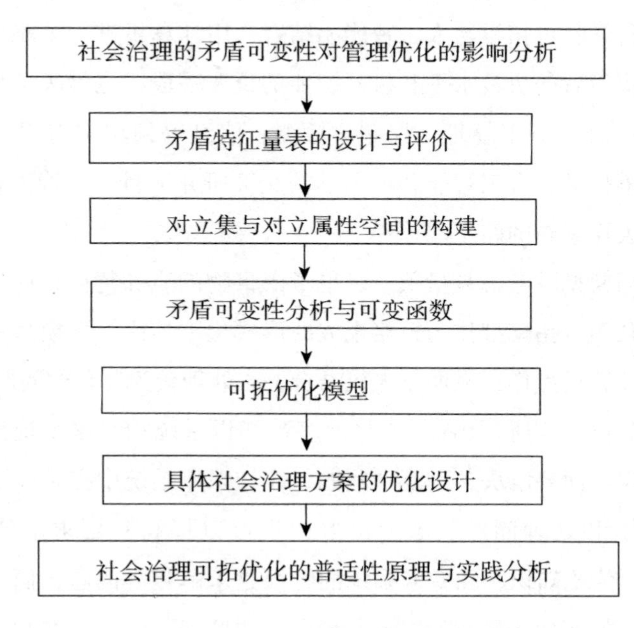

图 8－2　社会治理可拓优化的实施流程

四、社会治理可拓生成策略

（一）可拓生成策略的必要性

一般来说，策略生成是决策科学的难点。随着社会经济的发展和信息技术的不断进步，决策所涉及的系统越来越复杂，要考虑的参数越来越多；可供选择的策略难以计数，仅靠人脑生成策略进行决策已显得苍白无力。利用计算机进行策略生成和评价已成为决策科学化和智能化的必经之路。在这个问题上，国内外的研究尚显不足。究其原因，在两个方面：一是策略生成的基本理论不够成熟；二是用计算机进行策略生成的模型和方法尚需研究。

多年来，人们在决策过程中引进“决策支持系统”“群决策支持系统”“专家系统”“遗传算法”“神经网络”“智能主体”“管理信息系统”等支持决策。但这些系统只能起辅助决策的作用，在策略生成方面，尚未有本质性的突破。因此，研究社会治理可拓生成策略的新路子势在必行。

把决策科学、可拓学与人工智能相结合，用计算机进行策略生成和策略评价是提高决策者的决策水平和机器智能的重要手段，也是决策科学化的必由之路。这一研究对于管理、控制、检测、信息等领域都有重要的实用价值。它是决策科学、人工智能和可拓学的交叉研究项目。尽管困难甚多，但必须花力气去探索新的路子。

鉴于可拓模型既考虑数量关系，也考虑事物的质和特征，还可描述事物的可拓性，利用可拓模型作为策略生成的形式化工具比数学模型更为合理可行，更便于计算机操作，也便于人机结合，去处理较为复杂的问题。

正如计算机专家所指出的：“目前多数知识系统和专家系统拥有的知识都是表层知识。而要解决各种复杂问题，在知识库系统中必须解决深层知识的储存、表示和处理问题。借助深层知识可以提高问题求解能力和灵活性。”①另外，传统知识库和专家系统的特征是求解相容问题，而不研究不相容问题求解。如何加速研究的进程，寻求新的路子，使我国在利用计算机进行策略生成方面走在世界的前列，这是值得深入探讨的问题。

由此可见，研究社会治理可拓策略生成系统（ESGS，Extension Strategy Generating System）对于发展决策科学和人工智能有重要的科学意义，研制相应的实用软件对于国民经济中各行业进行科学决策有实用价值。

（二）基本步骤

实际上，社会治理“可拓分析”就是用形式化的工具，从定性和定量两个

① 王众托．知识系统工程：知识管理的新学科［J］．大连理工大学学报，2000（21）：155－122.

角度去研究解决矛盾问题的规律和方法。它为侧重研究"复杂动态社会系统矛盾问题求解"的 ESGS 解决深层知识的储存、表示和处理提供了新的工具。从可拓学的研究状况来看，目前，已经建立了把问题进行形式化描述的模型，并利用事物的可拓性和可拓变换，建立了解决矛盾问题的可拓方法和可拓工程方法。在可拓学中，解决矛盾问题的工具是可拓变换，集合论基础是可拓集合，其核心是使"不知变可知""非变为是""不行变行""不属于变属于"等。如果计算机能利用它们处理事物性质的动态变化，进行创新和生成策略，并利用可拓变换作为解决矛盾问题的工具，那将大大提高机器的智能水平。

ESGS 是根据可拓方法而建立的策略生成技术，建立 ESGS 的主要步骤如下：

第一步，建立问题的可拓模型，并在此基础上进行信息的提取——建立基础库要研究策略生成技术，首先要提取有用的信息，即用基元为基础的可拓知识表示体系规范已有的数据资料，按照问题的要求，建立基础数据库（称为基元库）。

第二步，建立关联函数，计算问题的关联度。在可拓学中，解决矛盾问题的集合论基础是可拓集合，而关联函数则是矛盾问题的定量化工具。因此，ESGS 的第二步是建立关联函数，计算问题的关联度；然后根据关联度发现问题，建立表层问题库。

第三步，寻找核问题。要解决问题必须对问题进行分析，特别是当研究对象为"复杂动态系统"时，只有找到问题的根源——深层问题后，才能"对症下药"以解决问题。因此，第三步是要对表层库中的问题，应用拓展推理及人机交互进行问题分析，寻找核问题。

第四步，生成一批解决问题的策略。为了解决社会治理中的矛盾问题，利用发散方法与收敛方法结合起来生成策略的菱形思维方法，生成一批解决问题的策略。可拓学的菱形思维方法中发散的部分是根据核问题涉及的论域、关联规则和基元，利用基元的拓展规则和共轭规则，拓展要解决的问题所涉及的基元，从而得到一批可能解决问题的基元。可拓变换是生成策略的基本技术。利用传导规则或共轭规则、五种基本变换和变换的四种组合方式，生成更多的策略。

第五步，根据优度评价规则对策略进行评价。可拓学的菱形思维方法中收敛的部分是根据优度评价规则对各个策略进行评价，得到相应的优度，对得到的策略根据优度排序，选取优度较高者作为提供给决策者参考的策略。

第三节　系统非优与风险社会治理

一、对社会治理的新认知

从概念上看，社会“管理”(management)和社会“治理”(governance)的实际含义有很大差别。管理的主体是政府，治理的主体则包括政府以及其他组织和机构甚至个人。政府管理得再好，最多只是达到“善政”(good government)层面。自从有了国家及其政府以后，“善政”便成为人们所期望的理想政治管理模式。实际上，在不同的时代和不同的社会政治制度下，“善政”有着不同的内容。在公共危机治理的背景下，作为一个人民政府，“善政”应当具备以下八个要素：民主、责任、服务、质量、效益、专业、透明、廉洁。

关于社会“治理”的定义，学界观点不一。所谓“治理”是各种公共的或私人的个人和机构管理其共同事务的诸多方式的总和。它是使相互冲突的或不同的利益得以调和并且采取联合行动的持续的过程。这既包括有权迫使人们服从的正式制度和规则，也包括各种人们同意或以为符合其利益的非正式的制度安排。它有四个特征：社会治理不是一整套指向社会行为或事件的规则，也不是一种社会活动，而是一个社会运行过程；社会治理过程的基础不是实施某种控制，而是促进一种协调机制；治理过程既涉及公共组织，也包括每个个体；社会治理不是一种正式的、固定的制度，而是一种面向对象的、具有动态特征的社会协同。

“善政”这种权威模式在20世纪90年代后受到“善治”(good governance)的有力挑战。有的观点认为，“善治”就是指使公共利益最大化的社会管理过程，善治的本质特征就在于它是政府与公民对公共生活的合作管理，是政治国家与公民社会的一种新颖关系，是两者的最佳状态。善治的基本要素有以下几个：合法性、透明性、责任性、法治、回应、有效。近年来“善治”理论之所以得以发展，其现实原因之一就是公民社会(civil society)日益壮大。此外，“善治”理论本身的解释张力也是其勃兴的重要原因。例如，善治比善政的适用范围更大，它不受政府范围的限制，公司、社区、地区需要善治，国家、国际社会也需要善治。“在风险社会，对危机与风险的善治无疑应当成为追求整个社会的善治中所不可缺少和越来越重要的组成部分”。

通过对社会治理过程的全面分析，不难发现，社会治理的对象是针对影响社会运行与发展的各类非优要素。当然，这些社会非优要素表现在社会系统的各个方面，有的是影响人们正常生活，有的是不符合现代社会发展需要，有的是将会造成人为损失和社会危害。这些社会系统的非优问题具有不同的特征，但都是社会风险的征兆，也就是说，治理社会非优就是防范社会风险，它是当前风险社会研究领域亟待解决的问题。

二、非优与风险的社会构形

人类社会本质上是一个充满非线性与不确定性、非优与风险的复杂性社会。20世纪80年代以来，随着人类社会全球化、现代化进程的加快，科技创新的持续推动，国际政治的深刻变化，人类社会发生了深刻的系统性结构转型，进入一个高度不确定和高度复杂的“风险社会”时代。人口爆炸、环境污染、资源短缺、金融危机、政治问题、恐怖主义、核安全、网络安全、粮食安全等重大非优问题困扰，各种难以预测、不同寻常的“黑天鹅事件”不断涌现，由经济、环境、社会、技术等非优因素引发的风险显著增强，风险规避与风险盈利成为推动社会发展的重要力量，社会治理开始转变为风险社会治理。

自乌尔里希·贝克1986年提出"风险社会"理论以来，"风险社会"成为人们观察、理解、诠释和分析现代社会的重要概念，为理解现代社会的结构特点、风险成因及系统治理提供了独特的视角。当前，社会风险治理碎片化、低效率现象严重，现有的公共管理、社会治理不能适应风险社会治理的要求，而新的治理方式又远未形成，这成为风险治理急需解决的重大理论和实践问题。实际上，社会系统的非优是形成社会风险的重要成因之一，研究表明，对社会非优要素的有效控制，是现代风险社会治理的新模式。面对风险社会治理面临着严峻挑战，必须从多学科理论出发，系统分析风险社会形成的复杂性机制，构建面向风险社会治理的意识、文化及机制，提升辨识、选择、化解风险的治理能力和识别非优化能力。加强风险社会及其治理的研究，在理论和实践上都具有紧迫性和重要价值。

"风险"是人类社会普遍存在的一种现象，指损失、危险和灾难发生的可能性，即遭受危险或损失的概率。风险并不等于危险或灾难。风险具有现实性的自然非优特征，如空气污染、森林破坏、地震伤害等等，同时，风险又和认知、预期、心理及文化的缺失(个体非优)有关。人类社会发展的任何阶段都存在于非优范畴中，非优范畴是形成风险的前提，因此，非优与风险是社会作为系统所具有的一种客观实在。当非优与风险成为社会的普遍现象，具有结构化、动态化特征，并具有极大的不确定性。在这种认知条件下，当代社会就成了非优与风险共存的社会，此时，社会中非优与风险的关系类型、成因以及后果比传统意义上的社会风险具有极大的复杂性，将非优与风险关联下的风险称为"泛风险"。

我们知道，在人们寻求社会系统某些问题优化的同时，会产生其他问题的非优，从而可得出，人们在化解风险时，也在不断制造新的风险。可以说，风险无处不在，无时不在，泛化在社会生活的每一个角落，正在改变现代社会运行的逻辑与规则，人类社会的生产方式、行为方式、组织形态、价值理念正在被系统化地重构，社会成为一个以"可拓风险"为主题和特征的风险社会形态。

三、泛风险社会的典型特征

泛风险社会具有以下六个方面的典型特性。

第一，多元化风险。在泛风险社会里，风险是宏观性的，形式多样，具有普遍性以及不可逆性。在社会层面上，社会风险普遍存在，威胁到人类社会的生命安全、文化多元性和社会稳定性。

第二，不可控及毁灭性风险。传统社会时代，人们对自然的干预和社会的形塑是浅层次的，此时风险具有较大的局部性和单一性，风险对社会的危害是有限的、可控的。在风险社会里，管理与决策者智慧的缺失、不计后果的发展方式对社会、自然环境的伤害越来越大，人类的某一项决策错误（非优）就可能毁灭过去所有的成果，这些风险不再是个性化的，而是具有了系统性特征，成为影响社会发展的核心要素，人类社会面临着不可控、毁灭性的风险，许多风险已远远超过了人类能力所能控制的程度。

第三，人为制造的“人化风险”。传统社会的风险主要是来自社会的“外部风险”，具有可计算、可预测、可保险的特征。在现代社会中，人类的决策和行为不断渗透到社会风险的形成过程中去，将潜在的风险诱发出来，成为被制造出来的“人化风险”，即使是社会外部风险也打上了人化特征的烙印，人化风险所具有的多发性、不确定性、危害性、跨时空性等特征，给风险社会治理带来了巨大挑战，许多现在似乎不存在的事情其实显著地影响着人们当下及未来的决策与行为。伦敦政治经济学院系统性风险研究中心关于金融危机的研究发现，系统性风险在第一个金融体系创造出来后就出现了，并且会在金融危机中周期性出现，是市场经济中不可避免的一部分。一方面，人们试图通过法律、制度来控制非优与风险；另一方面，在这一过程中又制造出了更多更大的非优与风险。

第四，高度复合的系统性风险。传统社会中的风险形式比较单一，影响有限。现代社会里，科学技术的快速发展，社会风险、传统社会风险以及地域性风险等复合性地在社会演变中凸显出来，并与政治、环境、文化、宗教等领域关联起来，成为系统性风险。风险既是本土的，也是全球的，具有“时空压缩”特征。某种风险的出现可能是由他人的“非优行为”引起的，比如福岛核泄漏，该风险的传播又会影响到其他相关领域，加剧风险广度与深度的变化，使得风险的构成及其危害趋于高度系统化。

第五，具有平等性的风险。现代风险的影响波及广泛，以“均匀分布”的方式对社会中的每一个成员产生影响，不再有特定的社会对象、身份和国家范畴，没有一个人可以置身事外，比如雾霾、2020年的新冠病毒。全球化程度越高，这种“均匀分布”就越明显，风险面前人人平等。

第六，制度化的风险。在“风险社会”中，由于制度系统结构上的不科学、执行上的不合理，导致制度的功能部分或完全失灵，这些非优要素是更多、更大风险的制度性来源，使风险成为“制度化”风险，社会“制度性”地产生和制造出风险。

第四节　社会“泛风险”形成的复杂性机理

在风险社会的论述中，贝克等人认为，风险社会主要来源于现代化过程中过度且不合理的实践活动、人心理与人性的扭曲、毫无节制的社会发展方式。虽然他们指出了社会风险来源于社会系统中非优要素(如不合理、扭曲、毫无节制)，但他们没有揭示出其背后存在的机理，没有对非优与风险社会形成的内在机制与逻辑给出一个充分而又一般性的阐释。这个一般性解释和逻辑就是，现代社会是一个具有高度内生复杂性、测不准性等特征的复杂系统，复杂性是风险社会形成的根本机理与原因。复杂性是复杂系统具有的一种内在属性，是客观世界的基本特征。在自然界和人类社会的结构与组织中，隐藏着让人难以置信的复杂性。虽然至今还没有关于复杂性的统一定义，但异质性、演化性、涌现性、自适应性等是复杂性所公认的内涵。

现代社会作为一个演化的复杂系统，存在着内生复杂性、测不准性、非线性、脆弱性和“二相”对偶性等复杂性机制，这些机制使得现代社会成为一个风险频发的社会，传统社会的可测性、稳定性不复存在。复杂性对于理解风险社会的形成及其治理提供了一个极有价值、独特的理论视角。

一、风险社会的“不完备性”特点

社会系统具有内生复杂性，如突变性、涌现性、适应性等，它是不以人的意志为转移的客观属性。社会主体在认知社会时，不仅受到社会系统内生复杂性程度的影响，还受到社会环境的不确定性以及主体认知能力的影响，这使得对社会系统本质特征以及内生复杂性的认知具有了“不完备性”。数学家哥德尔认为，任何理论或认识，无论它多么完美，都不可能通过自我论证来证明其具有绝对正确性，任何关于主客观世界的理论和认识都是不完备的。这就是著名的哥德尔“不完备性定理”。因此，当人们无法完备地认知并测度内生复杂性时，内生复杂性就会以社会风险的形式呈现出来，使潜在的风险成为“现实”，其实在性通过现代化过程中的各种“冲突”涌现出来。随着内生复杂性的增加，现代社会系统对环境条件的敏感性显著增强，微小的“扰动”都可能产生无法预计的后果，线性因果关系被彻底颠覆。现代化过程中人的各种行为，如科技发展、全球化、制度等释放和扩大了社会系统中的内生复杂性，内生复杂性成为风险社会形成的逻辑基础，当社会风险常态化、结构化、机制化时，社会就演化成为危机四伏的风险社会。

二、风险社会的不确定性机制

现代社会运行的非线性机制使得社会演化越来越具有不确定性，加之信息及人认识能力的不完备性，使得不确定性成为现代社会的另一重要特征，风险成为社会生活的普遍性文化。为了刻画社会的不确定性，我们以采用某种标度对社会系统进行测度这一过程来给予描述。假设社会系统 S 中有 N 个构成要素，N 中有 m 个要素与该标度具有同一性，P 个与该标度具有对立性，其余 n 个与该标度既不同一又不对立，且 m、n、p 是要素的信息侧度，分别为 $h_1,h_2,\cdots,h_m$；$w_1,w_2,\cdots,w_n$；$V_1,V_2,\cdots,V_P$；其中 $h_i \in [0,1](i=1,2,\cdots,m)$；$w_k \in [0,1](k=1,2,\cdots,n)$；$v_k \in [0,1](k=1,2,\cdots,p)$ 则称

$$\mu_S(t) = \sum_{t=1}^{m} \frac{h_t}{N}(t) + [\sum_{k=1}^{n} \frac{w_k}{N}u_k(t) + au_0(t)] + \sum_{l=1}^{p} \frac{v_l}{N}(t)j \quad (8-1)$$

$$((u_k(t) \in [-1,1], j=-1)$$

为系统 S 在 t 时刻的信息侧度。其中，第一和第三项称为 t 时刻的确定性侧度；$\sum_{k=1}^{n} \frac{w_k}{N}u_k(t)$ 为 t 时刻已知信息的不确定性侧度，$(u_k(t) \in [-1,1]$ 是不确定性信息侧度的系数，$au_0(t)$ 为 t 时刻未知信息侧度，二者称为系统的不确定性侧度。$j=-1$ 是对立系数。通过式(8-1)就可以描述社会系统存在的不确定。

在现代社会里，决策者在做出决策前不确定会发生什么，他们无法对社会实验的合理性、安全性给出令人信服的完备性保证，只是向社会说明一切可控，不会产生风险。然而事情常常超乎人的认识，一方面，风险被人们作为不确定性而从中盈利，如股市、赛马、彩票；另一方面，人为制造的不确定性使得风险成为生活的常态，成为人们控制不确定性或使不确定性后果最小化行为所引发的结果。在政治家缺乏政治智慧、科学家过度自信心态的支配下，人们越想探索未知的空间、开拓新的未来，就越可能引发政治、经济、文化、环境、伦理及公共安全等方面的不确定性。比如转基因食品风险及其扩散所引发的社会焦虑，全球金融危机、房地产杠杆、汇率变动、熔断机制所可能引发的系统性金融风险。这时，风险不是来自外部世界的强加，而是源于社会系统内部人为制造的不确定性。传统社会里，人类总是试图控制各种不确定性。

比如，如果令 $b_0u(t)$ 为式(8-1)中的不确定性项：

$$b_0u(t) = \sum_{k=1}^{n} \frac{w_k}{N}u_k(t) + au_0(t)$$

并将其看作子系统 $S_{b_0u(t)}$，那么按照式(1)的分析，则在 t 时刻关于 $S_{b_0u(t)}$ 的

侧度为：

$$\mu_{b_0u(t)} = \sum_{r(1)=1}^{m(1)} \frac{h_t^{(1)}}{N^{(1)}}(t) + [\sum_{k(1)=1}^{n(1)} \frac{w_k^{(1)}}{N^{(1)}} u_k^{(1)}(t) + a^{(1)} u_0^{(1)}(t)] + \sum_{l(1)=1}^{p(1)} \frac{v_i^{(1)}}{N^{(1)}}(t)j \tag{8-2}$$

$(u_k^{(1)}(t) \in [-1,1]; k = 0,1,2,\cdots,n^{(1)}, j = -1)$

依次类推有：

$$\mu_{b_0u(t)} = \sum_{r(i+1)=1}^{m(i+1)} \frac{h_t^{(i+1)}}{N^{(i+1)}}(t) + [\sum_{k(i+1)=1}^{n(i+1)} \frac{w_k^{(i+1)}}{N^{(i+1)}} u_k^{(i+1)}(t) + a^{(i+1)} u_0^{(i+1)}(t)] + \sum_{l(i+1)=1}^{p(i+1)} \frac{v_i^{i+(1)}}{N^{(i+1)}}(t)j$$

$(u_k^{(i+1)}(t) \in [-1,1]; k = 0,1,2,\cdots,n^{(i+1)}, j = -1)$

这样，通过对不确定性的逐步分解，就可以发现其中相对确定性的部分，进而控制不确定性，这种努力在不确定程度很低时有一定的效果。然而，当社会系统的内生复杂性很高，人们试图控制各种不确定性时，反而面临越来越多难以预期的风险，因为在风险因素中，哪些因素是确定与不确定的，很难测度清楚。没有人是责任主体，似乎又都是责任主体，因为社会的内生复杂模糊了主体的责任界限，社会充斥着“有组织的不负责任”。

三、风险社会的“测不准性”机理

上面的分析表明，现代社会系统不仅具有内生复杂性与不确定性机制，而且不确定性下其复杂性程度常常无法准确地描述和刻画，其所展开的社会过程也常常无法预测，这使得现代社会具有了“测不准性”。量子物理学家海森堡认为，粒子的位置及其动量不可能被同时测定，因为测量手段会干扰它的运动，也就是测度行为与被测度物之间存在相互作用，物理量很难被精准测度：$\Delta x \cdot \Delta P_x \geq h$，其中，$\Delta x$ 为 X 轴方向的位置测不准量，ΔP_x 为 X 方向的动量测不准量，h 是普朗克常数。

人们把哥德尔的不完备性定理和量子力学的测不准性原理看成是认识世界时应遵循的科学哲学。此外，社会演化是一个非线性动力学过程，非线性演化使得我们对社会系统行为的细节测不准，具有混沌特性，混沌下的系统行为是不确定的，初始状态的微小变化将导致系统出现截然不同的后果，即便运用高精度的技术工具和精确的数学模型，也无法对社会系统进行准确的预测，因为精确刻画要求有无限准确的初始状态，而人类的认知能力和技术能力几乎是无法做到的。比如人口学家对于人口的预测屡测不准，就是由于影响人口变化的因素多样而复杂，人口学家的知识结构和测度模型无法把握人口变化的内在规律和无限准确的初始状态所致。由于社会系统的非线性、混沌性，以及信息的不完全性，使得我们只能一定程度、相对准确地刻画和预测社会系统，这就是社会系统的测不准性。测不准性使得人们无法准确及时地把握系统演化中出现的各种细节以及由此引发的各种风险乃至危险状态，无法有效应地化解风险，最终引发风险及危险。测不准性表明客观的社会与我们主观上认识的社会之间存在一定差距，只有当社会处于稳定状态，对小的"扰动"不太敏感时，才能够对社会系统进行相对正确的刻画和准确预测。

以科学技术为例，科学技术发展追求的是确定性，然而科学技术研究的过程和结果却充满了不确定性，其发展不仅突出和扩大了人们行动的不确定性，而且其在形成、运用、创新等每个环节都存在着测不准性，无论人们做出怎样的努力，都实现不了对其未来的确定性预测。科学技术的不确定性，引发了社会其他领域大量的风险，加剧了社会的内生复杂性，其在显著提高人们生活品质、带来巨大福祉的同时，也在产生数不胜数的"潜在副作用"，诱发出诸如人工智能安全、外太空安全等可能无法控制的、自我毁灭性的风险，使得人类对未来越来越测不准。现代科学技术变成了风险技术，人们对科学技术工具理性的曲解、驾驭能力的薄弱与滥用成为社会复杂性和不确定性的重要来源。当这些"潜在副作用"变成实在表现，全球置于风险结构情境时，风险社会就已然形成了。

四、风险社会的"二相对偶"机制

在自然界和人类社会中，系统或物质在某一时刻所处的状态，叫作

“相”，其所处的虚、实状态分别叫作“虚相”和“实相”，简称虚、实“二相”，“二相”之间呈现对偶关系，且在一定条件下可以相互转化。最著名的二相对偶原理是光的“波粒二相性”。二相对偶是自然界和人类社会广为存在、呈分形特征的一种内在结构规律，它包含了物理学的二相性、数学的对偶性、哲学的对立统一性、经济学的宏微观论、系统学的虚实论、宗教学的善恶论等。量子力学发现，二相对偶是物质的一种内在机制，不可人为地分离它们。

系统非优理论认为，任一系统均可分作优与非优两个互斥又互补的子系统。混沌学认为，世界是确定和随机、有序和无序的辩证统一体，呈分形存在。从物质结构的二相性去认识风险社会的复杂性，许多问题可获得新颖而又独特的理解。风险社会表象为社会发展的非优、危机与困境，实质是人类活动实践的二重性(二相性)矛盾所致。实践二重性决定着社会发展的复杂性与多元化。人类活动、科学技术都可能把处于潜在、隐蔽、微观状态的非优转变为现实、实在、宏观状态的风险，实现风险“潜在”与“现实”二相间的人为转换，在这种转换中，作为内在结构规律的二相性被破坏，被释放出来的动能又反作用于社会结构，启动社会系统的正反馈机制，进而创造出更多社会风险或者社会福利。此外，人类理性表现为价值理性和工具理性二相。由于作为“技术”的科技、制度、组织在认识自然和财富创造上的巨大成功，因此，技术理性逐渐成为工业社会的主导，人们开始把它当成满足人类自信和财富创造上纯工具性的东西，而关乎人类存在的目的与意义、人类命运与责任等价值理性却逐渐淡忘，由此导致了价值理性和工具理性二相间的失衡，工具理性的过分扩张带来了人类价值理性的急剧萎缩，把人类推向了风险社会。

五、风险社会脆弱性来自系统非优

社会治理的脆弱性来自社会系统的非优要素。脆弱性是指社会或自然，由于受到内外部因素及系统自身演化过程的共同作用，而形成的易受攻击或结构与功能易受损的特性。它由社会或自然系统的内部结构与功能所决定，同样表现为系统的内在属性，这种内在属性就是非优属性。脆弱性作为现代社会系统的内在属性是在社会危机发生前即已有的客观存在，在危机发生过程中才“涌现”出来的。在危机产生前，脆弱性具有很强的潜在性或隐蔽性，对其识别、评价在时空分布上存在许多困难，很难被发现和被疏忽掉，或者即使被发现也难以完全消除。这正是风险的潜在性机制。在风险社会中，由于非优属性无处不在，脆弱性也无处不在，许多风险或者灾难的发生都与脆弱性密切相关。人类社会无论是在自然灾害面前，还是在社会系统突发的极端事件面前，都显得十分脆弱。即便是依靠现代技术构筑的复杂社会网络，如互联网、航空网、电力网等，也都存在极大的“脆弱性”。脆弱性在现代社会中具有放大风险的特性。当社会中较小的“扰动”发生后，如果社会系统存在结构上的脆弱性，就会使扰动变异放大，造成巨大损失。

第九章

社会治理系统的非优分析

第一节　基于前馈控制的社会治理风险分析[①]

一、前馈控制在风险社会中的可能性空间

在被称为“风险社会”的当代社会中，对过去那种“亡羊补牢，未为迟也”的陈旧思维定式应该反思一下了。最先进行这种反思的当推德国学者贝克（Beck）。贝克1986年在他的著作《风险社会》一书中，大声疾呼：对工业时代现代制度产生根本性冲击的“风险社会”已经来临了。他认为，在经济全球化的情况下，工业生产和消费遍布全球，因此局部产生的风险不仅增高，并且会迅速波及全球。风险正日益趋向于逃脱工业社会建立的风险预防和监督机制，并超出了现代社会管理的能力。另一位著名学者吉登斯（Giddsens）则慨叹风险社会使现代世界“越来越不受我们的控制，成了一个失控的世界”。如果说“风险社会”一词在以前还只是学术界的一个晦涩概念，那么当“9·11”恐怖袭击事件和2020年全球新冠病毒大流行被社会大众所切实感受之后，这个词汇正日益成为一种大众话语，并引起人们深刻的反思。人们扪心

① 阎耀军，薛岩松．风险社会中的管理时滞与前馈控制——试论基于前馈控制的公共危机管理创新[J]．天津大学学报(社会科学版)，2009，11(4)．

自问：我们在亡羊之后的补牢，真的就“未为迟也”吗？答案当然是否定的。那么，现代社会的“风险”果真就如贝克们所说的“已经超出了现代社会的管理能力”了吗？其实也未必尽然，因为如果我们仍然抱着传统的单纯反馈控制的社会管理方式的话，那么贝克肯定是对的；但是如果我们创新社会管理体制，改革社会控制方式，“风险”也许仍会在我们的掌控之中。为此，我们针对性地提出前馈控制的理论，并主张对现行社会治理和运行机制实施以“前馈控制”为内容的改革和创新。

控制论创始人维纳（Weiner）认为，反馈控制是控制论的核心。但是反馈控制的最大缺陷是在当问题出现，到控制问题之间有一段时间滞差。

社会治理前馈控制是相对于反馈控制而创设的一个概念，主要是指事先控制“非优因素”输入系统之中的一种管理行为。它与反馈控制的事后控制行为恰恰相反。前馈控制方法最早在自然科学领域应用，其特点是观察那些作用于系统的各种可测输入量和主要扰动量，分析它们对系统输出的影响关系，并预测输出结果与预期结果之间的偏差。在这些可测量的输入量和主要扰动量的非优影响产生之前，通过及时采取纠正措施，来消除它们的非优影响。由于前馈控制以系统的输入或主要扰动信息为馈入信息，在系统的输出结果受到影响之前就纠正偏差，从而可以克服反馈控制因时滞所带来的缺陷，大大改善控制系统的性能。为了更清晰地说明前馈控制与反馈控制的区别，给出两者的比较模型，如图9－1所示。

从图9－1可以看到：反馈控制的特点是“亡羊补牢”，其优点是具有确定性，其缺点是具有被动性和“时间滞差性”，对于已经产生的系统非优损失是无法挽回的。前馈控制的特点是“曲突徙薪”，其优点是能够防患于未然，从源头上便杜绝系统非优带来的后果，其缺点是具有虚拟性和不确定性。应当说，两种控制方式是各有利弊的。但是，由于现代社会中的风险，能够跨越时空局限，从而能使任何局部发生的风险迅速扩大到整体，并以能引发全社会甚至全球性灾难为特征，所以这就使那些尤其具有较长潜伏期或酝酿期的“大滞后系统”，完全不适用于具有“时间滞差性”缺陷的反馈控制了。如艾

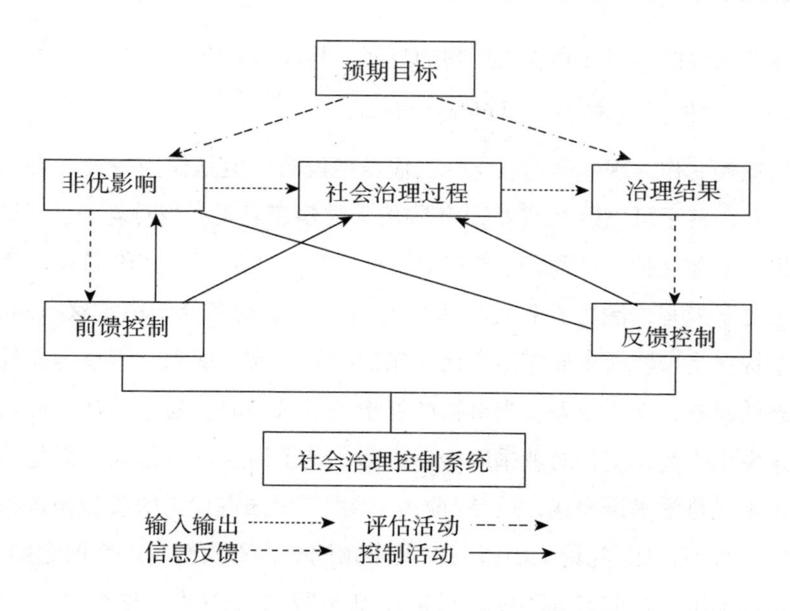

图 9－1　前馈控制与反馈控制的比较模型

滋病、疯牛病这些具有较长潜伏期的传染性疾病，当你依靠反馈系统发现它们的时候，它们已经好像是被打开的潘多拉魔盒，变得几乎不可控制了。退一步讲，即便是一些采取补救措施可以控制的风险，人类也将付出巨大的代价，有鉴于此，完全有理由认为，在现代风险社会中，前馈控制应该是整个社会治理体系中最有意义的组成部分。在我国现阶段的社会治理体制的改革创新中，将前馈控制机制注入社会治理控制系统，提高社会治理的前馈控制能力，将是提高治理效果的关键环节之一。

然而，前馈控制在自然科学领域虽然目前已有不少研究和应用的成果，但是，由于社会治理系统的复杂性和不确定性要远远高于自然领域，人们永远不可能达到对输入对象因素信息的全部占有，也不可能对其后果全部清楚。也就是说，人们不可能对未来社会事物的发展变化达到“全知全能”的完全理性境界。那么，在人类有限的理性能力条件下，在社会治理领域进行前馈控制是否可能或者说可能性空间有多大，就需要讨论了。

研究表明，人类对社会领域的事物虽然不可能完全做到前馈控制，但是仍然具有足够的可能性和相当广阔的空间。其理由如下。

(一)前馈控制有着深厚的文化积淀

前馈控制作为现代学术概念，古代虽然没有，但是作为一种管理思想却早已存在，甚至可以追溯到2500年前的大哲学家老子。当时老子已经极其睿智地提出了前馈控制的思想："其安易持，其未兆易谋，其脆易泮，其微易散。为之于未有，治之于未乱。"其大意是：当事物尚处于稳定状态的时候，容易掌握；当事物尚未显露出变化征兆的时候，易于谋划；当事物尚处于脆弱状态的时候，易于溶解；当事物尚处于细微阶段时，易于消散。应当在事物尚未发生不利的变化时就采取治理措施。老子的这种主张未乱而先治的思想，用现代科学术语表达，就是"前馈控制"。中国古代反映类似精辟见解的思想还有很多，如《礼记·中庸》："凡事预则立，不预则废。言前定则不跲；事前定则不困，行前定则不疚，道前定则不穷"；《左传·襄公》："居安思危，思则有备，有备无患"；《孙子兵法》："夫未战而庙算胜者，得算多也，未战而庙算不胜者，得算少也。多算胜，少算不胜，而况于无算乎！吾以此观之，胜负见矣"；等等。

前馈控制的实践也很多，如秦始皇扫平六国后采取"书同文，车同轨，统一货币，统一度量衡"以及"焚书坑儒"等措施，在一定意义上说，亦属于前馈控制。至于在军事斗争中的例子则更多，无须枚举。所以，既然古已有之，今人就更应发扬光大。

(二)社会理论和预警方法取得了长足进展

掌握规律是进行前馈控制的前提条件。随着对社会运行规律认识的逐步深化，人们创立了颇为丰富的社会理论，例如风险社会理论、社会系统理论、需求层次理论、社会转型理论、社会分层理论、社会运行理论、社会控制理论、结构功能主义理论、社会冲突理论、社会突变理论、耗散结构理论、全球化理论、社会燃烧理论以及包括马克思主义学说在内的各种社会理论。总之这些理论为人们掌握社会运行规律，超前把握社会发展趋势提供了丰富的思想武器。预警是实施前馈控制的基础条件。从方法的角度看，除了有近200多种预测方法外，人们对前馈控制的努力主要体现在对社会预警指标体系方面的探索。

（三）现代信息技术为前馈控制提供了强大支持

现代电子计算机技术的发明以及由此带来的统计制度、情报搜集方式的革命性变化，使得过去那种沿袭了3000多年的“乡移于邑，邑移于国，国以闻天子”层层传递的“采诗”式的信息传输方式和人工算术方式发生了彻底改观。而基于电子技术的互联网已连接了150多个国家。天地一体化的有线、无线通信系统，使地球内的每个角落、甚至地球外相邻的天体，都在有效的覆盖之中。这意味着所有的人都能通过互联网，在瞬间同时知道世界上所发生的所有事情。这就使人们“先知先觉”的能力比“烽火狼烟”时代有了极大的提高。现代超级计算机的运算速度已达到每秒百万亿次量级，这使得以往海量的计算数据如今可以在瞬间完成，从而使人类彻底告别了费时费力的“珠算时代”，极大提高了人类的推算和预测能力。正是在上述背景下，具有对社会实施前馈控制意义的成功案例产生了许多。

例如，2004年阎耀军提出了“社会稳定预警模型”，2005—2006年他带领课题组运用这个模型中所包含的六个子系统55个指标对我国自1985年至2002年18年的社会稳定状况进行了时间序列分析。这一时间序列分析，具有模拟反演的性质，在一定程度上证明了在预警的基础上，对社会实施前馈控制的可能性。

二、基于前馈控制的社会治理创新

公共危机的前馈控制机制是为应对风险社会中社会治理时滞所提出的全新理念，旨在拓展现有的反馈控制模式和应急管理思路，强调运用多种风险预控手段，超前建立多种社会治理风险防范机制与制度安排，其具体思路或创新要点如下。

（一）建立公共危机前馈控制的制度框架

前馈控制机制问题首先涉及制度安排的科学性。马克思就很注意制度的科学性。他分析当时资本主义不可克服的周期性经济危机时指出："症结正是在于，对生产自始就不存在有意识的社会调节。"可见能否进行有意识的社会调节，有着社会制度结构上的重要原因。制度结构的科学性就在于它是否具有自动调节并不断适应发展变化的能力。而自动调节能力的获得，离开了社会预警体系及前馈控制方面的制度安排是不可能的。公共危机管理前馈控制机制的形成，是一个在全面系统的社会风险分析基础上，综合运用各种风险控制手段，合理分配政府、市场、民间机构及个人的风险管理责任，通过系统的、动态调节的制度框架和政策思路，有效控制社会风险的过程。总而言之，在社会风险日渐凸显的背景下，强调实施社会风险管理的前馈控制的制度和政策框架，具有更为重要的决策价值和现实意义。

（二）认真学习和总结古今中外有关前馈控制的思想理论和实践经验

以古为鉴，可知兴替。从前面所述古代言论和案例中，我们已经对我国古代的前馈控制思想和实践管窥一斑，其实这种思想和案例在我国古代是十分丰富的，应当组织科研工作者去发掘和整理，古为今用。与此同时，要向西方发达国家学习有关前馈控制的经验。西方发达国家先于我们进入现代社会，他们的经验和教训我们一定要借鉴。当然，必须承认我们和西方发达国家实行的是两种不同的社会制度，民族文化上也存在巨大的差异。由于社会政治制度、文化历史条件、阶级立场、思维方式等方面的限制或差别，我们不可能完全照搬别人的办法，要注意西方公共危机管理前馈控制机制的"中国化"问题。

（三）在各级决策层加强决策过程的预测环节

前馈控制是和预测密切相关的。前馈控制是面向未来的控制，它是运用不断获得的最新的有关社会运行的可靠信息加以预测，并将期望的社会管理目标同预测的结果加以对照，在出现问题的临界点之前就发现问题，事先制定纠偏措施，将问题解决在萌芽状态。所以，要做到对社会的和谐稳定实施前馈控制，就必须加强预测工作。预测是公共政策制定流程中一个非常重要的环节。公共政策制定一般要经过界定问题、确立目标、方案设计、效果预测、拍板决策五大环节。决策只是最后一个环节，其中最难的也是最容易被忽略或最容易偷懒的就是效果预测环节。我们过去有些政策由于在制定过程中，没有预测或没有比较长远的预测，而匆忙输入社会系统之后，刚开始出现正面效应，但是久而久之负面效应和副作用就暴露出来，以致弄到难以收拾的地步，严重地影响了社会的和谐稳定。总之，通过加强预测实施前馈控制，不使不利于社会和谐稳定的因素输入社会系统，才是维护社会和谐稳定的上策。

(四)组织有关专家学者和实际工作部门联合开展有针对性的前馈控制研究

开展社会治理风险防控的前馈控制机制研究。这一研究在理论层面大致可包括六个方面：一是前馈控制机制的原理研究；二是现行社会治理体系的前馈控制能力评估；三是我国历史上和当代公共危机管理中前馈控制的理论和方法研究；四是具有前馈功能的预警预控指标体系及其运行系统研究；五是适合中国国情的前馈控制宏观模式研究；六是前馈控制的方法和技术体系研究。在实践层面，几乎涉及所有行业和领域，其针对性和应用性很强，所以应进行各个层次和各个专门领域的课题立项，并与相应的实际工作部门紧密结合，系统化地展开，以确保研究成果的针对性和实用性以及在各个领域和层次的全面渗透性。

(五)加强公共危机的预警指标体系建设及其操作运行系统建设

公共危机(非优)有一个长期潜藏和孕育的时期，如果不进行积极应对，今天的风险则有可能成为明天的灾难。

对社会风险实施前馈控制的前提或所依赖的主要工具是预警指标体系。哪些指标是能够敏锐反映危机发生和变化的，哪些指标是对危机起控制作用的，近年来研究成果不少，但是存在的问题也较多：一是缺乏理论，没有经过深入的理论研究而随意堆砌、罗列指标的现象相当普遍；二是缺乏实证，没有经过实证研究的“理论性指标体系”随处可见；三是缺乏载体，没有使指标体系得以制度化运行的机构主体，也没有相对完备的数据信息供给。所以，没有可操作性的预警，也就没有实际上的预控。根据我们的经验，业已建立起来的指标体系若不经过实践检验和实际运用是无法完善的，况且指标体系也是随着社会的发展变化及时调整的，所以要真正完成预警指标体系及其运行系统建设的任务，光靠研究部门不行，还需要政府统计部门、安全部门甚至机要部门的通力合作才能奏效。

（六）建立由计算机辅助的人工智能非优剧情生成系统

所谓危机剧情生成系统是指专门设立的一种公共危机虚拟设计机构，这个机构的功能就是根据公共危机预警指标体系测量所得到的数据结构，运用计算机交互模型技术进行公共危机假象剧情设计，编辑（设想）各种可能发生的“故事情节”，其中不仅包括社会环境生成的公共危机，也包括自然环境生成的公共危机，等等。这种剧情生成系统在利用电子计算机的情况下可以取得很高的效率。

（七）建立可以用计算机模拟的非优态势推演系统

所谓非优战态势推演，是指根据公共非优剧情生成系统所设计的种种剧情，进行“非优想定”的二次开发，即将已形成规范化技术文档的社会风险想定，进一步转化为可直接用于公共危机防控态势推演的剧情。公共危机推演有图上推演（也称图上作业）、沙盘推演、实兵推演等方式，目前所指的公共非优态势推演系统是由计算机、模型和相关规则组成的，能够辅助决策者分析风险防控方案的非优模拟系统。该系统通常包含一些大型的、复杂的计算机模型，这些模型可模拟各种规模和种类的非优应对行动，主要用于各级公共危机管理人员的训练和演习。这种利用计算机模拟的推演系统在军事上使用得相当普遍。由于电子计算机运算速度快，不仅可以将众多可能发生的情况预先集中地暴露在公共非优管理人员面前，还可以将较长时间的行动过程压缩到较短时间内模拟出来，这就为公共危机管理的前馈控制提供了有利条件。

（八）建立危机预警和预控紧密结合的制度化连锁机制

目前我们的预警和预控在某种程度上来说是脱节的。如果我们把前馈控制划分为“预警”和“预控”两个阶段的话，那么我们现在的工作基本上还是停留在预警阶段。其实我们的预警也有问题，那就是早期性差，这就使问题难以解决。中央提出“建立健全社会预警体系”，“预控”应是题中应有之义。因为不预控，预警便无意义。但若做不到科学预警，预控也无从谈起。所以只有预警和预控紧密结合，才能构成真正的前馈控制机制。国外有些国家的预警和预控就连锁得很好，如法国在“景气政策信号制度”中就规定，在“经济警告指标”(包括失业率、通货膨胀率、外贸人超率)三个指标中，任何一个指标出现连续三个月的上升(比上月)一个百分点以上，政府必须自动在一定范围内采取相应的预控措施。显然，有这样的制度化的连锁机制，就可以在事先及时控制不稳定因素向社会系统的输入或扩展。

(九)建立危机管理前馈控制的方法和技术支撑体系

公共非优管理的前馈控制体系的建立必须具体落实到操作层面，这就必须有一整套实用的方法和技术。在人类已有的管理理论和实践中，与前馈控制相关的，或者对前馈控制具有启发意义的方法和技术是十分丰富的，例如对社会矛盾的简化技术、缓解技术、均衡技术、预应技术、仿真推演技术、网格化管理技术等。再就是要借鉴西方社会管理中丰富的前馈控制方法和技术，使之中国化。总之，我们要将这些散落的无线之珠，用“前馈控制”这条主线穿插和编织起来，形成一整套行之有效、与构建和谐社会需要相适应、宏观和微观相结合的前馈控制方法和技术体系。

(十)以改革创新的思路将前馈控制全面嵌入整个社会治理体系之中

建立前馈控制机制涉及对现有的社会管理体制的改革创新问题。我们现行的社会管理体制是从计划经济时期延伸下来的，要适应社会主义市场经济发展和社会结构深刻变化的新情况，就得改革创新。从近些年来的情况看，似乎到处都在讲“突发事件”，到处都在搞“应急对策”，可见我们现在的社会建设和治理体制是多么不适应现代社会的运行速度和变化。因为在一个体制健全和管理有序的社会中，是不应该有那么多“突发事件”和总是忙于“应急”的。因此深入研究现代社会的特点和社会管理规律，更新社会管理观念，将前馈控制全面渗透到整个社会管理体系之中，应该是我们推进社会建设和管理改革创新，形成适应新时代社会主义发展要求和符合人民群众愿望、更加有效的社会治理体制的重要一环。

第二节 社会安全事件的尖点突变模型

我国在社会转型推进现代化、逐步融入现代化的全球化和改革力度不断加大的历史进程中，已经产生或将要暴露出深层次的矛盾和问题，构成社会安全事件的直接或潜在因素。如果这些因素不能得到有效的解决，则会积累，达到一定程度时，就会造成严重的社会安全非优事件。

一、社会安全事件的概念界定

“社会安全事件”从法律角度来说，目前尚未有比较明确的定义。一般界定为：“社会安全事件主要包括恐怖袭击事件、经济安全事件和涉外突发事件等”。从词语构成上看，“社会安全事件”由“社会”“安全”“事件”三部分组成。“社会”是指人与人之间关系的总和，“安全”是指“没有危险，不受威胁”，“事件”是指历史上或社会上发生的大事情。因而，社会安全事件是对“严重暴力刑事案件”“恐怖袭击”等一切发生的影响人与人之间的基本关系及价值观念的重大事情的总称。因此，研究认为，社会安全事件是指在社会安全领域发生的，因人为因素造成或者可能造成严重的社会危害的事件。

二、社会安全事件的突变分析

（一）突变理论

微分方程作为科学研究的主要数学工具，对描述各种连续和光滑变化的系统具有很大的作用，但对于具有不连续性的系统则作用不大，突变论的出现则解决了这一难题，它无须求微分方程和解微分方程，只要注意“微分同胚”“同构”“同态”等概念，便可获得系统动力学特性相当可观的信息。突变论是法国数学家雷内托姆于20世纪60年代末提出的一种拓扑数学理论，旨在利用动态系统的拓扑理论来构造自然现象与社会活动中不连续变化的数学模型，突变论是一种从本质上描述形态发生的新颖的数学理论，是研究客观世界非连续性突然变化的一门新兴学科。它的主要特点是用形象而精确的数学模型来描述和预测事物连续性中断的质变过程，它的主要数学渊源是根据势函数把临界点分类，进而研究各种临界点附近的非连续现象的特征。突变论研究的是势系统，可用势函数来描述，所谓“势”可看作是系统具有采取某种趋向的能力，势是由系统各个组成部分的相互关系、相互作用以及系统与外部环境的相对关系决定的；突变论把系统势函数的变量分为两类：一类是系统的行为变量或状态变量，即系统的内部变量；一类是控制变量，即系统的外部变量。突变论指出：系统的势函数表示了系统任一状态的值，而系统的任一状态则是状态变量与控制变量的统一。突变势函数可表示为：

$$V=f(y_1, y_2)$$

式中，y_1为系统状态参数 x_i 的集合，$y_1=\{x_1, x_2, \cdots, x_n\}$；$y_2$为系统控制参数 u_i的集合，$y_2=\{u_1, u_2, \cdots, u_n\}$。

托姆已证明：当控制参数的个数不超过4个时，则势函数 V 只有7种形式，即7种初等突变模型，它们分别是折迭突变函数、尖点突变函数、燕尾突变函数、椭圆形脐突变函数、双曲型脐突变函数、蝴蝶突变函数、抛物型脐突变函数。其中，尖点突变是只有2个控制参数和1个状态参数的突变结构，其势函数为：$V(x)=x^4+u_1x^2+u_2x$，式中 x 为状态变量，u_1、u_2为控制变量，其图形如图9－2所示，图中上部曲面为突变流形，由$4x^3+2u_1x+u_2=0$构成，下部平面上的投影则为分歧点集（产生突变的控制参数集），即方程 $4x^3+2u_1x+u_2=0$ 和 $12x^2+2u_1=0$ 消去 x 所得到的方程 $8u_1^3+27u_2^2=0$）构成；在7个初等突变模型中，尖点突变是应用得最为广泛也是最直观的一种模型，由图9－2可见其突变的发生过程。图9－2所示的尖点突变模型，看上去像一块打了折皱的布料，曲面由三层组成，可分为上、中、下三叶，经分析可以得出：在折皱以外部分，曲面的上叶、下叶都是平滑的，从而是稳定的，这时行为从初始到终止是状态的渐变过程；而在折皱的部分即中叶，曲面折叠部分的边缘会发生突变，这时行为状态从初始到终止是突变，它可以直接从曲面的上叶跌到下叶，或者直接从下叶跳至上叶，而不经过中叶，其表现出状态的不稳定，即为突变。

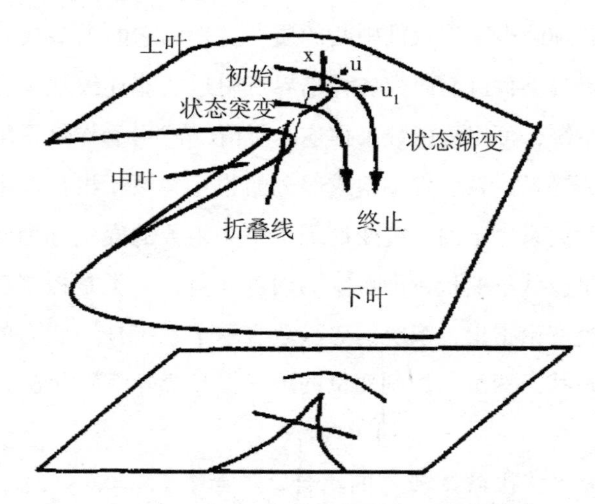

图 9－2　尖点突变的突变流形与分歧点集

突变理论及模型在社会科学研究中很重要的方式之一就是经验方式，即在系统的势函数未知的情况下根据系统表现的外部形态来建立它的一个突变模型。社会科学问题的分析基础即是该问题的突变特征分析。1976 年，齐曼(Zeeman)在齐曼突变机构基础上，对突变模型的基本特征进行了分析，总结为：多模态、不可达性、突跳、发散、滞后。这五点是被学者们证明了的突变现象所遵循的基本特征。突变理论认为，一般情况下，只要所研究的社会科学问题中出现上述两个以上特征时，就可以运用突变模型进行定性分析。

通过资料整理，可以认为社会安全事件基本符合突变模型的五个特征：

1. 多模态。即系统中可能出现两个或多个不同的状态。对于社会安全事件主体，事发前的正常和事发及事后的极端是两个完全不同的状态，可认为该事故系统出现了两个不同状态。

2. 不可达性。即系统有一个不稳定的平衡位置，并且不稳定定态在实际中不可能达到。对于社会安全事件，事件主体从正常状态到极端状态，几乎没有思考后果的中间状态。因此，该类事故符合不可达性。

3. 突跳。即控制变量的不同取值使系统发生变化，而从一个稳态向另一个稳态的转变是突然完成的，所用时间很短。社会安全事件的后果往往都比较严重，受害人受到的迫害极为残忍，究其原因，事件主体在实施侵害行为的时候是瞬间完成的。由于受害人未做任何准备，因此尚未反应即已被伤害。

4. 发散。控制参数数值的有限变化会导致状态变量平衡位置数值的有限变化。很多社会安全事件主体在犯罪时很多是因为受一个很小的事故刺激，而爆发做出伤害举动的。

5. 滞后。很多社会安全事件中，当物理过程并非严格可逆时，会出现滞后。例如，在一些犯罪案件中，犯罪嫌疑人在实施犯罪行为后，都处于人格极度扭曲、心理变态的状态，甚至有的在法庭上都不悔改。也就是说他们一旦进入这种极度危险状态后，很难恢复到以前的安全状态，是不可逆的。

研究表明，社会安全事件符合突变模型所需的基本特征要求，理论上运用突变理论进行社会安全事件的成因机理分析，并构建相应的初等突变模型对该事故进行解释和分析是可行的。

(二)影响因素及相关变量分析

1. 社会安全事件影响因素分析

1977 年，艾伯特·班杜拉提出了社会学习理论。社会学习理论假设认为，只有将行为人个体信息与其实施行为的环境信息结合起来，我们才能理解有关的人类行为。对于社会安全事件，案件主体不论处于正常状态，还是处于破坏社会的极端状态，一般是由其个人心理状态及周围环境共同作用的结果，可认为其影响因素为个体心理因素和环境因素。同时根据社会系统理论观点，可将社会安全事件主体及其周围环境构成一个社会子系统。

2. 相关变量分析

由上述分析可知，社会安全事件主体的状态是由个体心理和环境两个因素共同影响的，符合突变理论中的尖点突变模型的要求，即由 1 个状态变量和 2 个控制变量构成。

(1)状态变量。对于社会安全事件主体，无论是处于正常状态还是极端状态，都是其与外界环境所构成的社会子系统的状态特征。因此，将该系统的状态作为状态变量。

(2)控制变量。在社会学习理论相关观点下，该类社会子系统中的整体状态是由案件主体的个人信息即其心理和周围环境所决定的。根据系统论观点，我们可以将社会安全事件中犯案主体的心理和其周围环境构成该系统的两个控制变量。

我们通过对该子系统变量的分析，可以进一步论证，对于该类子系统的分析应选用初等突变模型中的尖点突变，这既是可行的也是合理的。

三、社会安全事件的尖点突变模型构建

在应用突变理论解释社会科学问题时，一般通过运用相应的初等突变模型定性描述问题，这里运用尖点突变模型研究社会安全事件的发生机理时，同样是借助模型进行定性描述的。由托姆的数学演化以及齐曼对突变机构的证明过程可知，尖点突变模型是由若干公式相继推导而得到的。

(一)势函数

在社会科学领域中，势由系统各个组成部分的相对关系、相互作用及系统与环境的相对关系决定，“系统势”可以通过系统的状态变量和外部控制参量描述系统的行为，势的数学函数描述也是由状态变量和控制变量共同决定的。因此，根据尖点突变函数推导过程可知，由社会安全事件的主体及其外界环境构成的社会子系统的势函数可表述为：$V = V(x, c)$。在该势函数表达式中，V 表征的是社会安全事件主体及其外界环境构成的社会子系统势的大小，反映在具体案件中，可作为事件主体及周围环境所具有的势是否在可

控范围内；式中的 x 是状态变量，即该子系统所具备的状态是安全还是危险，是一维变量，表征的是社会安全事件子系统所具有的状态特征；而式中的 c 是控制变量，由前文分析可知在该系统中指的是社会安全事件主体的心理变量和环境变量，是二维变量，可用参数 u，v 来分别予以表示，对于具体的社会安全事件，主体的犯罪心理演化和周围环境的变化可作为其所处社会子系统的两个控制变量。

(二)平衡曲面方程

在突变模型中，平衡曲面是指所有临界点所构成的曲面。在该子系统中，可以描述为社会安全事件的主体产生某一状态(安全或危险)时，其心理和周围环境所表征的程度，比如体现在治安案件中，平衡曲面方程就是指其处于安全状态时的心理和环境状况。

(三)奇点集

在突变论中，把某平滑函数的位势导数为零的点叫作定态点，在某些定态点附近，连续变化能够引起不连续的结果，此时将退化的定态点称为奇点，由奇点所构成的集合即为奇点集。在该子系统中，奇点集是指社会安全事件主体从安全状态突变为危险状态期间(尽管只有很短暂的时间)，其心理和外界社会控制所具有的程度。在郑民生案中，奇点集可表征为其发生危害行为时所具有的心理和环境状况。

(四)分歧点集

突变理论认为，当系统处于稳定状态时，状态变量 x 就取唯一的值。当控制变量参数 u，v 在某个范围内变化，安全状态函数值有不止一个极值时，系统必然处于不稳定状态。因此分析的关键是求“一对多”时控制变量对应的集合——分歧点集 N。分歧点集也就是奇点集在控制面(由两个控制变量所构成的平面)上的映射，一般是由平衡曲面方程和奇点集方程联立所得。在该子系统研究中，分歧点集表征的是社会安全事件主体能产生状态突变时，具有的所有心理和外界社会控制恶化的程度。

综合以上分析，将社会安全事件主体及其周围环境所构成的子系统的平衡曲面 M 和分岐点集 N 绘制出来得到该子系统的尖点突变模型(如图 9-3)。

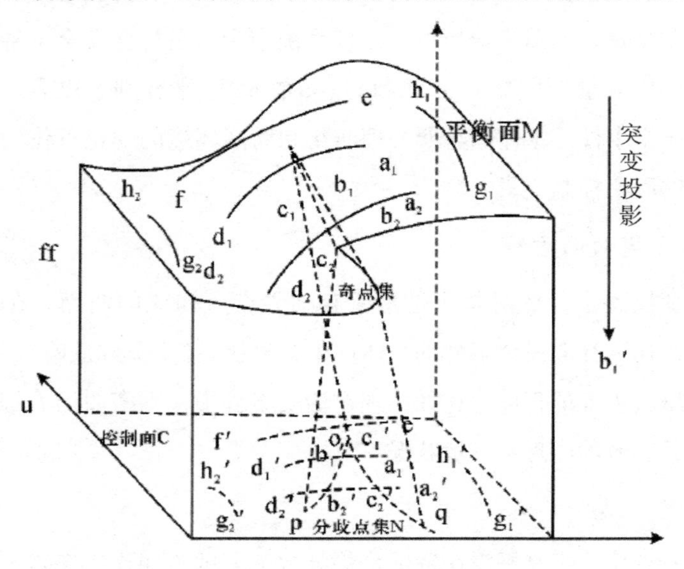

图 9-3　子系统的尖点突变模型

图 9-3 中，底平面是子系统中社会安全事件主体的心理和周围环境两个控制变量所构成的控制平面 C，控制面中的曲线 opq 即为分歧点集。曲面是由不同控制变量条件下案件主体的状态所构成的平衡面 M。由突变模型特征知，曲面的上半部分即上叶表征的是子系统状态良好，处于安全状态；曲面下半部分即下叶表征的是子系统处于极度危险状态；而中间部分即中叶是不可达区域，表征的是社会安全事件的主体从安全状态突变到危险状态的过程。

四、基于尖点突变模型的社会安全事件发生机理分析

突变理论认为，平衡曲面中不可达区域上的点即奇点，在控制面中的投影形成分歧点集，也只有在分歧点集中的控制变量才能使得此时的系统处于两个模态转变的过程。因此，基于尖点突变模型的社会安全事件的发生机理

从模型曲线解释和模型总结两个部分进行分析。

（一）模型曲线解释

第一，位于上叶曲面的 g_1—h_1 线，其实际意义是指在控制变量即环境不变的情况下，社会安全事件主体的心理状况逐步恶化。该曲线在控制面中的投影未处于分歧点集中，也即是此时该子系统比较稳定，处于相对安全状态，不会出现突变现象。

第二，位于下叶的 g_2—h_2 曲线所表示的是在环境不变、心理恶化的情况下，社会安全事件主体持续地处于危险状态。

第三，对于曲线 e—f 来说，该曲线的实际意义是在控制变量 u，也即是心理状态不变的情况下，随着环境的逐步恶化，在控制面 C 上的突变投影是 e'—f'，而曲线 e'—f' 未与分歧点集相交，因此此时也不会发生突变行为。多数社会安全事件的犯案主体从犯罪现场到法庭中，尽管环境发生了变化，但是其危害社会安全的心理并未变化。因此，案件犯罪嫌疑人仍处于极度危险状态，并未突变为安全状态或者其他状态。

第四，对于曲线 1：a_1—b_1—c_1—d_1 和曲线 2：a_2—b_2—c_2—d_2，二者都位于平衡曲面的中叶，且在控制面 C 中的突变投影均与分歧点集相交，因此曲线 1 中从 b_1—c_1 是一个突变过程，同理对于曲线 2，b_2—c_2 也是突变的，在事件中也即是两个控制变量均发生恶化时，案件犯罪嫌疑人会做出杀人的突变行为。

第五，对于曲线 1：a_1— b_1— c_1— d_1 和曲线 2：a_2— b_2—c_2— d_2，虽然两条曲线经过不可达区域，但是二者在控制面上有突变投影曲线 3：a'_1—b'_1— c'_1—d'_1 和曲线 4：a'_2—b'_2—c'_2—d'_2，曲线 3 和 4 与分歧点集相交所形成的长度大小不同，其中曲线 3 与分歧点集所形成的长度为：$\Delta x_1 = x(u_{b1}, v_{b1}) - x(u_{c1}, v_{c1})$，曲线 4 与分歧点集相交所形成的长度为：$\Delta x_2 = x(u_{b2}, v_{b2}) - x(u_{c2}, v_{c2})$，由图 9 – 3 可知，$\Delta X_2 > \Delta X_1$，根据突变理论观点，长度越大说明两个模态之间的差距越大。在社会安全事件中，两个控制变量同时恶化，但由于恶化程度的不同，可造成案件主体不同程度的危险状态。比如，在类似社会安全事件中，有的案件犯罪嫌疑人选择杀害若干无关的小学生，有的选择伤害个别相识的成年人，虽都是犯罪，但是影响社会安全的程度是不同的。

（二）模型总结

第一，只有当位于曲面上的曲线经过不可达区域（也即是该曲线在控制面上的投影与分歧点集相交）时，突变行为才会发生。对于社会安全事件中，只有当案件主体的心理和周围环境同时变化并且经过不可达区域时，才会从正常状态突变为极端状态。

第二，当只有一个控制变量发生变化时，一般不会引发突变行为，但系统的功能会有所下降。对于该子系统中，当仅有案件主体心理逐步恶化或者其周围环境恶化时，不会发生突变行为，但是其状态会比较差，处于非正常水平。比如，瓮安事件的初期阶段，人群的心理处于恶化阶段，但周围环境尚未进行刺激，此时人群仅仅是请愿、讨说法，并不会造成严重的社会影响。

第三，不同的突跳值决定了不同的状态变化程度。在心理和周围环境均不断恶化的情况下，由于二者的恶化程度和路径不同，会产生不同的危险状态。在社会安全事件中，当处于不同的心理状态或者环境影响程度的情况下，案件主体的突变行为往往是不同的。

以上通过对社会安全事件进行分析，构建了尖点突变模型，在此基础上，对社会安全事件的发生机理进行深入的分析，可以得到如下认知。

第一，事件发生过程的连续性和突发性的统一。社会安全事件发生前，对于事件主体来说，不论是心理状态，还是外界环境都是连续缓慢变化的，但是发生的时候是瞬间完成的；对于整个事件来说，是连续性和突发性的统一。

第二，突跳值大小决定社会安全事件危害程度大小。在社会安全事件主体及其周围环境所构成的子系统中，其突变模型中的突跳值大小直接决定了事件所产生的后果，突跳值越大产生的危害越大，反之越小。因此，针对社会安全事件的控制上以突跳值为主。

第三，针对控制变量的政策研究。社会安全事件主体的控制变量界定为社会安全事件主体的心理及其外部环境。因此，我们在进行政策研究时可将重点放于控制变量的限定上，从而使整个子系统趋于稳定，减少对社会的危害；在对控制变量产生变化的根源上进行深挖，集中解决产生问题的社会根源，从而有针对性地解决各种社会转型所带来的社会矛盾，加快和谐社会建设步伐。

第三节　社会治安"非优事件"预测的突变模型

一、"非优事件"的特征、发生过程的形式及原因

根据系统论的有关知识可知：任何一个系统都不是静止不变的，而是在不停地运动、发展和变化着的，在正常情况下，系统通过保持相对的稳定性和可控性来达到它的目的和功能；然而在某些特殊情况下，由于系统的内因和外因发生了急剧变化，系统的稳定性和可控性就会遭到破坏，系统的行为状态就会出现非优情况，其结果便导致了非优事件的发生。

(一)社会治安系统非优的特征

社会治安非优事件是无秩序、无规律，人们对其相关的信息和知识掌握很少，因此，由该事件引发的一系列问题都属于结构不良或非结构化问题，与普通事件相比，社会治安系统的非优事件具有以下三个主要特征：

1. 突发性：是指非优事件的发生具有很大的偶然性，纯属于意料之外；人们往往不能事先准确地肯定非优事件能否发生、何时发生以及何地发生，同时对非优事件的起因、规模、发展趋势及将要产生的后果也无法事先加以确定。

2. 严重性：是指非优事件的发生往往具有很大的破坏性，一旦发生，如

果处理不当或不及时，将会给事发地区或部门造成不可估量的损失、伤亡和恶劣的影响，有时甚至直接关系到国家的兴衰。

3. 紧急性：是指非优事件一旦发生，就要求立刻加以妥善而有效地处理，否则，事件的发展态势就会随着时间的推移进一步恶化，并发展成难以控制的非优事件，最终导致失控和灾难的降临。

（二）非优事件发生过程的两种形式

非优事件发展过程的形式是指其如何从发生开始到结束为止，强调的是事件从发生开始到结束这整个过程的特点，该过程实际上就是系统内的一些事物发生质变的过程，根据突变论的有关理论，质变有两种实现形式，即渐变和突变。因此，非优事件的发展过程相应地也有两种形式：渐变形式和突变形式。

1. 渐变形式：该形式是指事件的发生不是在瞬时就能完成的，而是要经过一系列明显的中间状态，逐渐蔓延扩大，其所造成的损失和伤亡也是逐渐增大的，最后产生质变，即突变。在自然界和人类社会中，火灾、水灾和传染病等非优事件就属于这类发展形势。

2. 突变形式：该形式是指非优事件的发生到结束是在瞬间完成的，没有明显的中间状态，质变是突然产生的，其所造成的损失和危害也是在瞬间形成的。属于这类发展过程形式的非优事件有地震、爆炸、大厦的倒塌和交通事故等。

（三）非优事件发生的原因

引起非优事件的原因很多，而且错综复杂，既有系统内部的因素，也有系统外部的因素；既有外界自然的因素，也有人为主观的因素。总括起来，可以分为三类，即人、物和环境的因素。

1. 人的因素：该因素主要是由人的主观性所造成的，包括人的错误判断、错误分析、错误行为以及意愿的变化和管理上的缺陷等。人的因素属于系统内部的原因，往往对事件的发展起决定性作用。

2. 物的因素：是指潜伏在即将发生重大非优事件的物体本身内在的某些

不安全因素，它常常是导致系统非优的直接原因。例如：酒精、火药等易燃易爆物品的危险因素，缺乏好的刹车装置的车辆所具有的危险因素，年久失修、即将倒塌的房屋的危险因素，某些机器设备的不安全因素以及自然界中各种自然物的不规则运动等，都是引发非优事件的原因。物的因素也是属于系统内部的原因，也对非优事件的发生起决定作用。

3. 环境的因素：该因素属于系统的外部原因，是指造成各种系统发生质变(突变)的外部环境，包括系统所处的自然环境和社会环境两个方面。例如，暴风雨使得河水泛滥容易引起水灾，长期干旱的地区容易引起旱灾，大风易引起火灾，充满战争与对峙的国际环境容易引起国内政治局势的不稳定，社会不稳定容易引起罢工、政变，等等。一般来说，环境因素是引发非优事件的间接原因，能加速或延缓其发展进程，但不能起决定作用。

二、治安系统非优事件预测中的难点

突变是系统非优事件发生过程中常见的现象，也成为预测中的一个难题，这时，利用一般的预测模型对其进行预测具有很大的局限性，主要表现在以下三个方面。

第一是模型问题。从预测模型来看，尽管目前预测模型得到了广泛的应用，但它们的使用总是带有一定条件的。就拿时间序列预测模型来说，这是一种常用的预测方法，它是以连续性原则为其利用的前提条件，即认为系统未来的发展趋势是历史和现状的简单延伸，也就是说过去和现在的事件所存在的某种发展规律会持续下去，并适用于未来，这也就是所谓预测的惯性原则。由于社会治安系统非优事件不具备惯性原则，对其采用这类预测模型是行不通的。

第二是环境问题。从力学原理可知，一个在外力作用下的物体在获得一个初速度后，如该物体不再受其他外力作用或合外力为零，那么它将会在惯性的作用下继续以初速度的大小而匀速运动。然而，对于社会治安系统来说，系统的不确定性、开放性是最突出的特点，各个系统之间以及系统内部与外界之间都在不停地以各种形式进行着物质和能量的交换，如果忽略这种外界环境的影响，就会造成预测的失败。从非优事件发生的原因分析可知：其受环境的影响是很严重的，因此，利用时序数据建立的预测模型是不能用来预测非优事件的发生。

第三是数据问题。要想预测取得成功，必须有一套完整、准确的大数据作为基础。然而，随着社会治安系统功能向多元化、多层次、多领域、多信息和多价值需求的方向发展，由此必然加大了对信息获取的难度。因此，必须创新信息获取手段和数据处理方法。这样一来，很多预测模型所要求的完整数据资料和数据样本在现实中难以获取，这势必也会成为预测不准或失败的主要原因。所谓突变是指事物、现象变动方向的突然改变或时间序列数据结构的突然变化。事物的发展出现突变往往具有三个特点：第一，突发性，是指事物的发生具有很大的偶然性，常常出乎意料之外，人们往往不能事先确定其是否会发生；第二，深刻性，是指突变现象的发生往往具有明显的特征，使人们对它的出现留下非常深刻的印象；第三，决定性，突变对事物的发展方向和性质能起决定作用。由于突变常常改变事物的发展方向和性质，这是与预测的基本原则相违背的，这时用一般预测方法进行预测，要么是不能及时预测出突变发生的拐点，要么是不能适应突变数据结构的变化，突变的特点决定了对于系统非优事件的预测不能用一般的预测方法，突变论的出现使得建立一套有效的非优事件预测模式成为可能。

三、系统非优事件预测的突变模型

(一)预警决策突变模型

对治安系统非优预测的目的之一是要在其发生之前做出预警决策，以将非优事件带来的损失减小至最低程度。因此，预警决策在非优预测中是至关重要的，对于预警决策，常以威胁和代价作为其控制变量，而决策行为则为状态变量，因此，可以考虑用尖点突变模型来分析研究，图9－4展示出在威胁和代价的作用下，所采取的行为变化过程。

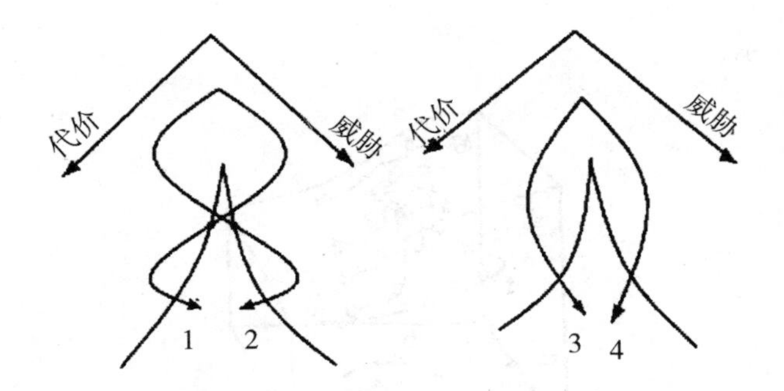

图 9－4　安全决策尖点突变模型

图 9－4 中，线路 1 代表开始的判断是威胁在增加，而代价是较低的，因此决策行为是投资进行改造，以减小威胁，即使代价开始增高，这种决策还会继续下去，但是，当继续下去时，发现代价在不断增加，当代价增加到超过一个确定的极限值，而威胁大致不变时，则最终导致决策行为是有可能放弃投资改造。而线路 2 则正好相反，它表示开始的判断是代价在增加而威胁是较低的，此时决策行为是不进行改造，保持原样，但是，当继续这样下去时，发现威胁在不断增加，而代价则大致不变，因此最终导致决策行为是有可能投资进行改造。路径 3 和 4 代表了两个部门对威胁和代价的估计大致相同，但采取了完全不同的策略，造成这种不一致行为的原因是当代价和威胁同时增长时，存在着保持与开始时同样的姿态的趋势。

（二）系统非优事件原因分析的突变模型

从上述系统非优事件原因分析可知，其发生是由于人、物及环境因素，如把环境因素归类于物的因素当中，则非优事件的发生可看成是人的因素（人的主观性、安全意识、应变能力、管理水平、安全教育程度及心理素质等）和物的因素（生活环境、工作对象的状况、机器的故障、自动化程度以及是否有保护装置等）共同作用的结果。

现把人的因素（h）、物的因素（m）作为两个控制变量，把系统的功能状态（f）作为状态变量，则可利用尖点突变来建立非优事件原因分析模型，图 9－4 即为非优事件原因分析尖点突变模型的突变流形曲面与分歧点集，如图 9－5 所示：

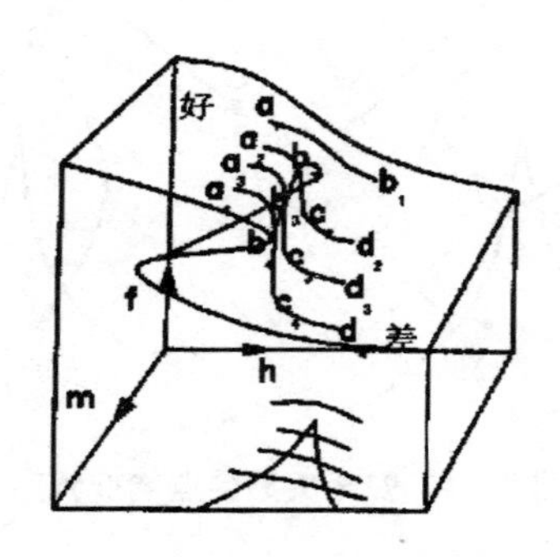

图 9－5　非优事件原因分析尖点突变模型

图 9－5 中曲面的上叶表示系统的功能状态好（指系统安全性好，没有非优事件发生的隐患），下叶表示系统功能状态差（指系统危险性高，存在许多非优事件发生的隐患，非优事件随时可能发生）；从上叶到下叶或从下叶到上叶系统的功能状态发生突跳，即为非优事件的发生。利用此突变模型可对非优事件发生的原因及其大小做出合理的解释，如图 9－5 所示画出了四条不同的曲线，分别表示在人的因素和物的因素作用下系统功能状态所发生的变化过程。由图 9－5 可知：当人的因素 h 和物的因素 m 同时恶化时，就有可能使系统功能状态 f 产生恶化，其恶化的程度和大小取决于 h 和 m 两控制参数的状态，图中曲线 $a_3b_3c_3d_3$ 的 $b3 \to c3$ 表示系统功能状态 f 发生突跳，其变化值：

$$\triangle f_3 = f(h_{b3},\ m_{b3}) - f(h_{c3},\ m_{c3}),\ b_3 \to c_3$$

即为非优事件的发生，相应地在分歧点集上便是一条经过分歧点集两个边缘的曲线；经过进一步的分析可以发现：当 h 和 m 的恶化程度不一样时，f 的突跳程度也不一样，如图 9－5 所示，曲线 $a_2b_2c_2d_2$ 和 $a_4b_4c_4d_4$ 在 $b_2 \to c_2$ 和 $b_4 \to c_4$ 发生突跳时的突跳大小分别为

$\triangle f_2 = f(h_{b2},\ m_{b2}) - f(h_{c2},\ m_{c2})$ 与 $\triangle f_4 = f(h_{b4},\ m_{b4}) - f(h_{c4},\ m_{c4})$。很显然，$\triangle f4 > \triangle f3 > \triangle f2$，这意味着前者为重大非优事件，中间的为中等非优事件，后者则为低非优事件，反映到分歧点集上，则为三条跨越分歧点

集边缘线程度不同的曲线。分析图中曲线 a_1b_1 还可知：当突变流形上的曲线在从上叶向下叶发展时，如果不经过折叠线，也会导致系统功能状态 f 的恶化，但不会有非优事件的发生。通过分析此模型，可以得出如下结论：

非优事件是由人、物两个控制参数和系统功能状态这个状态参数组成的系统，在控制参数作用下，状态参数所发生的突跳，其突跳的程度决定了非优事件的规模；也就是说：非优事件的发生是由人和物共同作用的结果，当人和物两个因素同处于恶化状态时，容易导致事故与灾害的发生，且其大小取决于人和物两个因素各自恶化的程度，恶化的程度越大，则非优事件的规模越大；当物的因素处于良好状态，而人的因素急剧恶化时，往往不会有非优事件的发生，但导致系统功能状态逐渐减退(治安系统安全性降低，危机性增加)。

3. 非优事件预测分析突变模型

在非优事件原因分析模型的基础上，通过分析突变流形曲面上不同点的系统功能状态，可以建立非优事件预测尖点突变模型，如图 9－6 所示有 A 、B 、C、D 、E、F、G、H 8 个点，通过对这 8 个点及各个点之间功能状态关系进行分析可以得出：

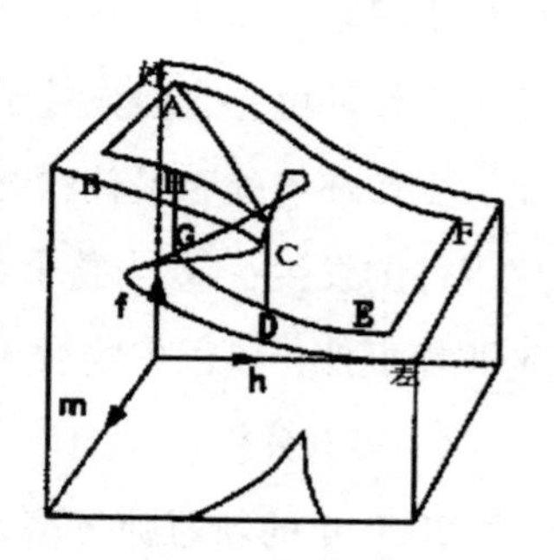

图 9－6　非优事件预测分析尖点突变模型

(1)当 h 和 m 当中只有一个发生恶化而另外一个处于良好状态时，不会有非优事件发生，但系统的功能状态(系统的安全性)会逐渐消退，反映在模型上即为 $A \rightarrow B$ 和 $A \rightarrow F$ 过程。

(2)当 h 和 m 两个控制变量同时恶化，即由于人的不安全行为和物的不安全状态，非优事件必然会发生，反映在模型上即为 $A \rightarrow C \rightarrow D$ 。

(3)当 m 和 h 同处于极度恶化状态时，即在机器设备、外部工作环境极差的不安全状态和人的不安全行为下，盲目强调人的安全意识和安全管理，而不去提高工作对象的状态、改善工作环境，则非但不能提高系统功能状态，相反，容易导致事故与灾害的发生，反映在模型上即为 $E \to G \to H$ 。

(4)当 m 和 h 当中只有一个恶化，而另一个状态良好时，通过提高恶化的控制变量的状态，则能提高系统功能状态，即在机器设备、工作环境良好时，提高人的安全意识，加强安全管理，或是在人的安全意识处于极佳状态时，提高工作对象及环境的状态，则可提高系统功能状态的值，亦即在不发生非优事件的前提下提高系统的安全性，反映在模型上则为 $B \to A$ 和 $F \to A$ 过程。

(5)当 h 和 m 都很差时，可采取先提高 m 的安全水平($E \to F$)，然后再提高 h 的安全意识($F \to A$)，这样便可避开折叠线，在不会发生非优事件的前提下提高系统的安全性，反映在模型上即为 $E \to F \to A$ 。

分析上述模型可得出如下结论：① 当工作对象、工作环境条件极差，危险因素很多，而人又很疏忽时，极易导致事故与灾害的发生；② 当工作对象、工作环境差，但人处于高度警觉状态或是当人的安全意识差，但工作对象、工作环境处于最佳状态时，通常只会增加非优事件的隐患，而不会有非优事件的发生；③ 当整个系统处于危险状态时，要想提高其安全性，避免发生非优事件，可以先物后人，反之则易导致非优事件的发生。

4. 实例分析

2020 年的新冠肺炎是人类历史上罕见的一次重大公共健康灾害，给整个世界造成了无法估量的损失；中国人民在党中央的英明领导下，众志成城、抗击疫情，充分体现了优越的制度优势和强大的人民力量。但它给人们留下了非常深刻的印象和经验与教训。通过细心分析，可以发现：这次新冠病毒虽说是一场自然灾害，但也有其发生的深刻背景和人为因素在内。下面运用以上三个模型来分析其发生的原因、决策的由来，并进一步提出预测决策措施。

(1)原因分析

通过原因分析模型(参见图 9－6)可知，这次新冠病毒是由人的因素和物的因素造成的，人的因素包括人对其他生物体的破坏、人的安全防范意识的缺乏等。经过进一步分析可以发现，这次新冠病毒是在人和物同处于极度恶化条件下发生的，反映在模型上即为 b4→c4。

(2)安全预警决策分析

根据安全预警决策模型(参见图 9－3)可以分析中国政府是如何做出抗击疫情安全决策的，线路 2 即可解释决策的过程，如图 9－3 所示线路 2，表示开始对新冠病毒的判断是代价(疫情防控所需的大量人力和物力)在增加，而威胁(疫情造成的损失)是较低的，此时安全决策行为是不进一步投资进行疫情防控条件和设施的治理。但是，当继续这样下去时，发现威胁在不断增加，而且是巨大的，如不加以治理，这种威胁将会越变越大，最终将导致失控和灾难的降临，而代价大致不变。因此，为了减少新冠病毒带来的威胁，控制损失的进一步增加，并在其失控之前采取措施进行治理，中国政府最终决定动员全国人民向自然挑战，有效地抗击了疫情。

(3)预测分析

根据非优事件预测分析模型，可以分析得出新冠病毒可能发生的几种情况，从而可以对其进行预测，并进一步提出应急决策措施；由图 9－6 可知，事物与非优事件极易发生的路径是 $A \to C \to D$，这说明：在新冠病毒出现社区传播的情况下，而社会防控管理人员又处于疏忽状态，没有意识到新冠病毒可能带来的危害，则必将导致新冠病毒灾害的发生；从图 9－6 上还可看出，路径 $E \to G \to H$ 也可产生突跳，这意味着在新冠病毒极其严重的情况下，只盲目强调人们戴口罩的安全意识，而没有加大对易感人群的核酸检测，则不但不会减少疫情扩散，相反，容易产生疫情重大非优事件的发生；从路径 $E \to F \to A$ 可以得出在紧急情况下所应采取的应急决策措施。

治安系统非优事件的发生总表现为能量的突然释放，因此，可以根据能量方程来建立热函数。从某种意义来看，能量的本质是一种流，故可以从流体的性质入手来建立势函数，根据势函数来研究治安系统结构的变化过程，从而可把握治安系统的规律性，若势函数的控制变量较多，可固定某些对系统变化不起很大作用的变量，再研究剩余控制变量作用下系统行为的变化规律。突变论指出，当治安系统势函数的值达到极值(极大或极小)时，系统的质态就会发生突变，是否达到极值，又要受到系统(势函数)中诸控制变量之间的相互关系、相互作用，以及它们作为最终的一种合力对状态变量的影响和作用。要想了解突变模型突变的机制关键在于分析系统的突跳区(即突变参数或分歧点集)。用突变数学模型去拟合对系统的统计和观测资料，从而可以找到系统的运动方程，把握系统的规律性，并由此对系统的运动规律做出预测和决策，这对预测非优事件的发生很有启发意义。

参考文献

[1]何平．模糊非优系统理论与方法[C]．波兰：国际模糊系统学术研讨会，1986：11.

[2]何平．非优思想与系统非优方法[C]．全国系统工程学术会议论文集，1986：163－168.

[3]何平．模糊非优系统理论与方法[J]．锦州工学院学报，1987，5(1)：1－13.

[4]何平．决策过程的数学思维与模型的选择[J]．经济数学，1987，4(3)：19－23.

[5]何平．非优信息的随机库存决策[J]．锦州工学院学报，1987，5(2)：21－28.

[6]何平．管理过程中的非优因素分析[J]．管理科学与工程，1987，6(4)：37－40.

[7]何平．模糊P——尺度及其在决策中的应用[J]．锦州工学院学报，1987，5(2)：29－38.

[8]高泰明，何平，赵玉鹏．解分配问题的矩阵变换法[J]．锦州工学院学报，1987，5(2)：39－44.

[9]何平．基于选择理论的优与非优共存特征[C]．全国运筹学学术会议论文集，2007：137－1142.

[10]何平．系统限函数与非优子集[J]．锦州工学院学报，1987，5(3)：

13 –20.

[11]何平，李尚毅．经济系统的运动论分析——非优分析的应用(上)[J]．锦州工学院学报，1987，5(3)：21 –28.

[12]何平，刘国民．系统非优效用的数学证明[J]．锦州工学院学报，1987，5(4)：21 –30.

[13]何平，李尚毅．经济系统的运动论分析——非优分析的应用(下)[J]．锦州工学院学报，1987，5(4)：31 –40.

[14]何平，王鸿绪．Fuzzy 关系非确定方程及其应用(上)[J]．锦州工学院学报，1988，6(3)：11 –20.

[15]何平．模糊矩阵与可拓矩阵的关系研究[J]．管理科学与工程，7(2)：67 –71.

[16]何平，王鸿绪．Fuzzy 关系非确定方程及其应用(下)[J]．锦州工学院学报，1988，6(4)：15 –21.

[17]何平．有关数学在社会科学的几个应用问题[M]//数学在社会科学中的应用论文集．大连：大连理工大学出版社，1989：1 –7.

[18]高玉生，何平．报酬机制与鼓励性管理决策[M]//数学在社会科学中的应用论文集．大连：大连理工大学出版社，1989：26 –31.

[19]何平．最优物价指数的数学模型[M]//数学在社会科学中的应用论文集．大连：大连理工大学出版社，1989：42 –48.

[20]陈粤，何平．商标选择与消费者行为数学模型[M]//数学在社会科学中的应用论文集．大连：大连理工大学出版社，1989：64 –69.

[21]何平．市场系统的动态平衡及数学模型[M]//数学在社会科学中的应用论文集．大连：大连理工大学出版社，1989：106 –110.

[22]何平．模糊集在企业员工绩效考核中的应用[C]//全国模糊数学与应用研讨会论文集．大连：大连理工大学出版社，1990：31 –35.

[23] He Ping. The Non – optimum Fuzzy System：Theory and Methods[J]. First Joint IFSA – EC and EURO – WG Workstop on Progress In Fuzzy Sets In Eu-

rope，1991(34)：25－27.

[24]何平．化工企业罐车运行优化研究[J]. 经济管理，1990，4(3)：27－31.

[25]He Ping. Fuzzy Decision－Making Model for China's Information Technology Investment Distribution[D]. International Conference of Fuzzy System and Knowledge Engineering，1988：167－163.

[26]何平．系统非优理论的进一步探讨[M]//物元与系统理论的应用．大连：大连理工大学出版社，1991：89－94.

[27]何平．判别二次系统有界分界线环的例子[J]. 应用数学，1993，6(3)：348－350.

[28]He Ping. Fuzzy hierarchical multiobjects decision making and investment distribution model[D]. 2nd IFSA－EC and EURO－WG Workstop on Progress In Fuzzy Sets In Europe，1992：13－17.

[29]何平．一些具有常收获率和常投放率的三种群 Volterra 模型的相图分析[J]. 生物数学学报，1993，8(2)：57－64.

[30]何平．二次系统的二重极限环和以无限大分界线环分支出两个极限环的例子[J]. 应用数学学报，1994，17(4)：592－596.

[31]He Ping. Topological Classification Of The Trajectories Of Kolmogorov Cubic System E_3^2 With Elliptic Solution Which Contact Both Axes[J]. Annals of Differential Equations，1994，9(2)：67－74.

[32]何平．系统非优学的理论体系与研究方法[C]. 全国系统科学与系统工程学术会，1996：167－172.

[33]He Ping. A design of Relationship Graph of System Non－optimum[D]. International Conference of System Science and Application，1997：137－142.

[34]He Ping. Quantitative Criminology and Non－Equilibrium Theory of Crime System[D]. International Congress of Mathematicians(ICM)，2002.

[35]Lang Yanhua，He Ping. The Self－organized Fuzzy Neural Network and

Crack a Criminal Case Fuzzy Reasoning[J]. Advances in System Science and Application, 2000, 2(2): 200-203.

[36]何平. 具有Fuzzy协同控制的纳米电子膜热加工系统与制作工艺[C]. 全国材料与热加工物理模拟与数值模拟学术年会论文集, 2002: 63-68.

[37]何平. 纳米电热膜敷膜过程的模糊控制技术[J]. 模糊系统与数学, 2002, 16(9): 336-340.

[38]何平. 论定量犯罪学的构建[J]. 辽宁警专学报, 2002, 5(3): 1-5.

[39]He Ping. On the construction of Quantitative Criminology[D]. International Association of Forensic Sciences(IAFS), 2005: 361.

[40]何平. Fuzzy关系模式映射反演与犯罪侦查自动推理[J]. 模式识别与人工智能, 2003, 16(1): 70-75.

[41]He Ping. System Non-optimum Analysis and Extension Optimum Theory[D]. System Science and System Engineering, 2003: 131-137.

[42]何平. 盗窃犯罪模糊推理与侦查专家系统[J]. 辽宁警专学报, 2003, 6(5): 31-33.

[43]何平. 基于物元理论的可拓教学流的研究. 全国高校教育技术协会第四次年会论文集. 北京: 中国地质大学出版社, 2003: 167-171.

[44]He Ping. Theories and methods of non-optimum analysis on systems[J]. Journal of Engineering Science, 2004, 2(1): 73-80.

[45]He Ping. A Non-Equilibrium Social Crime Control System[J]. 社科研究, 2004, 1(6): 20-23.

[46]何平. 基于RMI原则的刑侦专家系统[J]. 中外比较教育, 2004, 1(2): 89-92.

[47]He Ping. Fuzzy Comprehensive Appraisal of the Reputation of Chinas Business Organizations[C]. Knowledge Economy Meets Science and Technology -

KEST2004，2004：473－477.

[48]何平．基于协同推理原则的刑侦专家系统[J]．辽宁警专学报，2004，7(2)：7－11.

[49]何平，李锦．犯罪智能自动侦破系统的构建及应用[J]．计算机科学，2004，31(10).

[50]He Ping. The Fuzzy Numerical Value Simulation of Nanometer Electro－Thermal in Hot－Working[C]. ICPNS 2004，2004：73－75.

[51]He Ping. Quantitative Analysis of Life Index of Electro thermal－Film Coated Ceramic Heating Element with Rare－Earth Element Doped[J]. Journal of Rare Earths，2004，22(Spec)：185－187.

[52]何平．具有模糊协同控制的电子膜敷膜系统与工艺[J]．材料科学与工艺，2004，12(1)：67－70.

[53]何平．系统非优分析与可拓优化[C]．全国组合优化学术会议论文集，2004：44－46.

[54]He Ping. The Fuzzy Numerical Value Simulation of Nanometer Electro－thermal in Hot－working[J]. Acta Metallurgica Sinica(English Letters)，2005，18(6)：731－735.

[55]He Ping. Fuzzy Relational Mapping Inversion and Automatic Reasoning of Crime Detective[C]. Artificial Intelligence Applications and Innovations，2005：681－690.

[56]何平．关于社会犯罪统计理论与时间序列分析的研究[J]．辽宁警专学报，2005，8(2)：1－5.

[57]何平，米佳，尹伟巍．中国公共安全科技问题分析与发展战略[J]．中国工程科学，2007，9(4)：35－40.

[58]何平．基于属性分类的介优决策方法[J]．数学季刊，2008，23(6)：160－168.

[59]何平．从非优到优的属性分析方法[J]．辽宁师范大学学报，2008，

31(1): 29 -33.

[60]何平. 可实现性创新系统理论与实践研究[J]. 辽宁师范大学学报, 2009, 32(1): 119 -122.

[61]He Ping. Method of system non - optimum analysis based on Intervenient optimum[C]. ICSSMSSD 2007, 2007: 661 -670.

[62]He Ping. The Method of Non - optimum Analysis on Risk Management System[C]//Bartel Van de Walleed, proc. of the Int'l conf ISCRAM. ISCAM 2007, 2007: 604 -609.

[63]He Ping. Methods of Systems Non - optimum Analysis Based on Intervenient Optimum[C]//Wang Qifan, ed, proc. of the Int'l conf on System Science, Management Science and System Dynamic. System Science, Management Science and System Dynamic 2007, 2007: 661 -670.

[64]He Ping. The Research on Fuzzy Reasoning System of Criminal Investigation[J]. Journal of Operation Research. Management Science and Fuzziness, 2008, 7(1): 27 -37.

[65]He Ping. The method of attribute analysis in non - optimum to optimum [J]. Journal of Liaoning Normal University, 2008, 31(1): 29 -33.

[66]He Ping. Crime Pattern Discovery and Fuzzy Information Analysis Based on Optimal Intuition Decision Making[J]. Advances in Soft Computing of Springer, 2008, 54(1): 426 -439.

[67]He Ping. Crime Knowledge Management Based on Intuition Learning System, Fuzzy System and Management Discovery[C]//Ma Jun, ed. proc. of the Int'l conf IEEE Computer Society. IEEE Computer Society 2008, 2008: 555 -559.

[68]He Jiantong, He Ping. Fuzzy Relationship Mapping and Intuition Inversion: A Computer Intuition Inference Model. Multi - Media and Information Technology. [C]//Luo Qi, ed. proc. of the Int'l conf IEEE Computer Society. IEEE Computer Society 2008, 2008: 298 -301.

[69] He Ping. Crime Knowledge Management Approach Based on Intuition ConceptSpace, Intelligent Information Technology Application [C]//Zhou Qihai, ed. proc. of th e Int'l conf IEEE Computer Society. IEEE Computer Society 2008, 2008: 276 - 279.

[70] He Ping. The Learning System of Intuition Optimum Based on Hesitancy Set, Third International Conference on Innovative Computing Information and Control [C]//Shi Yan, ed. Proc. of the Int'l conf IEEE Computer Society. IEEE Computer Society 2008, 2008: 578 - 582.

[71] He Ping. Method of system non - optimum analysis in crisis management [C]//Proc. of Second International Conference of Information System for Crisis Response and Management. Information System for Crisis Response and Management, 2008: 640 - 645.

[72] He Jiantong, He Ping. A New Intelligence Analysis Method Based on Sub-optimum Learning Model [C]. IEEE Computer Society, ETP International Conference on Future Computer and Communication, 2009: 116 - 119.

[73] Qu Zengtang, He Ping. Method of Non - optimum Analysis on Risk Control System [J]. Journal of Software, 2009, 4(4): 374 - 381.

[74] Hou Libo, He Ping. Approach of Non - optimum Analysis on Information Systems Security [C]. IEEE Computer Society, IITA International Conference on Control, Automation and Systems Engineering, 2009: 225 - 228.

[75] Qu Zengtang, He Ping. Intelligence Analysis Based on Intervenient Optimum learning Guide System [C] IEEE Computer Society, International Conference on Computational Intelligence and Natural Computing, 2009: 237 - 240.

[76] Qu Zengtang, He Ping. Interactive Intelligent Analysis Method: An Application of Criminal Investigation [C]. IEEE Computer Society, International Symposium on Intelligent Ubiquitous Computing and Education, 2009: 477 - 480.

[77] Li Jin, He Ping. Extended Automatic Reasoning of Criminal Investigation

[C]. IEEE Computer Society, International Conference on Industrial Mechatronics and Automation, 2009: 383 - 386.

[78] He Ping. On theory and practice of reliable innovation system[J]. Journal of Liaoning Normal University, 2009, 32(1): 119 - 122.

[79] Tao Weidong, He Ping. Intuitive Learning and Artificial Intuition Networks[C]. 2009ETT, IEEE Computer Society, 2009: 337 - 340.

[80] Tao Weidong, He Ping. Measurement of Network Security Based on Sub-optimum Degree[C]. ICTM 2009, 2009: 457 - 460.

[81] Teng Ping, He Ping. A Human - Computer Cooperative Algorithms of Network Criminal Investigation[C]. ICTM 2009, 2009: 467 - 470.

[82] He Ping, Qu Zengtang, Duan Lihua. The Internet - Crime Measurement and Prevention Policy[C]. ICTM 2009, 2009: 389 - 392.

[83] Chang Yan, He Ping. Non - equilibrium System Analysis and internet Action Surveillance[C]. FBIE 2009, 2009.

[84] He Ping. An Interactive Intelligent Analysis System in Criminal Investigation [C]. Advancing Computing, Communication, Control and Management, 2009: 47 - 51.

[85] Duan Lihua, He Ping. Synthetic Assessment System Based on Non - Optimum Analysis Theory[C]. ICRCSS 2009, IEEE Computer Society: 2010, 256 - 263.

[86] He Ping. Intuition Learning and Interactive Intelligent: An Application of Criminal Investigation[J]. International Journal of Information and Communication Technology, 2009, 2(1): 24 - 31.

[87] Teng Ping, He Ping. Studies on Fuzzy Comprehensive Evaluation of Trust Information System [D]. The 2nd International Symposium Computer Science and Computational Technology(ISCSCT 2009), 2009: 427 - 431.

[88] Qu Zengtang, He Ping. Method of Sub - optimum Analysis on Uncertain-

ty Decision Making[D]. The 2009 International Symposium on Information Processing, 2009: 463 -466.

[89] Qu Zengtang, He Ping. Self - organizing of Network Security System Based on Non - optimum Analysis[C]. International Conference on Innovative Computing and Communication, 2010: 389 -393.

[90]He Ping, Qu Zengtang. Comparison Computing Based on Sub - optimum Analysis: A Guide System of Network Security[J]. Journal of Networks, 2009, 4 (8): 779 -786.

[91]He Ping. Intuition Learning and Intelligent: An Application of Criminal investigation[J]. Journal of Information and Communication Technology, 2009: 24 -31.

[92]He Ping. Design of Interactive Learning System Based on Intuition Concept Space[J]. Journal of computer, 2010, 5(3): 478 -487.

[93]Xu Song, He Ping. Protection System of Cooperative Network Based on Artificial Immune Theory[J]. Advanced Materials Research, 2010: 108 -111, 1360 -1365.

[94]He Ping, Mi jia. A Research of Trusted Information System Based on Cooperative Sub-optimum Principles[C]. NSWCTC 2010, IEEE Computer Society, 2010: 479 -482.

[95]Yang Wei, He Ping. Criminal Investigation Based on Psychological Characteristic: A Design of Psychological Information System[C]. IEEE Computer Society, 2010: 345 -348.

[96]Teng Ping, He Ping. Characteristics of Network Non - optimum and Extensionality Security Mode[C]. Third International Symposium on Intelligent Information Technology and Security Informatics, IEEE Computer Society, 2010: 439 -443.

[97]He Ping, Qu Zengtang. Criminal Investigation Expert System Based on

Extension Intelligence [C]. The 2nd IEEE International Conference on Advanced Computer Control, 2010: 478 - 481.

[98] Qu Zengtang, He Ping. Self - organization Theory and Surveillance of Network Anomalous Behaviors [C]. The 2nd IEEE International Conference on Advanced Computer Control, 2010: 466 - 469.

[99] He Ping, Qu Zengtang. Theories and Methods of Sub - Optimum Based on Non - optimum Analysis [J]. ICIC Express Letters, An International Journal of Research and Surveys, 2010, 4(2): 441 - 446

[100] Qu Zengtang, He Ping, Duan Lihua. Sub - optimum Evaluation on Incomplete Network Information System [C]. EDT 2010, IEEE Computer Society, 2010: 367 - 360.

[101] Qu Zengtang, He Ping, Hou Libo. Studies on Internet Real - name System and Network Action Surveillance System [C]. EDT 2010, IEEE Computer Society, 2010: 477 - 480.

[102] Duan Lihua, He Ping. A Trusted Model with Macroscopic Forecasting Function Based on Markov Framework Process [J]. Journal of Computational Information Systems, 2010, 6(1): 63 - 70.

[103] Duan Lihua, He Ping. Non - optimum Analysis Approach to Incomplete Information Systems [J]. Fuzzy Information and Engineering, 2010, 78 (1): 501 - 510.

[104]何平，段丽华. 基于直觉可信分析的犹豫性度量[J]. 辽宁工程技术大学学报，2010，29(5)：740 - 743.

[105] He Ping. Characteristics Analysis Of Network Non - Optimum Based On Self - Organization Theory [J]. Global Journal of Computer Science and Technology, 2010, 10(9): 67 - 72.

[106] He Ping. Hesitancy Set and Sub - optimum Analysis of Intuition, IITA 2010, 2010, 4: 246 - 249.

[107]He Ping. The Research on Fuzzy Reasoning System of Criminal Investigation[J]. Journal of Operation Research, Management Science and Fuzziness, 2011, 7(1): 27 -37.

[108]He Ping, Tao Weidong. A design of Criminal Investigation Expert System Based on CILIS[J]. Journal of Software, 2011, 8(8): 1586 -1593.

[109]He Ping. Cooperative Expert System Based on Extended Intelligence: A New Application of Criminal Invrstigation[J]. Advances in Mathematical and Computational Methods, 2011, 1(2): 92 -101.

[110]He Ping. The Methods of Non - optimum Analysis and the Application of Economic Reform[J]. International Journal of Emerging Technology and Advanced Engineering, 2012, 2(1): 165 -169.

[111]He Ping. A New Approach of Trust Relationship Measurement Based on Graph Theory[J]. International Journal of Advanced Computer Science and Applications, 2012, 3(2): 19 -22.

[112]He Ping. Maximum Sub - optimum Decision - making Based on Non - optimum Information Analysis [J]. Advanced Science Letters, 2012, 5(1): 376 -385.

[113]He Ping. A New Approach of Risk Assessment Based on Non - OptimumInformation Analysis[J]. Advanced Science Letters, 2012, 5(1): 431 -436.

[114]He Ping. A Discriminant model of Network Anomaly Behavior Based on Fuzzy Temporal Inference[J]. International Journal of Advanced Computer Science and Applications, 2012, 3(5): 46 -52.

[115]He Ping. Hesitancy Set and Sub - optimum Analysis of Intuition[C]. 2012 International Conference on Convergence Computer Technology, IEEE Computer Society, 2012: 422 -425.

[116]He Ping, Zou Kaiqi. An Approach of Memory Mapping Intuition Inversion about Criminal Reasoning system[C]. 2012 Fourth International Symposium on

Information Science and Engineering, 2012: 245 -249.

[117]He Ping. Risk Assessment of Network Security Based on Non - optimum Characteristics Analysis[J]. International Journal of Advanced Computer Science and Applications, 2013, 4(10): 73 -79.

[118]何平. 论社会管理可拓学的构建[J]. 辽宁警专学报, 2013, 16(3): 1 -6.

[119]He Ping. A New Method of Trusted Optimum Measurement Based on Non - optimum Analysis[C]. 2014 IEEE workshop on Electronics, Computer and Application, 2014: 477 -480.

[120]何平. 基于因素空间的直觉推理系统研究[C]. 全国模糊信息与工程学术会议论文集, 2014: 167 -173.

[121]He Ping. Education Matter - element Analysis and Extension Model for the Control of Higher Education Quality[C]. Ottawa, Canada: 2014 IEEE workshop on Advanced Research and Technology Industry Application, 2014: 514 -517.

[122]He Ping. Criminal Investigation EIDSS Based on Cooperative Mapping Mechanism[J]. International Journal of Advanced Computer Science and Applications, 2014, 5(10): 127 -133.

[123]He Ping, Zou Kaiqi. Fuzzy Meso - Optimum Sets and Trusted Optimum Analysis[J]. ICIC Express Letters, Part B: Application, 2015, 6(8): 2079 -2086.